高职高专"十二五"规划教材

数控技术及应用

胡运林　主编
袁晓东　主审

北　京

冶金工业出版社

2012

内 容 提 要

本书主要介绍了数控技术基础知识和数控技术应用,其中数控技术基础知识包括计算机数控系统、伺服系统、检测系统以及数控机床机械结构等主要内容;数控技术应用包括数控机床的使用和维护以及数控编程两方面内容。

本书主要以工程应用为重点,注重理论与实践相结合的原则,以培养学生能力为主线,突出实用性,理论通俗易懂,案例较多,各学习主题模块既有联系又有一定的独立性,每个模块均附有思考与训练内容。

本书可作为高职高专机电一体化、机械制造、模具、数控、自动化等专业的教材,也可供相关专业技术人员参考。

图书在版编目(CIP)数据

数控技术及应用/胡运林主编 . —北京:冶金工业出版社,2012.8

高职高专"十二五"规划教材
ISBN 978-7-5024-6019-8

Ⅰ. ①数⋯ Ⅱ. ①胡⋯ Ⅲ. ①数控机床—高等职业教育—教材 Ⅳ. ①TG659

中国版本图书馆 CIP 数据核字(2012)第 183095 号

出 版 人　曹胜利
地　　址　北京北河沿大街嵩祝院北巷 39 号,邮编 100009
电　　话　(010)64027926　电子信箱　yjcbs@cnmip.com.cn
责任编辑　陈慰萍　美术编辑　李　新　版式设计　葛新霞
责任校对　王贺兰　责任印制　李玉山
ISBN 978-7-5024-6019-8
北京印刷一厂印刷;冶金工业出版社出版发行;各地新华书店经销
2012 年 8 月第 1 版,2012 年 8 月第 1 次印刷
787mm×1092mm　1/16;16 印张;386 千字;246 页
34.00 元

冶金工业出版社投稿电话:(010)64027932　投稿信箱:tougao@cnmip.com.cn
冶金工业出版社发行部　电话:(010)64044283　传真:(010)64027893
冶金书店　地址:北京东四西大街 46 号(100010)　电话:(010)65289081(兼传真)
(本书如有印装质量问题,本社发行部负责退换)

前　言

　　数控技术自问世半个世纪以来，随着相关技术的发展和社会需求的不断增长而迅速发展。特别是近 20 年，开创了一个全新的局面。在发达国家，数控机床已经普及，即使是发展中国家，数控机床也正得到推广并逐步普及。我国从 20 世纪 80 年代开始推广普及数控技术，经三十多年的发展，数控机床的数量出现了快速增长的势头，导致数控技术应用型人才的紧缺。为解决社会对数控技术应用型高技能人才的需求，各机电类高等职业技术院校纷纷开设相关专业和相应课程以培养数控技术应用型高技能人才。

　　数控技术是制造业实现自动化、柔性化、集成化生产的基础；数控技术的应用是提高制造业的产品质量和劳动生产率必不可少的重要手段；数控机床是国防工业现代化的重要战略装备，是关系到国家战略地位和体现国家综合国力水平的重要标志。这种形势对高职高专机电类专业的学生在数控技术方面的知识与技能也提出了新的要求，即要求学生必须具备一定的数控技术应用方面的基本知识和技能。

　　为了适应高职高专"工学结合"的教学模式改革的发展需要，本书以"必须、够用"为原则，紧扣高职教育培养高素质技能型人才的教学目标，以"模块导向、任务驱动"的教学组织模式来组织整个教学内容，这也是本书的最大特点。本书把对学生工作能力的培养放在突出位置，通过设置贴近实际生产的训练模块，来训练学生的动手能力和独立完成生产任务的工作能力，打破了传统教材以老师为中心的内容体系，将"学"与"训"结合起来。

　　本书共分为 6 个学习主题模块，其中：模块 1～模块 4 主要讲述数控技术的基础知识，包括计算机数控系统、数控机床的伺服系统、数控机床位置检测装置、数控机床的机械结构等内容；模块 5～模块 6 主要讲述数控技术的应用，包括数控机床使用与维护、数控加工工艺及编程等内容。通过本书的学习，学生应能获得数控技术的基本知识和数控技术应用的基本技能，为其职业生涯的发展提供动力。

　　本书由胡运林副教授担任主编；孙广齐、梁钱华、曹金龙、杨玻、文玲媛参与编写；李晓青、曹敏、黄文彬三位企业行业专家参与了本书的编写，并对全书的编写提供指导和帮助。本书由四川省教学名师袁晓东担任主审。

　　本书在编写时参阅了国内外同行教材、资料与文献，在此谨致谢意。

　　由于编者的水平有限，书中不足之处恳请专家、同仁和广大读者批评指正。

　　　　　　　　　　　　　　　　　　　　　　　　　　编　者

　　　　　　　　　　　　　　　　　　　　　　　　2012 年 5 月

目　录

模块1　认识数控技术 ··· 1

1.1　数控技术与数控机床 ·· 1

1.1.1　基本概念 ··· 1

1.1.2　数控机床的加工特点 ··· 2

1.1.3　数控机床的组成 ··· 3

1.1.4　数控机床的分类 ··· 3

1.2　数控机床的工作原理 ·· 8

1.3　先进数控制造系统 ··· 9

1.3.1　柔性制造系统 ··· 9

1.3.2　计算机集成制造系统 ·· 13

1.4　数控技术的发展状况 ··· 15

1.4.1　数控机床的发展历程 ·· 15

1.4.2　国内数控技术的研究情况 ·· 15

1.4.3　数控技术的发展趋势 ·· 16

思考与训练 ··· 17

模块2　计算机数控（CNC）系统 ·· 19

2.1　CNC系统及其组成 ·· 19

2.1.1　计算机数字控制系统的定义 ··· 19

2.1.2　计算机数控系统的组成 ··· 20

2.2　CNC装置的主要功能 ·· 21

2.2.1　基本功能 ·· 21

2.2.2　选择功能 ·· 22

2.3　主要CNC系统产品简介 ·· 23

2.3.1　日本FANUC公司的CNC产品 ··· 23

2.3.2　德国SIEMENS公司的CNC产品 ··· 24

2.3.3　西班牙FAGOR公司的CNC产品 ··· 25

2.3.4　中国华中数控的CNC产品 ··· 25

2.4　CNC装置的组成结构 ·· 26

2.4.1　CNC装置的硬件结构 ··· 26

2.4.2　CNC装置的软件结构 ··· 29

2.4.3　零件加工程序的处理过程 ·· 31

2.5　数控加工程序的输入及处理 ································ 32
　　2.5.1　输入装置 ··· 32
　　2.5.2　数控加工程序输入过程 ······························ 33
2.6　数控加工程序的预处理 ································· 34
　　2.6.1　数控加工程序的译码 ································ 34
　　2.6.2　刀具补偿原理 ····································· 34
　　2.6.3　进给速度处理 ····································· 36
2.7　CNC 系统的插补运算 ··································· 37
　　2.7.1　逐点比较法插补 ··································· 37
　　2.7.2　数字积分法插补 ··································· 42
　　2.7.3　数据采样插补 ····································· 51
2.8　PLC 与辅助功能 ······································ 54
　　2.8.1　PLC 在数控机床中的应用 ···························· 55
　　2.8.2　M、S、T 功能的实现 ······························· 56
　　思考与训练 ·· 56

模块3　伺服系统与位置检测装置 ····························· 58
3.1　伺服系统概述 ·· 58
　　3.1.1　基本概念 ··· 58
　　3.1.2　数控机床对伺服系统的要求 ························· 58
　　3.1.3　进给伺服系统的分类 ································ 59
3.2　开环步进电动机驱动系统 ······························ 59
　　3.2.1　步进电动机 ······································· 59
　　3.2.2　步进电动机的控制 ·································· 62
3.3　直流伺服驱动系统 ···································· 64
　　3.3.1　直流伺服电动机 ···································· 64
　　3.3.2　直流伺服驱动系统介绍 ······························ 67
3.4　交流伺服驱动系统 ···································· 69
　　3.4.1　交流伺服电动机 ···································· 69
　　3.4.2　交流伺服驱动系统介绍 ······························ 74
3.5　位置检测装置 ·· 78
　　3.5.1　概述 ··· 78
　　3.5.2　旋转变压器 ······································· 78
　　3.5.3　感应同步器 ······································· 81
　　3.5.4　旋转编码器 ······································· 84
　　3.5.5　光栅 ··· 88
　　3.5.6　磁栅 ··· 91
　　思考与训练 ·· 94

模块4　数控机床的机械结构 ………………………………………………… 96

4.1　概述 ……………………………………………………………………… 96
4.1.1　数控机床机械结构的组成 ……………………………………… 96
4.1.2　数控机床机械结构的特点 ……………………………………… 97

4.2　数控机床主传动系统 ………………………………………………… 100
4.2.1　主传动系统要求 …………………………………………………… 100
4.2.2　主轴传动方式 ……………………………………………………… 100
4.2.3　主轴准停装置 ……………………………………………………… 103
4.2.4　主轴刀具自动夹紧和铁屑清除装置 …………………………… 104

4.3　数控机床进给传动系统 ……………………………………………… 105
4.3.1　进给传动系统要求 ………………………………………………… 105
4.3.2　齿轮传动副 ………………………………………………………… 106
4.3.3　滚珠丝杠螺母副 …………………………………………………… 108
4.3.4　双导程蜗杆蜗轮副 ………………………………………………… 113
4.3.5　数控回转工作台和分度工作台 ………………………………… 114
4.3.6　导轨 ………………………………………………………………… 117

4.4　数控机床自动换刀装置 ……………………………………………… 120
4.4.1　刀具选择方式 ……………………………………………………… 120
4.4.2　转塔式自动换刀装置 ……………………………………………… 121
4.4.3　刀库与机械手换刀 ………………………………………………… 125

思考与训练 …………………………………………………………………… 129

模块5　数控机床的使用与维护 ………………………………………… 130

5.1　数控机床的选用 ……………………………………………………… 130
5.1.1　数控机床选用的原则 ……………………………………………… 130
5.1.2　数控机床选用的基本要点 ……………………………………… 131

5.2　数控机床的安装、调试和验收 ……………………………………… 132
5.2.1　数控机床的安装与调试 ………………………………………… 132
5.2.2　数控机床的验收 …………………………………………………… 135

5.3　数控机床的维护保养 ………………………………………………… 147
5.3.1　数控机床使用中应注意的问题 ………………………………… 147
5.3.2　数控系统的维护保养 ……………………………………………… 148
5.3.3　数控机床机械部件的维护保养 ………………………………… 150
5.3.4　数控机床的日常维护保养 ……………………………………… 152

5.4　数控机床故障诊断与排除 …………………………………………… 155
5.4.1　数控机床故障诊断概述 ………………………………………… 155
5.4.2　数控机床故障诊断技术 ………………………………………… 158
5.4.3　数控机床故障处理的原则与步骤 ……………………………… 159

　5.4.4　数控机床故障诊断的方法 ……………………………………… 161

　5.4.5　数控机床常见故障的处理 ……………………………………… 164

思考与训练 …………………………………………………………………… 169

模块 6　数控加工工艺与编程 ……………………………………………… 171

6.1　数控编程基础知识 ……………………………………………………… 171

　6.1.1　数控编程的内容与步骤 ………………………………………… 171

　6.1.2　数控编程的种类 ………………………………………………… 172

　6.1.3　数控机床坐标系 ………………………………………………… 173

　6.1.4　字与字功能 ……………………………………………………… 176

　6.1.5　零件程序的格式 ………………………………………………… 177

6.2　数控机床加工工艺设计 ………………………………………………… 179

　6.2.1　数控加工工艺设计准备 ………………………………………… 179

　6.2.2　数控加工工艺设计过程 ………………………………………… 180

　6.2.3　数控加工专用技术文件的编写 ………………………………… 186

　6.2.4　数控编程中的数值计算 ………………………………………… 187

6.3　数控车床编程 …………………………………………………………… 188

　6.3.1　数控车床编程基础 ……………………………………………… 189

　6.3.2　基本编程方法 …………………………………………………… 192

　6.3.3　固定循环功能 …………………………………………………… 196

　6.3.4　螺纹切削 ………………………………………………………… 201

　6.3.5　刀具补偿功能 …………………………………………………… 204

　6.3.6　综合实例 ………………………………………………………… 207

6.4　数控铣床及加工中心编程 ……………………………………………… 212

　6.4.1　数控铣床及加工中心编程基础 ………………………………… 212

　6.4.2　基本编程方法 …………………………………………………… 216

　6.4.3　刀具补偿功能 …………………………………………………… 219

　6.4.4　固定循环功能 …………………………………………………… 222

　6.4.5　子程序 …………………………………………………………… 227

　6.4.6　图形变换功能 …………………………………………………… 229

　6.4.7　综合实例 ………………………………………………………… 230

6.5　自动编程简介 …………………………………………………………… 237

　6.5.1　自动编程的基本概念 …………………………………………… 237

　6.5.2　自动编程的工作过程 …………………………………………… 238

　6.5.3　自动编程系统简介 ……………………………………………… 239

　6.5.4　国内外典型 CAD/CAM 软件介绍 ……………………………… 240

思考与训练 …………………………………………………………………… 242

参考文献 …………………………………………………………………… 246

模块 1　认识数控技术

知识目标

◇　掌握数控机床的组成及分类；
◇　掌握数控系统的类型及特点；
◇　熟悉数控机床的工作原理；
◇　了解数控技术的发展状况和趋势。

技能目标

◇　能解释数控机床的工作原理；
◇　能辨识数控机床的组成部分。

数控技术经过几十年的发展，已经广泛地应用于现代工业的诸多领域之中，成为制造业现代化的基础，是实现生产自动化的核心技术。它不仅能提高产品的质量，提高生产效率，降低成本，还能大大改善工人的劳动强度。本模块从数控机床的产生和发展谈起，主要讲述数控机床的组成、工作原理、特点及分类等内容。通过本模块学习，学生应对数控系统和数控机床有一个基本认识，为后续内容的学习打下基础。

1.1　数控技术与数控机床

1.1.1　基本概念

数字控制（Numerical Control，NC）是一种借助数字、字符或其他符号对某一工作过程（如加工、测量、装配等）进行可编程控制的自动化方法。数控系统是实现数字控制的装置。装备了数控系统的机床称为数控机床。

数控技术是采用数字控制的方法对机床运动及加工过程实现自动控制的技术。

计算机数控系统（Computer Numerical Control，CNC）是以计算机为核心的数控系统，是以计算机承担数控中的命令发生器和控制器功能的数控系统。它采用存储程序方式实现部分或全部基本数控功能，从而灵活地处理复杂信息，使数控系统的性能大大提高。早期的 NC 系统使用固定的逻辑单元操作程序，这些操作程序是内置的，程序编辑人员或者机床操作者不能在机床上修改程序，并且必须用穿孔纸带来输入程序信息，等同于术语"硬连接"，因而系统"柔性差"；而 CNC 系统则是借助计算机来操作程序，这些程序可用来处理逻辑操作，这就意味着可以在机床上修改程序，CNC 程序和逻辑操作作为软件指令存储在专用的计算机芯片上，而不是用电缆类的硬件连接方式来控制逻辑操作，等同于术语

"软连接"，这会使系统"柔性好"，可以根据加工对象的变化适时地调整程序。

数控机床是机械系统与数控系统结合得最为紧密、也是最为成功的装备之一，因此在研究和学习数控系统时，往往以数控机床作为载体。

1.1.2 数控机床的加工特点

数控机床较好地解决了复杂、精密、小批、多变零件的加工问题，是一种高效灵活的自动化机床。归纳起来，它具有以下优点：

（1）适应性强。适应性即所谓的柔性，是指数控机床随生产对象变化而变化的适应能力。在数控机床上改变加工零件时，只需重新编制程序，输入新的程序后就能实现对新零件的加工，而不需改变机械部分和控制部分的硬件，且生产过程是自动完成的。这就为复杂结构零件的单件、小批量生产以及试制新产品提供了极大的方便。适应性强是数控机床最突出的优点，也是数控机床得以生产和迅速发展的主要原因。

（2）精度高，质量稳定。数控机床是按数字形式给出的指令进行加工的，一般情况下工作过程不需要人工干预，这就消除了操作者人为产生的误差。数控机床除本身具有较高的精度、刚度和热稳定性外，还可以利用参数的修改进行精度校正和补偿，可获得比本身精度更高的加工精度。目前，数控机床的加工精度已达到 $\pm0.005\text{mm}$，甚至更高；定位精度已达到 $\pm0.002\sim\pm0.005\text{mm}$。数控机床尤其提高了同一批零件生产的一致性，产品合格率高，加工质量稳定。

（3）生产效率高。零件加工所需的时间主要包括机动时间和辅助时间两部分。数控机床主轴的转速和进给量的变化范围比普通机床大，因此数控机床每一道工序都可选用最有利的切削用量。由于数控机床结构刚性好，因此允许进行大切削用量的强力切削，这就提高了数控机床的切削效率，节省了机动时间。数控机床移动部件的空行程运动速度快，工件装夹时间短，刀具可自动更换，辅助时间比一般机床大为减少。数控机床更换被加工零件时几乎不需要重新调整机床，节省了零件安装调整时间。数控机床加工质量稳定，一般只作首件检验和工序间关键尺寸的抽样检验，因此节省了停机检验时间。在加工中心机床上加工时，一台机床实现了多道工序的连续加工，生产效率的提高更为显著。

（4）能实现复杂的运动。普通机床难以实现或无法实现轨迹为三次以上的曲线或曲面的运动，如螺旋桨、汽轮机叶片之类的空间曲面；而数控机床则可实现几乎是任意轨迹的运动和加工任何形状的空间曲面，适于复杂异形零件的加工。

（5）良好的经济效益。数控机床虽然设备昂贵，加工时分摊到每个零件上的设备折旧费较高。但在单件、小批量生产的情况下，使用数控机床加工可节省画线工时，减少调整、加工和检验时间，节省直接生产费用。数控机床加工零件一般不需制作专用夹具，节省了工艺装备费用。数控机床加工精度稳定，减少了废品率，使生产成本进一步下降。此外，数控机床可实现一机多用，节省厂房面积和建厂投资。因此使用数控机床可获得良好的经济效益。

（6）有利于生产管理的现代化。数控机床使用数字信息与标准代码处理、传递信息，特别是在数控机床上使用计算机控制，为计算机辅助设计、制造以及管理一体化奠定了基础。

1.1.3 数控机床的组成

数控机床一般由控制介质、数控系统、伺服系统和机床本体组成。图 1-1 实线所示为开环控制的数控机床框图。为了提高机床的加工精度，在系统中增加测量装置（图 1-1 中虚线部分），就形成了闭环控制的数控机床框图。在开环系统中，将控制机床工作台相对刀具运动的位移量、位移速度、位移方向、运动轨迹等参数，通过控制介质输入数控系统，数控系统根据参数指令进行计算，生成进给脉冲序列，然后经过伺服系统转换、放大并驱动电动机，最后控制工作台和刀具按要求移动。在闭环系统中，在向数控系统输入参数指令的同时，将监测装置发出的机床工作台实际位移量信号反馈给数控系统，并在其中和输入指令进行比较，若有差值，说明二者之间有误差，则数控系统控制机床向着消除误差的方向运动。

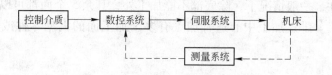

图 1-1　数控机床的组成

（1）控制介质。控制介质是将编程人员的操作意图传达给数控机床的一种中间介质。它上面包含了需要数控加工的零件的所有加工信息，且这些信息又是以数控系统能够识别的代码形式来表示的。

（2）数控系统。数控系统是数控机床的中枢，一般由输入装置、存储器、控制器、运算器和输出装置组成。数控装置接收由控制介质传来的加工信息，对数控代码加以识别、运算和处理，输出相应指令脉冲序列以驱动伺服系统，进而控制机床运动。在 CNC 系统中，数控系统一般由一台专用或通用计算机、输出接口以及机床控制器等部分组成。其中机床控制器由 PLC 组成，主要用来实现机床的辅助动作，如主轴转速、辅助功能和换刀等。

（3）伺服系统。伺服系统主要完成机床的运动及运动控制（包括进给运动、主轴运动、位置控制等），它由伺服驱动电路和伺服驱动电动机组成，并与机床上的执行部件和机械传动部件组成数控机床的进给系统。它接收来自数控系统的位置控制信息，并将其转换成相应坐标轴的进给运动和精确的定位运动，驱动机床执行机构运动。由于是数控机床的最后控制环节，它的性能将直接影响数控机床的生产效率、加工精度和表面加工质量。

（4）机床本体。机床本体是数控机床的主体，是实现制造加工的执行部件。它由主运动部件、进给运动部件（工作台、托板以及相应的传动机构）、支承件（立柱、床身等）以及特殊装置（刀具自动交换系统、工件自动交换系统）和辅助装置（如冷却、排屑、润滑、照明装置等）组成。

1.1.4 数控机床的分类

数控机床的种类很多，从不同角度对其进行考查，就有不同的分类方法。

1.1.4.1　按工艺用途分类

按工艺用途分，数控机床可分为切削加工类、成型加工类、特种加工类和其他类型。

(1) 切削加工类：采用车、铣、镗、铰、钻、磨及刨等各种切削工艺的数控机床，包括数控车床、数控钻床、数控刨床、数控铣床、数控磨床、数控镗床、加工中心、数控齿轮加工机床等。切削类数控机床发展最早，目前种类繁多，功能差异也较大。图1-2为数控车床外观图。数控车床主要加工回转体零件，如轴、盘套类零件。这里需要特别强调的是加工中心。加工中心也称为可自动换刀的数控机床，这类数控机床都带有一个刀库和自动换刀系统，刀库一般可容纳16～100把刀具。图1-3和图1-4所示分别是立式加工中心和卧式加工中心的外观。立式加工中心装夹工件方便，便于找正，易于观察加工情况，调试程序简便，但受立柱高度的限制，不能加工过高的零件，常常用于加工高度方向尺寸相对较小的模具零件，一般情况下，除底部不能加工外，其余5个面都可以用不同的刀具进行轮廓和表面加工。卧式加工中心适宜加工有多个加工面的大型零件或高度尺寸较大的零件。

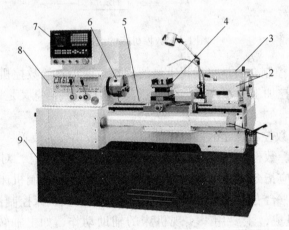

图1-2　数控车床

1—滚珠丝杠；2—尾座；3—护罩；4—四方回转刀台；5—导轨；

6—主轴；7—操作面板；8—主轴箱；9—床身

图1-3　立式加工中心

图1-4　卧式加工中心

（2）成型加工类：有数控折弯机、数控弯管机等。

（3）特种加工类：有数控线切割机、电火花加工机、激光加工机等。

（4）其他类型：数控装配机、数控测量机、机器人等。

1.1.4.2　按控制功能分类

按控制功能分，数控机床可分为点位控制数控机床、直线控制数控机床和轮廓控制数控机床。

（1）点位控制数控机床。点位控制数控机床仅能实现刀具相对于工件从一点到另一点的精确定位运动，对轨迹不作控制要求，运动过程中不进行任何加工。

图 1-5 为点位控制数控机床的加工示意图。为了实现既快又准的定位，常采用先快速移动，然后慢速趋近定位点的方法来保证定位精度。具有点位控制功能的数控机床有数控钻床、数控冲床、数控镗床及数控点焊机等。

（2）直线控制数控机床。直线控制数控机床的特点是除了控制点与点之间的准确定位外，还要保证两点之间移动的轨迹是一条与机床坐标轴平行的直线，而且对移动的速度也要进行控制，因为这类数控机床在两点之间移动时要进行切削加工，如图 1-6 所示。具有直线控制功能的数控机床有比较简单的数控车床、数控铣床及数控磨床等。单纯用于直线控制的数控机床目前已不多见。

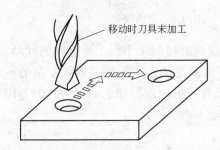

图 1-5　点位控制数控机床加工示意图

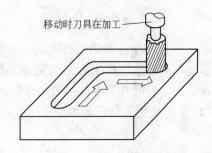

图 1-6　直线控制数控机床加工示意图

（3）轮廓控制数控机床。轮廓控制（连续控制）机床具有控制几个进给轴同时协调运动（坐标联动），使工件相对于刀具按程序规定的轨迹和速度运动，并在运动过程中进行连续切削加工的数控机床。

数控车床、数控铣床、加工中心等用于加工曲线和曲面的机床均为轮廓控制数控机床。图 1-7 为轮廓控制数控机床的加工示意图。现代的数控机床基本上都是装备的轮廓控制数控系统。

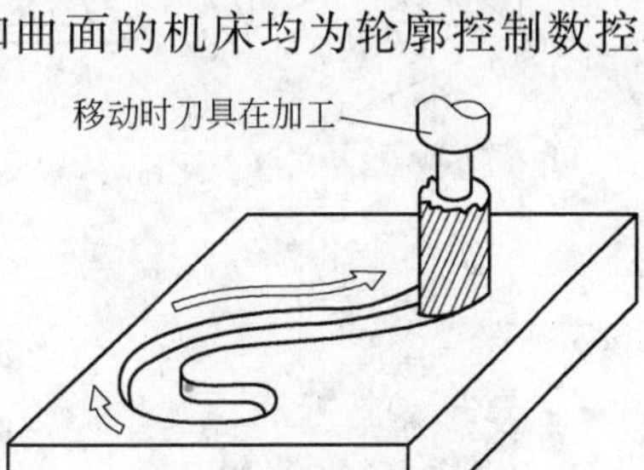

1.1.4.3　按联动轴数分类

数控系统控制几个坐标轴按需要的函数关系同时协调运动，称为坐标联动。联动轴数越多，数控系统的控制算法就越复杂。

按照联动轴数，数控机床可以分为两轴联动数控

图 1-7　轮廓控制数控机床加工示意图

机床、两轴半联动数控机床、三轴联动数控机床、多坐标联动数控机床。

（1）两轴联动数控机床。两轴联动数控机床能同时控制两个坐标轴联动，适于数控车床加工旋转曲面或数控铣床铣削平面轮廓。

（2）两轴半联动数控机床。两轴半联动是在两轴联动的基础上增加了 Z 轴的移动，当机床坐标系的 X、Y 轴固定时，Z 轴可以作周期性进给。两轴半联动加工可以实现分层加工，如图 1-8 所示。

（3）三轴联动数控机床。三轴联动数控机床能同时控制 3 个坐标轴的联动，用于一般曲面的加工。一般的型腔模具均可以用三轴联动数控机床加工完成，如图 1-9 所示。

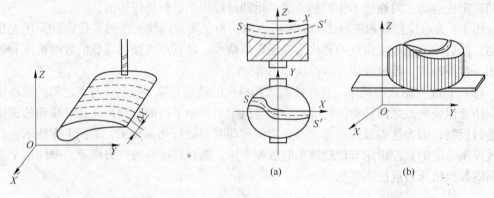

图 1-8　两轴半联动　　　　　　　　　　　　　图 1-9　三轴联动

（4）多坐标联动数控机床。多坐标联动数控机床能同时控制 4 个以上坐标轴的联动。多坐标联动数控机床的结构复杂、精度要求高、程序编制复杂，适于加工形状复杂的零件，如叶轮叶片类零件。图 1-10（a）为需使用四轴联动数控机床进行加工的工件，图 1-10（b）为需使用五轴联动数控机床进行加工的工件。

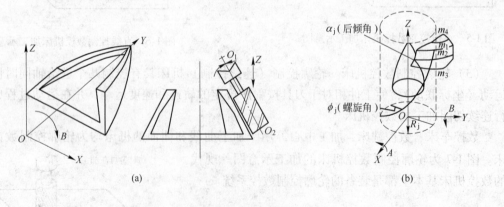

图 1-10　多轴联动
（a）四轴联动；（b）五轴联动

1.1.4.4　按进给伺服系统的类型分类

按数控系统的进给伺服子系统有无位置测量装置可分为开环数控系统和闭环数控系

统，在闭环数控系统中根据位置测量装置安装的位置又可分为全闭环和半闭环两种。按进给伺服子系统有无位置测量装置，数控机床可分为开环数控机床、半闭环数控机床和闭环数控机床。

下面对开环数控系统、半闭环数控系统和闭环数控系统进行介绍。

（1）开环数控系统。如图 1-11 所示的开环控制系统，没有位置测量装置，信号流是单向的（数控装置→进给系统），故系统稳定性好。无位置反馈，精度相对闭环系统来讲不高，其精度主要取决于伺服驱动系统和机械传动机构的性能和精度。开环控制系统一般以功率步进电动机作为伺服驱动元件。

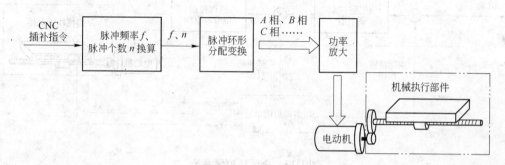

图 1-11　开环控制系统

这类系统具有结构简单、工作稳定、调试方便、维修简单、价格低廉等优点，在精度和速度要求不高、驱动力矩不大的场合得到广泛应用，一般用于经济型数控机床。

（2）半闭环数控系统。半闭环数控系统的位置采样点如图 1-12 所示，是从驱动装置（常用伺服电动机）或丝杠引出，采样旋转角度进行检测，而不是直接检测运动部件的实际位置。

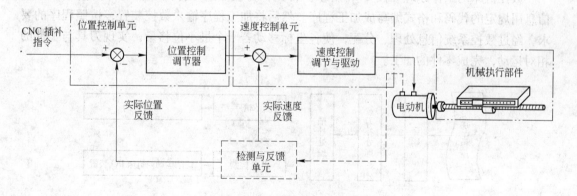

图 1-12　半闭环控制系统

半闭环环路内不包括或只包括少量机械传动环节，因此可获得稳定的控制性能，其系统的稳定性虽不如开环系统，但比闭环的要好。

由于丝杠的螺距误差和齿轮间隙引起的运动误差难以消除，因此，半闭环系统的精度较闭环的差，但较开环的好。由于可对这类误差进行补偿，因而仍可获得满意的精度。

半闭环数控系统结构简单、调试方便、精度也较高，因而在现代 CNC 机床中得到了广泛应用。

（3）全闭环数控系统。全闭环数控系统的位置采样点如图 1-13 的虚线所示，直接对运动部件的实际位置进行检测。从理论上讲，这种方式可以消除整个驱动和传动环节的误差、间隙和失动量，具有很高的位置控制精度。

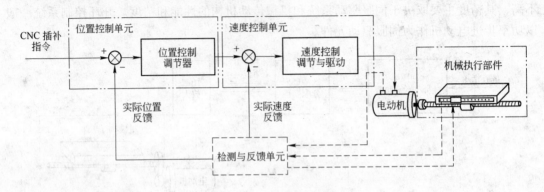

图 1-13　全闭环控制系统

由于位置环内的许多机械传动环节的摩擦特性、刚性和间隙都是非线性的，故很容易造成系统的不稳定，使闭环系统的设计、安装和调试都相当困难。

该系统主要用于精度要求很高的镗铣床、超精车床、超精磨床以及较大型的数控机床等。

1.2　数控机床的工作原理

数控机床的工作原理如图 1-14 所示。首先，将被加工零件图纸上的几何信息和工艺信息用规定的代码和格式编写成加工程序。然后将加工程序输入数控装置，按照程序的要求，经过数控系统信息处理、分配，使各坐标移动若干个最小位移量，实现刀具与工件的相对运动，完成零件的加工。

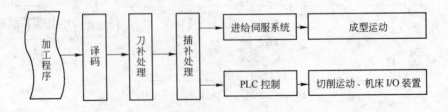

图 1-14　数控机床的工作原理

（1）译码（解释）。程序译码的主要功能是将用文本格式（通常用 ASCII 码）表达的零件加工程序，以程序段为单位转换成刀补处理程序所要求的数据结构（格式）。该数据结构用来描述一个程序段解释后的数据信息。它主要包括：X、Y、Z 等坐标值，进给速度，主轴转速，G 代码，M 代码，刀具号，子程序处理和循环调用处理等数据或标志的存放顺序和格式。

（2）刀补处理（计算刀具中心轨迹）。用户零件加工程序通常是按零件轮廓编制的，而数控机床在加工过程中控制的是刀具中心轨迹，因此在加工前必须将零件轮廓变换成刀具中心的轨迹。刀补处理就是完成这种转换的程序。

（3）插补计算。本模块以系统规定的插补周期 Δt 定时运行，它将由各种线形（直线、圆弧等）组成的零件轮廓，按程序给定的进给速度 F，实时计算出各个进给轴在 Δt 内位移指令（ΔX_1、ΔY_1…），并送给进给伺服系统，实现成型运动。这个过程将在模块 2 中详细叙述。

（4）PLC 控制。PLC 控制是对机床动作的"顺序控制"。即以 CNC 内部和机床各行程开关、传感器、按钮、继电器等开关量信号状态为条件，并按预先规定的逻辑顺序对诸如主轴的起停、换向，刀具的更换，工件的夹紧、松开，冷却、润滑系统等的运行等进行的控制。

1.3　先进数控制造系统

在以高科技产业为主要支柱、以智力资源为主要依托的知识经济条件下，制造业正在发生革命性的变化，制造技术正在发生质的飞跃。当今世界各国制造业广泛采用数控技术，以提高制造能力和水平，提高对动态多变市场的适应能力和竞争能力。伴随着信息技术的发展，数控技术正朝着高速度、高精度、复合化、智能化、网络化等方向发展。目前，整体数控加工技术已经进入了柔性制造系统（FMS）和计算机集成制造系统（CIMS）的发展进程。

1.3.1　柔性制造系统

1.3.1.1　柔性制造系统概述

随着科技、生产的不断进步，市场竞争的日趋激烈以及人们生活需求的多样化，产品品种规格不断增加，产品更新换代的周期越来越短。多品种、中小批量生产的零件占有大多数。为了解决机械制造业多品种、中小批量生产的自动化问题，除了用计算机控制单个机床及加工中心外，还可借助计算机把多台数控机床联系起来组成一个柔性制造系统。

柔性制造系统就是由计算机控制的、以数控机床设备为基础和以物料储运系统连成的、能形成没有固定加工顺序和节拍的自动加工制造系统。它的主要特点有以下几点。

（1）高柔性：即具有较高的灵活性、多变性，能在不停机调整的情况下，实现多种不同工艺要求的零件加工和不同型号产品的装配，满足多品种、小批量的个性化加工需求。

（2）高效率：能采用合理的切削用量实现高效加工，同时使辅助时间和准备终结时间减小到最低的程度。

（3）高度自动化：加工、装配、检验、搬运、仓库存取等环节实现自动化，使多品种成组生产达到高度自动化；自动更换工件、刀具、夹具，实现自动装夹和输送；自动监测加工过程，有很强的系统软件功能。

（4）经济效益好：柔性化生产可以大大减少机床数目、减少操作人员、提高机床利用率，可以缩短生产周期、降低产品成本，可以大大削减零件成品仓库的库存、大幅度地减少流动资金、缩短资金的流动周期，因此可取得较高的综合经济效益。

1.3.1.2　柔性制造系统的基本组成

柔性制造系统由以下四部分组成，即多工位数控加工系统、自动化的物料储运系统、自动监控系统和计算机控制的信息系统。

（1）多工位数控加工系统。多工位数控加工系统的功能是以任意顺序自动加工各种工件，并能自动地更换工件和刀具。通常由若干台加工零件的 CNC 机床，如图 1-15 所示的车削 MC（车削中心）、铣削 MC（铣削中心）和卧式 MC（卧式加工中心），以及操纵这些机床要使用的工具所构成。在加工较复杂零件的 FMS 加工系统中，由于机床上机载刀库能提供的刀具数目有限，除尽可能使产品设计标准化，以便使用通用刀具和减少专用刀具的数量外，必要时还需要在加工系统中设置机外自动刀库以补充机载刀库容量的不足。

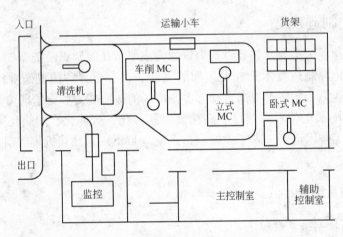

图 1-15　典型柔性制造系统示意图

1）工件的输送。工件的输送包括工件从系统外部送入系统和工件在系统内部传送两部分。目前，大多数工件的送入系统和在夹具上装夹工件仍由人工操作，系统中设置装卸工位，较重的工件可用各种起重设备或机器人搬运。工件输送系统按所用运输工具可分成自动输送车、轨道传送系统、带式传送系统和机器人传送系统四类。

2）工件的存储。在 FMS 的物料系统中，设置适当的中央料库和托盘库及各种形式的缓冲储存区来进行工件的存储，保证系统的柔性。

（2）自动化的物料储运系统。自动化的物料储运系统由存储、搬运等子系统组成，包括运送工件、刀具、切屑及冷却液等加工过程中所需要的"物料"的搬运装置，装卸工作站及自动化仓库等。图 1-15 为一典型的柔性制造系统示意图，其中的运输小车实现自动运输，货架为中间工序的储存场地。自动物流系统是使 FMS 具有充分柔性并提高加工设备利用率的重要保证，是 FMS 重要组成部分。

1）自动搬运装置。FMS 中使用的自动搬运装置主要有输送带、输送车（分为有轨和无轨两种）和机器人等。有轨输送小车是由铺设在地面上的两条导轨和在其上行驶的小车组成的搬运装置，主要适用于搬运较重的物品。无轨输送小车是靠埋设在地下的导线或涂覆在地面上的磁性材料等发出的信号引导的。其最主要的优点是柔性大；其次由于小车采用橡胶轮，因此行驶噪声小；此外无需铺设导轨，可充分利用地面空间。因此无轨小车的开发和实用化，大大促进了 FMS 的发展。目前 FMS 中使用的无轨小车的行驶速度可达 60m/min。

FMS 的自动物流系统中，除采用输送小车外，还广泛采用了工业机器人。工业机器人可以完成 CNC 机床上工件的装夹，也可在数台 CNC 机床之间，将毛坯、半成品的工件进行工序的传递，还可以进行刀具、夹具的交换，甚至可以完成装配任务。

2）自动仓库系统。自动仓库系统用以存储毛坯、半成品、成品、刀具、夹具和托盘等。它应具有较高的柔性，以适应生产负荷变化时的存储要求及能在规定的时间内把所需要的"物料"自动地供给指定的场所。因此自动仓库并不是简单的储藏库，而是与搬运系统紧密结合的、形成完整的自动物料系统的重要的组成部分。根据系统的需要，自动仓库可以是集中配置的大型仓库，也可以是分散设置的小型仓库。目前用于 FMS 的自动仓库主要有三种形式，即立体自动仓库、水平回转式棚架仓库和垂直回转式棚架仓库。

（3）自动监控系统。为了能对 FMS 的生产过程进行实时控制，系统中安装了大量的传感器，这些传感器一般安装在机床或搬运装置上。对于无人运转的高度自动化系统，为了监视整个生产过程，传感器也可以单独配置，如工业电视、红外线温度检测器和烟雾感知器等。

（4）计算机控制的信息系统。FMS 是一个物料流和信息流紧密结合的复杂的自动化系统。就其信息而言，需要处理的信息量相当大，而且性质复杂。FMS 的综合软件系统是对系统中复杂的信息流进行合理处理，对物料流进行有效控制，从而使系统达到高度柔性和自动化。

从系统信息处理的观点来看，FMS 的综合软件系统一般包括以下三个部分：

1）生产控制软件。它是保证 FMS 正常工作的基本软件系统。一般包括数据管理软件，如生产计划、工件、刀具、加工程序的数据管理等；运行控制软件，如加工过程、搬运过程、工件加工顺序的控制等；运行监视软件，如运行状态、加工状态、故障诊断和处理情况的监视等；此外还包括状态显示等软件系统。

2）管理信息处理软件。它主要用于生产的宏观管理和调度，以确保 FMS 能有效而经济地达到生产目标。如根据市场需求来调整生产计划和设备负荷计划；对设备、刀具、工件等的数量和状态进行有效的管理等。

3）技术信息处理软件。它主要用于对生产中的技术信息，如加工顺序的确定、设备和工装的选择、加工条件和刀具路径的确定等进行处理。

FMS 的综合软件系统是极为复杂的，FMS 功能的实现是依靠这套系统进行调度和控制的。正因为如此，有人甚至把 FMS 的组成简单地归纳为两大类，即硬件系统和软件系统。

1.3.1.3 柔性制造系统的特点

尽管 FMS 只具有中等生产能力，但它将机床、运送装置和控制系统有机地结合起来，在获得最大的机床利用率和提高生产率的同时又能保持所需的柔性，从而解决了多品种、中小批量生产时生产率与柔性之间的矛盾，有利于发展新品种和扩大变型产品的生产。FMS 的优点表现为：

（1）具有良好的柔性。

（2）主要设备利用率高、投资减少。

（3）产品质量高。

（4）降低加工费用。

FMS 将制造技术、管理科学、计算机科学等领域内最新成就有机地结合在一起，是数控技术、网络技术、机器人技术、测试技术和计算机技术的综合，是机械制造业的发展方向之一。目前热加工领域已出现各种类型的 FMS。

1.3.1.4　柔性制造系统中的机床设备和夹具

（1）加工设备。FMS 的加工设备一般选择卧式、立式或立卧两用的数控加工中心（MC）。数控加工中心机床是一种带有刀库和自动换刀装置（ATC）的多工序数控机床，工件经一次装夹后，能自动完成铣、镗、钻、铰等多种工序的加工，并且有多种换刀和选刀功能，从而可使生产效率和自动化程度大大提高。

在 FMS 的加工系统中还有一类加工中心，它们除了机床本身之外，还配有一个储存工件的托盘站和自动上下料的工件交换台。当在这类加工中心机床上加工完一个工件后，托盘交换装置便将加工完的工件连同托盘一起拖回环形工作台的空闲位置，然后按指令将下一个待加工的工件（托盘）转到交换装置，由托盘交换装置将工件送到机床上进行定位夹紧以待加工。这类具有储存较多工件（托盘）的加工中心是一种基础形式的柔性制造单元（FMC）。

（2）机床夹具。目前，用于 FMS 机床的夹具有两个重要的发展趋势：

1）大量使用组合夹具，使夹具零部件标准化，可针对不同的服务对象快速拼装出所需的夹具，使夹具的重复利用率提高。

2）开发柔性夹具，使一套夹具能为多个加工对象服务。

1.3.1.5　柔性制造系统中的其他装置

（1）自动化仓库。FMS 的自动化仓库与一般仓库不同。它不仅是储存和检索物料的场所，同时也是 FMS 物料系统的一个组成部分。它由 FMS 的计算机控制系统所控制，从功能性质上说，它是一个工艺仓库。正因为如此，它的布置和物料存放方法也以方便工艺处理为原则。目前，自动化仓库一般采用多层立体布局的结构形式，所占用的场地面积较小。

（2）物料运载装置。物料运载装置直接担负着工件、刀具以及其他物料的运输，包括物料在加工机床之间，自动仓库与托盘存储站之间以及托盘存储站与机床之间的输送与搬运。FMS 中常见的物料运载装置有传送带、自动运输小车和搬运机器人等。

（3）刀具管理系统。刀具管理系统在 FMS 中占有重要的地位。其主要职能是负责刀具的运输、存储和管理，适时地向加工单元提供所需的刀具，监控管理刀具的使用，及时取走已报废或耐用度已耗尽的刀具，在保证正常生产的同时，最大程度地降低刀具的成本。刀具管理系统的功能和柔性程度直接影响到整个 FMS 的柔性和生产率。典型的 FMS 的刀具管理系统通常由刀库系统、刀具预调站、刀具装卸站、刀具交换装置以及管理控制刀具流的计算机组成。

（4）控制系统。控制系统是 FMS 的核心。它管理和协调 FMS 内各项活动，以保证生产计划的完成，实现最大的生产效率。FMS 除了少数操作由人工控制外（如装卸、调整和维修），可以说正常的工作完全是由计算机自动控制的。FMS 的控制系统通常采用两级或三级递阶控制结构形式，在控制结构中，每层的信息流都是双向流动的。然而，在控制的实时性和处理信息量方面，各层控制计算机又是有所区别的。这种递阶的控制结构，各层的控制处理相对独立，易于实现模块化，使局部增、删、改简单易行，从而增加了整个系统的柔性和开放性。

1.3.2 计算机集成制造系统

1.3.2.1 计算机集成制造系统的基本概念

计算机辅助设计（CAD）和计算机辅助制造（CAM）的软件系统是分别研制、开发的。生产技术的高度发展要求设计与制造在产品生产中有机结合，实现一体化，从而发展形成集成制造系统。用计算机网络将产品生产全过程的各个子系统有机地集合成一个整体，以实现生产的高度柔性化、自动化和集成化，达到高效率、高质量、低成本的生产目的，这种系统就是计算机集成制造系统（Computer Integrated Manufacturing System，CIMS）。

CIMS 的概念包含两个基本观点：

（1）系统的观点。企业生产的各个环节，即从市场分析、产品设计、加工制造、经营管理到售后服务的全部生产活动是一个不可分割的整体，要紧密连接，统一考虑。

（2）信息化的观点。整个生产过程实质上是一个数据的采集、传递和加工处理的过程，最终形成的产品可以看做是数据的物质表现。

由此可知，CIMS 的内涵可以表述为：CIMS 是一种组织、管理与运行企业的哲理，它将传统的制造技术与现代信息技术、管理技术、自动化技术、系统工程技术等有机结合，借助计算机（硬、软件），使企业产品的生命周期（市场需求分析→产品意义→研究开发→设计→制造→支持，包括质量、销售、采购、发送、服务以及产品最后报废、环境处理等）各阶段活动中有关的人、组织、经费管理和技术等要素及信息流、物流和价值流有机集成并优化运行，实现企业制造活动中的计算机化、信息化、智能化、集成优化，以使产品上市快、高质、低耗、服务好、环境清洁，提高企业的柔性、健壮性、敏捷性，使企业在市场竞争中立于不败之地。

1.3.2.2 计算机集成制造系统的组成

CIMS 是一项发展中的技术，它的组成还没有统一的模式。CIMS 一般可以划分为如图 1-16 所示的 4 个功能子系统和 2 个支撑子系统：工程设计自动化子系统、管理信息子系统、制造自动化子系统、质量保证子系统以及计算机网络子系统和数据库子系统。

（1）工程设计自动化子系统。工程设计自动化

图 1-16 CIMS 的构成框图

子系统实质上是指在产品开发过程中引用计算机技术，由计算机辅助设计、计算机辅助工艺编制和数控程序编制等功能组成，用以支持产品的设计和工艺准备，处理有关产品结构方面的信息。CAD、CAPP、CAM 长期处于独立发展状态，相互间缺乏通信和联系。CIM 概念的出现使得 CAD、CAPP、CAM 的集成化成为 CIMS 的重要性能指标。它意味着产品数据格式的标准化，可实现各自数据的交换和共享。

（2）管理信息子系统。管理信息应用子系统是 CIMS 的神经中枢，具有生产计划与控制、经营管理、销售管理、采购管理、财务管理等功能，处理生产任务方面的信息。目前机械制造生产管理中的核心问题是推广使用 MRP-Ⅱ（即制造资源计划）。这是制订生产计划和对由原材料制成成品的物流进行时间管理的计算机系统。

（3）制造自动化子系统。制造自动化子系统是在计算机的控制与调度下，按照 NC 代码将一个个毛坯加工成合格的零件并装配成部件以至产品，完成设计和管理部门下达的任务；并将制造现场的各种信息实时地或经过处理后反馈到相应部门，以便及时地进行调度和控制。它包括各种不同自动化程度的制造设备和子系统，用来实现信息流对物流的控制和完成物流的转换。它是信息流和物流的接合部，用来支持企业的制造功能。

（4）质量保证子系统。质量保证子系统具有制订质量管理计划、实施质量管理、处理质量方面信息、支持质量保证等功能。

（5）计算机网络子系统。计算机网络是 CIMS 重要的信息集成工具，用以传递 CIMS 各子系统之间和子系统内部的信息，实现 CIMS 的数据传递和系统通信功能。

（6）数据库子系统。数据库管理系统是一个支撑系统，它是 CIMS 信息集成的关键之一，用以管理整个 CIMS 的数据，实现数据的集成与共享。

1.3.2.3　计算机集成制造系统的关键技术

CIMS 是一种新兴的高新技术，企业在实施这项高新技术的过程中必然会遇到一些技术难题。这些技术难题就是实施 CIMS 的关键技术。CIMS 的关键技术主要包括系统集成和单元技术两大方面。

（1）系统集成。CIMS 要解决的问题是集成，包括分系统之间的集成、分系统内部的集成、硬件资源的集成、软件资源的集成、设备与设备之间的集成、人与设备的集成等等。在解决这些集成问题时，需要进行必要的技术开发，并充分利用现有的成熟技术，充分考虑系统的开放性和先进性的结合。

（2）单元技术。CIMS 中涉及的单元技术很多，许多单元技术解决起来难度相当大，对于具体的企业，应结合实际情况，根据企业技术进步的需要进行分析，提出在该企业实施 CIMS 的具体单元技术难题及其解决方法。

实施 CIMS 要花费巨大的投资，而且需要雄厚的技术基础，包括企业应用 CIMS 单项技术的水平以及一支强大的技术队伍。它涉及许多工作新技术，除了硬件之外，还需要功能齐全的数据库软件和系统管理软件。

CIMS 的发展水平和完善程度代表着机械制造业的发展水平。近年来，我国在汽车、民用飞机以及机床生产等行业，已经开始建立 CIMS 系统，有些系统即将启用，这标志着我国的机械制造水平已发展到了一个新的阶段。

1.4 数控技术的发展状况

从工业化革命以来人们实现机械加工自动化的手段有：自动机床、组合机床、专用自动生产线。这些设备的使用大大地提高了机械加工自动化的程度，提高了劳动生产率，促进了制造业的发展。但它也存在固有的缺点：初始投资大；准备周期长；柔性差。

随着市场竞争日趋激烈，产品更新换代加快，大批量产品越来越少，小批量产品生产的比重越来越大，人们迫切需要一种精度高、柔性好的加工设备。电子技术和计算机技术的飞速发展为 NC 机床的进步提供了坚实的技术基础。数控技术正是在这种背景下诞生和发展起来的。它的产生给自动化技术带来了新的概念，推动了加工自动化技术的发展。

1.4.1 数控机床的发展历程

1952 年，美国帕森斯公司（Parsons）和麻省理工学院（M. I. T）合作研制了世界上第一台三坐标数控机床。1955 年，第一台工业用数控机床由美国帕森斯公司生产出来。

从 1952 年至今，NC 机床按 NC 系统的发展经历了五代。

（1）第一代：1955 年，NC 系统以电子管组成，体积大，功耗大。

（2）第二代：1959 年，NC 系统以晶体管组成，广泛采用印制电路板。

（3）第三代：1965 年，NC 系统采用小规模集成电路作为硬件，其特点是体积小，功耗低，可靠性进一步提高。

以上三代 NC 系统，由于其数控功能均由硬件实现，故历史上又称其为"硬线 NC"

（4）第四代：1970 年，NC 系统采用小型计算机取代专用计算机，其部分功能由软件实现，它具有价格低，可靠性高和功能多等特点。

（5）第五代：1974 年，NC 系统以微处理器为核心，不仅价格进一步降低，而且体积进一步缩小，使实现真正意义上的机电一体化成为可能。这一代又可分为六个发展阶段。

1）1974 年：系统以位片微处理器为核心，有字符显示，自诊断功能。

2）1979 年：系统采用 CRT 显示，VLIC，大容量磁泡存储器，可编程接口和遥控接口等。

3）1981 年：具有人机对话、动态图形显示、实时精度补偿功能。

4）1986 年：数字伺服控制诞生，大惯量的交、直流电动机进入实用阶段。

5）1988 年：采用高性能 32 位机为主机的主从结构系统。

6）1994 年：基于 PC 的 NC 系统诞生，使 NC 系统的研发进入了开放型、柔性化的新时代，新型 NC 系统的开发周期日益缩短。它是数控技术发展的又一个里程碑。

1.4.2 国内数控技术的研究情况

由于数控机床的优越性和国防工业的需求，在国际竞争日益激烈、产品品种频繁变化的形势下，各国都致力于开发和生产各种数控机床。我国从 1958 年开始研制数控机床，到 20 世纪 70 年代末共生产了 4108 台数控机床，其中 86% 为数控线切割机床。到 20 世纪 80 年代，随着我国实行改革开放政策，引进了日本、美国等先进的数控技术，开始批量生产数控系统和伺服系统，我国数控机床在质量和数量上有了很大的提高。到 20 世纪 90 年代初，我国生产的数控机床已达 300 余种，一些较高档的五轴联动数控系统已开发出来。1995 年以来，高校和研究所加入数控系统的研究工作，推出了基于 PC 的 CNC 系统，基于 PC 机的开放体系的计算机数控装置也开始装备到机床上，从此，我国的数控技术向高档数控机床快速发展。据统计，目前我国市场上的数控机床有 1500 种，几乎覆盖了整个金属切削机床的品种类别和主要的锻压机械。领域之广，可与日本、德国、美国并驾齐驱。这标志着国内数控机床已进入快速发展的时期。

1.4.3　数控技术的发展趋势

20 世纪 90 年代以来，随着计算机技术突飞猛进的发展，数控技术不断采用计算机、控制理论等领域的最新技术成就，使其朝着下述方向发展：

（1）运行高速化。运行高速化是指使进给率、主轴转速、刀具交换速度、托盘交换速度实现高速化，并且具有高加（减）速率。速度是数控设备的重要指标，是数控技术永恒追求的目标。因为它直接关系到加工效率。例如：在进给率高速化方面，日本 FAUNC15/16/18/21 系列，在分辨率为 $1\mu m$ 时，最大进给速度达到 $F_{max} = 240m/min$，而在 F_{max} 下可获得复杂型面的精确加工，并且具有 $1.5g$（g 为重力加速度）的加减速率；在主轴高速化方面，目前采用电主轴（内装式主轴电动机），即主轴电动机的转子轴就是主轴部件，其主轴最高转速可达 $100000r/min$，在主轴转速的最高加（减）速为 $1.0g$，即仅需 $1.8s$ 即可从 0 提速到 $15000r/min$；在换刀速度方面，目前可以在 $0.9s$ 内完成一次自动换刀；在工作台（托盘）交换速度方面，可以在 $6.3s$ 内完成托盘的交换。

（2）加工高精化。数控系统带有高精度的位置检测装置，并通过在线自动补偿（实时补偿）技术来消除或减少热变形、力变形和刀具磨损的影响，使加工一致性的精度得到保证，进一步提高了定位精度。普通数控加工的尺寸精度通常可达 $5\mu m$，精密级加工中心的加工精度通常可达 $1\mu m$，最高的尺寸精度可达 $0.01\mu m$。新材料、新零件的出现以及更高精度要求的提出等都需要超精密加工工艺。发展新型超精密加工机床，完善现代超精密加工技术，是适应现代科技必由之路。

（3）功能复合化。数控机床的发展已经模糊了粗、精加工工序的概念，加工中心的出现打破了传统的工序界限和分开加工的工艺规程。配有自动换刀机构（刀库容量可达 100 把以上）的各类加工中心，能在同一台机床上同时实现铣削、镗削、钻削、车削、铰孔、扩孔、攻螺纹等多种工序加工。现代数控机床还采用了多主轴、多面体切削，即同时对一个零件的不同部位进行不同方式的切削加工，减少了在不同数控机床间进行工序的转换而引起的待工以及多次上下料等时间。近年来，还相继出现了许多跨度更大的、功能集中的超复合化数控机床。

（4）控制智能化。随着人工智能在计算机领域中的应用，数控系统引入了自适应控制、模糊系统和神经网络的控制机理，使新一代数控系统具有自动编程、模糊控制、前馈控制、学习控制、自适应控制、工艺参数自动生成、三维刀具补偿、运动参数动态补偿等功能，而且人机界面极为友好，并具有故障诊断专家系统，使自诊断和故障监控功能更加完善。

（5）体系开放化。体系开放化是指具有在不同的工作平台上均能实现系统功能，且可以与其他的系统应用进行互操作的系统。

开放式数控系统的特点是：系统构件（软件和硬件）具有标准化与多样化和互换性的特征；允许通过对构件的增减来构造系统，实现系统"积木式"的集成；构造应该是可移植的和透明的。

（6）驱动并联化。并联加工中心（又称 6 条腿数控机床、虚轴机床）是数控机床在结构上取得的重大突破，被认为是"自发明数控技术以来在机床行业中最有意义的进步"，"21 世纪新一代数控加工设备"。并联结构机床是现代机器人与传统加工技术相结合的产物。由于它没有传统机床所必需的床身、立柱、导轨等制约机床性能提高的结构，因此该机床的工作部分可以获得很高的空间自由度，加工能力得到很大的提高。另外它还具有现代机器人的模块化程度高、重量轻和速度快等优点。

鉴于并联机床具有许多传统机床所无法比拟的卓越性能，它作为一种新型的加工设备，已成为当前机床技术的一个重要研究方向。

（7）交互网络化。支持网络通讯协议，既满足单机需要，又能满足多机联合控制及更高端制造系统对基层设备集成要求。通过交互网络平台，可以实现网络资源共享；实现数控机床的远程（网络）监视、控制；实现数控机床的远程（网络）培训与教学（网络数控）；实现数控装备的数字化服务（数控机床故障的远程（网络）诊断、远程维护、电子商务等）。交互网络化技术必然会成为现代集成制造技术的基础，成为组成高级数字化集成制造系统中必不可少的信息交换技术。

思考与训练

【思考与练习】

1-1　试从控制精度、系统稳定性及经济性三方面，比较开环、闭环、半闭环系统的优劣。

1-2　数控机床由哪几部分组成？各组成部分的主要作用是什么？

1-3　简要说明数控机床的工作过程。

1-4　数控机床按控制的运动轨迹特点可分为几类？它们的特点是什么？

1-5　什么是开环、闭环、半闭环伺服系统数控机床？它们之间有什么区别？

1-6　数控机床的档次是如何划分的？何谓经济型数控机床？

1-7　解释下列名词术语：数控、CNC、数控机床、控制介质、数控系统。

1-8　数控机床有什么特点？它与普通机床有什么不同？

1-9　FMS 的基本组成部分有哪些？

1-10　CIMS 一般由哪几个子系统组成？

【技能训练】

1-1　参观实习。

    （1）实习地点：校内实习工厂数控车间。

    （2）实习内容：观察数控车床、数控铣床及电火花机床的静态结构；了解上述各数控机床的加工过程。

    （3）实习任务：

        1）写出数控车床和数控铣床的组成和主要结构部件。

        2）写出上述各数控机床的加工对象和主要加工表面形状。

        3）写出数控机床的控制特点。

    （4）任务要求：完成认知实习报告，报告内容以上述实习任务为提纲，字数不少于 1000 字。

模块 2 计算机数控（CNC）系统

知识目标

◇ 掌握数控系统的定义、组成及其主要功能；

◇ 掌握数控系统的插补原理；

◇ 熟悉 CNC 装置的工作原理及软、硬件结构组成；

◇ 了解主要的 CNC 产品。

技能目标

◇ 能解释数控系统的定义、组成；

◇ 能阐明 CNC 装置的软、硬件组成结构，数控加工程序的预处理，轮廓插补原
    理，辅助功能与 PLC 等内容；

◇ 能应用插补原理对简单轨迹进行插补运算。

本模块简要介绍数控系统的定义、组成、主要功能及常见数控系统的产品；重点介绍
CNC 装置的工作原理，包括 CNC 装置的组成结构、数控加工程序的预处理、轮廓插补原
理、辅助功能与 PLC 等内容。通过本模块的学习，学生应对计算机数控系统的组成和软、
硬件结构有一个基本认识。

2.1 CNC 系统及其组成

2.1.1 计算机数字控制系统的定义

计算机数字控制（Computer Numerical Control，CNC）系统是一种利用计算机控制加
工功能，实现位置控制的系统。CNC 系统是通过计算机执行存储器内的控制程序去执行数
控装置的一部分或全部功能，并配有接口电路和伺服驱动装置的计算机控制系统。故计算
机数字控制系统是一种包含计算机在内的数字控制系统。

早期的数控系统一直采用硬件数控装置对机床进行控制，即硬件数字控制（Numeri-
cally Control，NC）。1970 年开始引入计算机控制，一开始采用小型计算机取代传统的 NC
控制，现代数控机床大都采用微型计算机控制，这两种计算机控制的工作原理基本相同，
称为计算机数字控制，即 CNC。图 2-1 给出了 CNC 系统框图。

从自动控制的角度来看，CNC 系统是一种位置（轨迹）、速度控制系统，其本质上是
以执行部件（各运动轴）的位移量、速度为控制对象并使其协调运动的自动控制系统，是
一种配有专用操作系统的计算机控制系统。从外部特征来看，CNC 系统是由硬件（通用

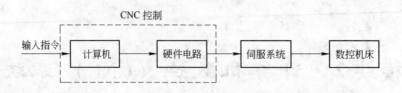

图 2-1 CNC 系统框图

硬件和专用硬件）和软件（专用软件）两大部分组成的。

2.1.2 计算机数控系统的组成

计算机数控系统由数控程序、输入装置、输出装置、计算机数控装置（CNC 装置）、可编程逻辑控制器（PLC）、主轴驱动装置和进给（伺服）驱动装置等组成。CNC 系统组成框图如图 2-2 所示。

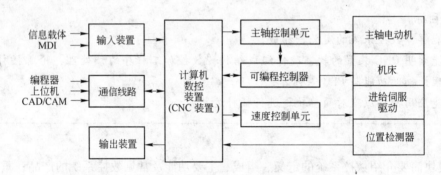

图 2-2 CNC 系统组成框图

CNC 系统的核心是 CNC 装置。CNC 系统装置主要由硬件和软件两大部分组成。硬件和软件的关系是密不可分的。硬件是系统的工作平台，软件是整个系统的灵魂。数控系统在软件的控制下有条不紊地完成各项工作。下面分别对 CNC 系统的硬件和软件组成进行简要介绍。

CNC 装置是数控加工专用计算机，在组成上除具有一般的计算机结构外，还具有与数控机床功能有关的功能模块结构、接口和部件，如图 2-3 所示。

CNC 装置的硬件主要由中央处理单元（CPU）、可编程只读存储器（EPROM）、随机存取存储器（RAM）、输入/输出（I/O）接口、位置控制器、纸带阅读机接口、手动数据输入 MDI（Manual Data Input）和显示接口（CRT）等组成。CPU 的作用是实施整个系统的运算、控制和管理；存储器用于存储系统软件、加工程序及中间运算结果等；位置控制主要完成对主轴驱动的控制从而通过伺服系统对坐标轴的运动实施控制；输入/输出接口用于实现数控系统与外部之间的信息交换。MDI/CRT 接口完成手动数据输入功能和在 CRT 上将信息显示出来的功能。

CNC 软件是为实现数控系统各项功能而编制的专用软件，又称为系统软件。根据功能不同，CNC 软件分为管理软件和控制软件两大类。在它们共同控制下，CNC 装置对输入的数控加工程序自动进行处理并发出相应的控制指令，使机床按照预期的要求加工工件。

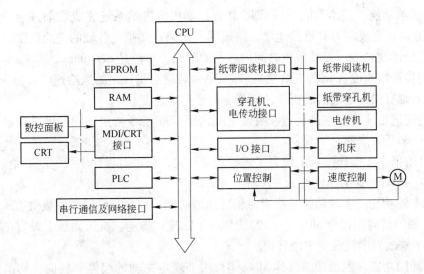

图 2-3 单 CPU 结构 CNC 装置的系统组成框图

2.2 CNC 装置的主要功能

　　CNC 装置的功能是指它满足用户操作和机床控制要求的手段和方法。数控装置的功能通常包括基本功能和选择功能。基本功能是指数控系统必备的功能，也是数控系统的基本配置功能。选择功能是指用户可根据不同的机床特点、用途和实际要求进行选择的功能。下面分别介绍 CNC 装置的各个功能。

2.2.1 基本功能

　　数控装置的基本功能包括：控制功能、准备功能、插补功能、进给功能、主轴功能、刀具诊断功能等。

　　（1）控制功能。控制功能是指 CNC 装置能够控制的以及能够同时控制的轴数（即联动轴数），这是数控装置的主要性能指标之一。控制轴有移动轴和回转轴、基本轴和附加轴。控制轴数越多，特别是联动轴数越多，CNC 装置就越复杂，编制零件加工程序就越困难。

　　（2）准备功能。准备功能也称 G 功能，用来指令机床动作方式的功能，包括基本移动、程序暂停、平面选择、坐标设定、刀具补偿、基准点返回、固定循环等指令。它用地址 G 和它后续的两位数字表示。

　　（3）插补功能。插补功能是指 CNC 装置可实现的插补加工线型的能力，如直线插补、圆弧插补和其他二次曲线与多坐标插补能力。CNC 装置是通过软件进行插补计算，连续控制时实时性很强，计算速度很难满足数控机床对进给速度和分辨率的要求。因此实际的 CNC 装置插补功能被分为粗插补和精插补。进行轮廓加工的零件形状，大部分是由直线和圆弧构成，有的是由更复杂的曲线构成，因此插补功能有直线插补、圆弧插补、抛物线插补、极坐标插补、螺旋线插补、样条曲线插补等多种。实现插补运算的方法有逐点比较法和数字积分法等。

（4）进给功能。进给功能是指 CNC 装置控制机床进给系统完成切削进给、快速进给的速度和方向。它反映刀具进给速度，一般用 F 代码直接指定各轴的进给速度。

1）进给速度：表示刀具单位时间内移动的距离，单位是 mm/min。

2）同步进给速度（每转进给量）：即主轴每转进给量规定的进给速度，如 0.01mm/r。只有主轴上装有位置编码器的机床才能指令同步进给速度。

3）快速进给速度：它是通过参数设定的，用 G00 指令指定，同时可以通过操作面板上的快速倍率开关修调。

4）进给倍率：操作面板上设置了进给倍率开关，可以对程序中指定的 F 值进行修正。倍率可在 0~200% 变化。

（5）主轴功能。主轴功能是指定主轴转速的功能，用 S 和它后续的数值表示，单位是 r/min。主轴的转向用指令 M03（正转）、M04（反转）指定。机床面板上设有主轴倍率开关，可以不修改程序就改变主轴转速。

（6）辅助功能。辅助功能也称 M 功能，用来规定主轴的起停和转向、切削液的接通和断开、刀库的起停、刀具的更换、工件的夹紧或松开等。辅助功能用 M 和它后续的两位数字表示。

（7）刀具功能。刀具功能用来选择刀具，用 T 和它后续的 2 位或 4 位数值表示。刀具功能一般要和辅助功能一起使用。例如，在加工中心机床中，用 T01 对 1 号刀具进行选刀，而用 M06 进行刀具交换。

（8）字符显示功能。CNC 装置可以配置单色或彩色 CRT，通过软件和接口在 CRT 显示器上实现字符和图形的显示。字符显示功能可以显示加工程序、参数、各种补偿量、坐标位置、故障信息、零件图形、动态刀具运动轨迹等。

（9）自诊断功能。CNC 装置中设置了各种诊断程序，可以防止故障的发生或扩大；在故障出现后可迅速查明故障类型及部位，减少因故障而造成的停机时间。

2.2.2　选择功能

除基本功能外，数控系统还为用户提供多种可选功能。合理地选择适合机床的可选功能，放弃可有可无或不实用的可选功能，对提高产品的性价比大有好处。

（1）补偿功能。在加工过程中由于刀具磨损或更换刀具，以及机械传动中的丝杠螺距误差和反向间隙，实际加工出的零件尺寸与程序规定的尺寸不一致，造成加工误差。因此 CNC 装置设计了补偿功能。它可以把刀具长度、刀具半径的补偿量、丝杠的螺距误差和反向间隙误差的补偿量输入到 CNC 装置的存储器，按补偿量重新计算刀具的运动轨迹和坐标尺寸，从而加工出符合要求的零件。

（2）固定循环。固定循环是指 CNC 装置为常见的加工工艺所编制的、可以多次循环加工的功能。数控系统将常用的加工工序（如钻孔、镗孔、攻丝等）编写成参数式的固定循环程序，使用该固定程序前，由用户选择合适的切削用量和重复次数等参数（如基面、孔深、每次切入量、主轴转速和进给速度等），然后按固定循环约定的功能进行加工并可多次重复使用。用户若需编制适于自己的固定循环，可借助用户宏程序功能。

（3）人机对话功能。人机对话功能不但有助于编制复杂零件的程序，而且可以方便编程。在 CNC 装置中的人机对话类功能有：菜单结构操作界面，零件加工程序的编辑环境，系统和机床的参数、状态，故障信息的显示、查询或修改画面等。

（4）通信功能。通信功能是 CNC 与外界进行信息和数据交换的功能。CNC 装置通常备有 RS-232C 接口，可传送零件加工程序。有的还备有 DNC 接口，设有缓冲存储器，可以按数控格式输入，也可以按二进制格式输入，进行高速传输。有的 CNC 装置还能与制造自动协议 MAP 相连，进入工厂通信网络，以适应 FMS（柔性制造系统）、CIMS（计算机集成制造系统）的要求。

2.3　主要 CNC 系统产品简介

数控机床配置的数控系统不同，其功能和性能也有很大差异。就目前应用来看，日本 FANUC 公司生产的 FANUC 系列数控系统、德国 SIEMENS（西门子）公司生产的 SINU-MERIK 系列数控系统、西班牙的 FAGOR（发格）公司的数控系统、美国 A-B 公司生产的 A-B 数控系统及相关产品在数控机床行业占主导地位。我国的数控系统比较成熟的有华中数控、航天数控、广州数控（GSK）、北京凯恩地（KND）数控等，其中武汉华中数控股份有限公司的华中数控系统相对最具有规模。本节对 FANUC、SIEMENS、FAGOR 和华中数控系统作以简单介绍。

2.3.1　日本 FANUC 公司的 CNC 产品

2.3.1.1　FANUC 系列数控系统

日本 FANUC 公司生产的 CNC 产品主要有 FS3、FS6、FS0、FS10/11/12、FS15、FS16、FS18、FS21/210 等系列。目前我国主要使用的有 FS0、FS15、FS16、FS18、FS21/210 等系列。

（1）FS0 系列。它是可组成面板装配式的 CNC 系统，易于组成机电一体化系统。FS0 系列 CNC 有许多规格，如 FS0-T、FS0-TT、FS0-M、FS0-ME、FS0-G、FS0-F 等型号。其中，T 型 CNC 系统用于单刀架单主轴的数控车床；TT 型 CNC 系统用于双刀架单主轴或双刀架双主轴的数控车床；M 型 CNC 系统用于数控铣床或加工中心；G 型 CNC 系统用于磨床；F 型是对话型 CNC 系统。

（2）FS10/11/12 系列。该系列有很多品种，可用于各种机床。它的规格型号有 M 型、T 型、TT 型、F 型等。

（3）FS15 系列。它是 FANUC 公司较新的 32 位 CNC 系统，被称为 AI（人工智能）CNC 系统。该系列 CNC 系统是按功能模块结构构成的，可以根据不同的需要组合成最小至最大系统，控制轴数从 2 根到 15 根，同时还有 PMC 的轴控制功能，可配备有 7、9、11和 13 个槽的控制单元母板，在控制单元母板上插入各种印制电路板，采用了通信专用微处理器和 RS-422 接口，并有远距离缓冲功能。该系列 CNC 系统在硬件方面采用了模块式多主总线（FANUC BUS）结构，为多微处理器控制系统，主 CPU 为 68020，同时还用了一个子 CPU。所以该系列的 CNC 系统适用于大型机床、复合机床的多轴控制和多系统控制。

（4）FS16 系列。该系列 CNC 是在 FS15 系列之后开发的产品，其性能介于 FS15 系列和 FS0 系列之间。在显示方面，FS16 系列采用了薄型 TFT（薄膜晶体管）彩色液晶显示等新技术。

(5) FS18 系列。该系列 CNC 系统是紧接着 FS16 系列 CNC 系统推出的 32 位 CNC 系统。其功能在 FS15 系列和 FS0 系列之间,但低于 FS16 系列。它的特点是采用了高密度三维安装技术,四轴伺服控制、两轴主轴控制;PMC 及显示等全部基本功能都集成在两个模板中;为降低成本,取消了 RISC 等高价功能;TET 彩色液晶显示,画面上可显示控制电动机的波形,以便于调整控制电动机;在操作、机床接口、编程等方面均与 FS16 系列之间有互换性。

(6) FS21/210 系列。该系列 CNC 系统是 FANUC 公司最新推出的系统。该系列有 FS21MA/MB 和 FS21TA/TB、FS210MA/MB 和 FS210TA/TB 型号。本系列的 CNC 系统适用于中小型数控机床。

2.3.1.2　FANUC 系列数控系统的特点

(1) 从结构上看,早期的产品采用大板结构,但新产品已经采用模块化结构。这种结构易于拆装,各个控制板集成度高,可靠性提高,便于维修或更换。

(2) 产品应用范围广,具有很强的抵抗恶劣环境影响的能力。工作环境温度为 0 ~ 45℃。

(3) 具有比较完善的保护措施,对自身系统采用比较好的保护电路。

(4) 提供大量丰富的维修报警和诊断功能。

2.3.2　德国 SIEMENS 公司的 CNC 产品

2.3.2.1　德国 SIEMENS 公司的 SINUMERIK 系列 CNC 系统

SINUMERIK 系列 CNC 系统有很多系列和型号,主要有 SINUMERIK8、SINUMERIK3、SINUMERIK810/820、SINUMERIK850/880 和 SINUMERIK840 等产品。

(1) SINUMERIK8 系列。该系列的产品生产于 20 世纪 70 年代末。其主要型号有 SINUMERIK8M/8ME/8ME-C、Sprint 8M/Sprint 8ME/Sprint 8ME-C,主要用于钻床、镗床和加工中心等机床。SINUMERIK8MC/8MCE/8MCE-C 主要用于大型镗铣床。SINUMERIK8T/Sprint8T 主要用于车床,其中 Sprint 系列具有蓝图编程功能。

(2) SINUMERIK3 系列。该系列的产品生产于 20 世纪 80 年代初,有 M 型、T 型、TT 型、G 型和 N 型等,适用于各种机床的控制。

(3) SINUMERIK810/820 系列。该系列的产品生产于 20 世纪 80 年代中期。SINUMERIK810 和 820 在体系结构和功能上相近。

(4) SINUMERIK850/880 系列。该系列的产品生产于 20 世纪 80 年代末,有 850M、850T、880M、880T 等规格。

(5) SINUMERIK840D 系列。该系列产品生产于 1994 年,是全数字化数控系统。它具有高度模块化及规范化的结构,将 CNC 和驱动控制集成在一块模板上,将闭环控制的全部硬件和软件集成在 $1cm^2$ 的空间中,便于操作、编程和监控。

(6) SINUMERIK 810D 系列。该系列产品生产于 1996 年。810D 数控系统是在 840D 数控系统的基础上开发的 CNC 系统。

（7）SINUMERIK802 系列。SIEMENS 公司推出的 SINUMERIK802 系列 CNC 系统有 802S、802C、802D 等型号，其中 802S 主要用于经济型车床。

2.3.2.2 SINUMERIK 系列 CNC 系统的特点

SINUMERIK 系列 CNC 系统的特点主要有以下几点：

（1）采用多层印制电路板的模块化结构。

（2）在一种 CNC 系列中采用标准硬件模块，便于用户根据各自机床的需要进行不同模块的组合。

（3）具有与上级计算机通信的功能，易于进入柔性制造系统（Flexible Manufacturing System，FMS）。

（4）具有很强的扩展性。

2.3.3 西班牙 FAGOR 公司的 CNC 产品

FAGOR 是世界著名的机床数控（CNC）、数显和光栅尺制造商。该公司的主要数控系统有 8025/8035、8040/8055-i、8055、CNC8070 系列，各系列产品的特点和适用范围略有不同。

（1）8025/8035 系列：8025 系列是 FAGOR 公司的中档数控系统，适用于铣床、加工中心、车床及其他数控设备，可控 2~5 轴不等。该数控系统具有操作面板、显示器、中央单元合一的紧凑结构。8035 是 8040/8055-i/8055 的简化型，同时也是 8025 的更新换代产品，采用 32 位 CPU。

（2）8040/8055-i 标准系列属于中高档数控系统，采用中央单元与显示单元各自独立的分体结构。8040 系统可同时控制 4 轴 4 联动 + 主轴 + 2 手轮。8055-i 系统可实现 7 轴 7 联动 + 主轴 + 2 手轮。两者用户内存均可达到 1MB 且具有 ±10V 的模拟量接口及数字化 SEROCS 光缆接口，可配置带 CAN 接口的分布式 PLC。

（3）8055 系列数控系统是 FAGOR 高档数控系统，可同时实现 7 轴联动 + 主轴 + 手轮控制。按其处理速度不同 8055 系列可分为 8055/A、8055/B、8055/C 共 3 种档次，适用于车床、车削中心、铣床、加工中心及其他数控设备。它具有连续数字化仿形、RTCP 补偿、内部逻辑分析、SEROCS 接口、远程诊断等许多高级功能。

（4）CNC8070 是目前 FAGOR 最高档的数控系统，代表 FAGOR 顶级水平。它是 CNC 技术与 PC 技术的结晶，是与 PC 兼容的数控系统，采用 Pentium CPU，可运行 Windows 和 MS-DOS；可同时控制 16 轴、3 电子手轮和两主轴；可运行 Visual Basic、Visual C++ 程序，程序段处理时间小于 1ms；PLC 可达 1024 输入点以及 1024 输出点，具有以太网、CAN、SEROCS 通信接口，可选用 ±10V 的模拟量接口。

2.3.4 中国华中数控的 CNC 产品

华中数控系统（HNC）是我国为数不多的具有自主版权的高性能数控系统之一，是我国武汉华中数控系统有限公司生产的国产型数控系统。典型产品介绍如下。

（1）华中 I 型数控系统。华中 I 型数控系统的主要产品有：HNC-IM 铣床、加工中心数控系统，HNC-IT 车床数控系统，HNC-IY 齿轮加工数控系统，HNC-IP 数字化仿形加工数控系统，HNC-ⅠL 激光加工数控系统，HNC-ⅠG 五轴联动工具磨床数控系统，HNC-ⅠFP 锻压、冲压加工数控系统，HNC-ⅠME 多功能小型铣床数控系统，HNC-ⅠTE 多功能小型车床数控系统，HNC-ⅠS 高速绗缝机数控系统等。

（2）华中 2000（HNC-2000）型数控系统。HNC-2000 型数控系统是在 HNC-Ⅰ型数控系统的基础上开发的高档数控系统。该系统采用通用工业 PC、TFT 真彩色液晶显示器，具有多轴多通道控制功能和内装式 PC，可与多种伺服驱动单元配套使用，具有开放性好、结构紧凑、集成度高、可靠性好、性能价格比高、操作维护方便的优点。

（3）华中"世纪星"系列数控系统。华中"世纪星"系列数控系统包括世纪星 HNC-18i，HNC-19i，HNC-21i，HNC-22i 共 4 个系列产品，均采用工业微机（IPC）作为硬件平台的开放式体系结构，通过 IPC 的先进技术和低成本，保证数控系统的高性价比和可靠性，并充分利用微机已有的软硬件资源和计算机领域的最新成果，如大容量存储、高分辨率彩色显示器、联网通信等技术，使数控系统可以伴随着 PC 技术的发展而发展。

2.4 CNC 装置的组成结构

CNC 装置是数控系统的核心，由硬件和软件组成，软件在硬件的支持下工作，两者缺一不可。本节对 CNC 系统的硬件和软件组成结构分别进行介绍。

2.4.1 CNC 装置的硬件结构

CNC 装置的硬件由数控装置、输入/输出装置、驱动装置和机床可编程逻辑控制装置（PLC）等组成，这 4 部分之间通过 I/O 接口互相连接。CNC 装置的硬件结构一般分为单微处理机和多微处理机两大类。早期的 CNC 系统和现在一些经济型 CNC 系统都采用单微处理机结构。随着数控系统功能的增加，机床切削速度的提高，以及为适应机床向高精度、高速度、智能化的发展，满足更高层次自动化 FMS 和 CIMS 的要求，多微处理机结构发展迅速。

2.4.1.1 单微处理机硬件结构

单微处理机硬件结构（又称单处理机结构）的数控系统从结构上看，只有一个微处理机，它集中控制和管理整个系统资源，通过集中控制，分时处理数控系统的各种功能。有的 CNC 装置虽然有两个以上的微处理机，但其中只有一个微处理机能够控制系统总线，占有总线资源，而其他微处理机只能接受主 CPU 的控制命令或数据，或向主 CPU 发出请求信息以获得所需的数据，不能访问主存储器，即它是处于从属地位的，故称之为主从结构，这类结构也属于单微处理机结构。

单微处理机结构框图如图 2-4 所示。从图中可看到，它主要由中央处理单元（CPU）、存储器、总线、外设、输入/输出接口电路等部分组成，这一点与普通计算机系统基本相同；不同的是，输出至各坐标轴的数据信息，在位置控制环节中经过转换、放大后，要去驱动机床工作台或刀架（负载）且在计算机输出位置信息后，运动部件应尽可能不滞后地到达指令要求的位置。

单微处理机结构 CNC 装置一般是专用型的，其硬件由系统制造厂家专门设计制造，不具备通用性。单微处理机硬件结构的优点是 CNC 装置内只有一个微处理机，对存储、

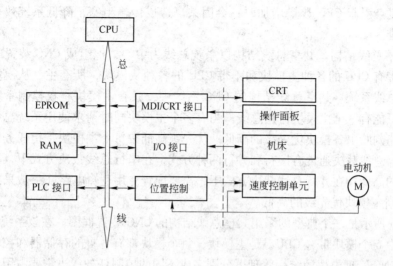

图 2-4　单微处理机硬件结构图

插补运算、输入/输出控制、CRT 显示等功能实现集中控制和分时处理，微处理机通过总线与存储器、I/O 控制接口等电路相连，构成 CNC 装置，结构简单，容易实现。其缺点是不易进行功能的扩展和提高，处理速度低，数控功能差。

2.4.1.2　多微处理机硬件结构

多微处理机结构是由两个或两个以上的微处理机来构成处理部件，即系统中的某些功能模块自身也带有 CPU，各处理部件之间通过一组公用的地址和数据总线进行连接，每个微处理机共享系统公用的存储器或 I/O 接口，分担系统的一部分工作，从而将在单微处理机的 CNC 装置中顺序完成的工作转为多微处理机的并行、同时完成的工作，因而大大提高了整个系统的处理速度。多微处理机硬件结构根据部件间的相互关系又可将其分为共享存储器结构和共享总线结构。

（1）共享存储器结构。共享存储器结构采用多端口存储器来实现各处理器之间的互联和通信。图 2-5 所示是包括 4 个微处理机的一种多微处理机共享存储器结构的示意图。该系统主要有 4 个子系统和 1 个共享数据存储器，各子系统按照各自存储器的程序执行相应的控制功能，但各子系统之间不能直接通信，都要通过公共数据存储器通信。

共享存储器结构中，由于同时只能有一个 CPU 对多端口存储器进行读/写操作，因此

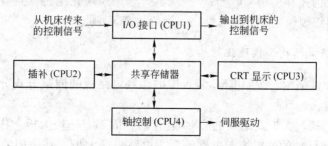

图 2-5　多微处理机共享存储器结构

当功能要求复杂引起 CPU 数量增加时，会因共享造成传输阻塞，降低系统效率，给扩展功能造成困难。

（2）共享总线结构。共享总线结构以系统总线为中心，把组成 CNC 装置的各种功能模块划分为带有 CPU 的各种主模块和不带 CPU 的各种从模块，所有主、从模块共享严格定义的标准总线系统。共享总线结构的 CNC 系统中，只有主模块有权控制系统总线，且在某一时刻只能有一个主模块占用总线。当有多个主模块同时请求使用系统总线时，必须要有仲裁电路判断出各模块优先级的高低。优先级高低按每个主模块承担任务的重要程度预先安排好。总线裁决通常有串行和并行两种方式，在串行总线裁决方式下，按链接顺序决定优先级的高低；在并行总线裁决方式下，需要配置专用逻辑电路（一般采用优先编码器方案）判断主模块优先级的高低。

如图 2-6 所示是一个典型的采用共享总线结构的 CNC 装置框图。在该系统中有 8 个功能模块，其中 6 个模块带有 CPU，是主模块，每个模块都有各自的存储器和控制程序。这 6 个模块在 CNC 管理模块的统一管理下分别完成不同的控制任务。当需要占用总线资源及其他公共资源时，需申请占用总线，由总线裁决机构按各个主模块优先级高低决定谁有权占用总线。

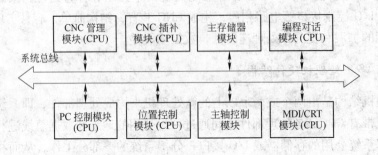

图 2-6　共享总线结构的 CNC 装置

共享总线结构的 CNC 系统依靠存储器实现各模块之间的通信，采用公共存储器的方式。公共存储器直接插在系统总线上，有总线使用权的主模块都可以访问公共存储器，并可供任意两个主模块进行信息交换。在采用共享总线结构的多微处理机 CNC 装置中，若多个 CPU 同时请求使用总线时，会产生竞争，降低传输效率；一旦总线出现故障，将影响整个系统的正常工作。但它具有结构简单、系统配置灵活、易于实现且成本低等优点，因此常被采用。

多微处理机结构弥补了单 CPU 的一些缺点，采用模块化结构，具有适应性和扩展性良好、硬件易于组织规模生产、可靠性高、性价比高等特点。

2.4.1.3　大板式结构和模块化结构

CNC 装置的硬件结构若按照 CNC 装置中的印制电路板的插接方式分类可分为大板式结构和模块化结构。

（1）大板式结构。大板式结构的 CNC 装置内一般都有一块大板，称为主板。主板上装有主 CPU 和各坐标轴的位置控制电路等。主电路板是大板，其他相关的子板，如 ROM板、RAM 板和 PLC 板等是小印制电路板，它们插在主电路板的插槽内共同构成 CNC 装置。这种 CNC 装置具有结构紧凑、体积小、可靠性高、价格低等优点，缺点是硬件功能不易变动、柔性低。FANUC-C、A-B 公司的 8601 等就是采用大板结构的 CNC。

（2）模块化结构。模块化结构中，将 CPU、存储器、输入输出控制、位置检测、显示部件等分别做成插件板（硬件模块），相应的软件也是模块化结构，固化在硬件模块中。由于各功能模块、软件硬件的设计都成模块化，CNC 装置可采用积木形式组成，故这种结构的 CNC 装置设计简单，试制周期短，各模块功能独立，便于开发同一功能的系列产品，维修维护方便。FANUC 公司的 15 系列、A-B 公司的 8600 等 CNC 装置采用的就是模块化结构。

2.4.2　CNC 装置的软件结构

CNC 装置软件是为了完成 CNC 系统各功能而设计和编制的专用软件，又称为系统软件（系统程序），其作用与计算机操作系统的功能相类似。CNC 装置系统软件的主要任务是将零件加工程序表达的加工信息，变换成各进给轴的位移指令、主轴转速指令和辅助动作指令，控制加工设备的运动轨迹和逻辑动作，加工出符合要求的零件。系统软件包括管理软件和控制软件两大部分，系统的管理功能包括输入、I/O 处理、通讯、显示、诊断等功能，系统的控制包括译码、刀具补偿、速度处理、插补和位置控制等功能，如图 2-7 所示。

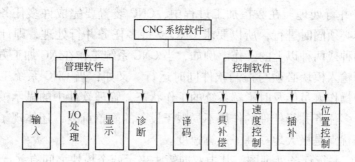

图 2-7　CNC 系统软件结构框图

2.4.2.1　CNC 装置的软件结构

CNC 装置的软件结构可以设计成不同的形式。在常规的数控系统中，采用的结构模式有两种，即中断型结构和前后台结构模式。

（1）中断型软件结构。中断是指终止现行程序转去执行另一程序，待另一程序处理完毕后，再继续执行原程序。中断型软件结构的特点是除了初始化程序外，整个系统软件的各种任务模块根据各控制模块实时要求不同，安排在不同级别的中断服务程序中，整个软件是一个大的多重中断系统，系统通过各级中断服务程序之间的通信来实现管理功能。

（2）前后台软件结构。在前后台型结构的 CNC 装置中，整个系统分为两大部分，即前台程序和后台程序。

前台程序是一个实时中断服务程序，几乎承担了全部的实时功能，这些功能都是与机床动作直接相关的功能（如插补、位置控制、辅助功能处理、面板扫描、机床相关逻辑和

监控等）。后台程序是一个循环执行程序，主
要用于一些实时性要求不高的功能，通常称为
背景程序。后台程序完成准备工作和管理工
作，如输入、译码、数据处理等插补准备工作
和管理程序等。

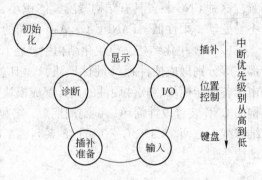

图 2-8　前后台软件工作情况

在后台程序循环运行的过程中，前台的实
时中断程序不断地定时插入，两者密切配合，
共同完成零件的加工任务。图 2-8 说明了前后
台软件结构中，实时中断程序和背景程序的关
系。程序启动后，运行完初始化程序即进入背
景程序。同时开放定时中断，每隔一定时间间隔发生一次中断，执行完毕后返回背景程
序，如此循环往复，中断程序和背景程序有条不紊地协同工作，共同完成数控的全部
功能。

2.4.2.2　CNC 装置的软件结构特点

CNC 系统是一个专用的实时多任务计算机系统，在它的控制软件中融合了当今计算机
软件技术中的许多先进技术，其中最突出的是多任务并行处理和多重实时中断。

（1）多任务并行处理。在数控加工过程中，CNC 装置要完成许多任务，多数情况下
管理和控制工作必须同时进行，所以要求 CNC 支持多任务并行处理，即计算机在同一时
间间隔内完成两种或两种以上的工作。例如，当 CNC 系统工作在 NC 加工方式时，管理软
件中的零件程序输入模块必须与控制软件同时运行。又如，当 CNC 系统工作在加工控制
状态时，为了使操作人员能及时了解系统的工作状态，管理软件中的显示模块必须与控制
软件同时运行。多任务并行处理的作用不局限于设备的简单重复，还体现了时间重叠和资
源共享，其显著优点是极大地提高了运算速度。

图 2-9 给出了并行任务处理图，其中双向箭头表示两个模块之间有并行处理关系。

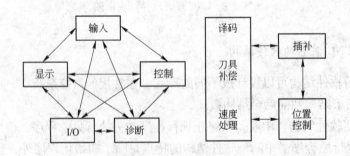

图 2-9　CNC 系统的多任务并行处理

（2）实时中断处理。CNC 系统控制软件的另一个重要特征是实时中断处理。CNC 系
统的多任务性和实时性决定了系统中断成为整个系统必不可少的重要组成部分。CNC 系统
的中断管理主要靠硬件完成，而系统的中断结构决定了系统软件的结构。

CNC 系统的中断类型有外部中断、内部定时中断、硬件故障中断以及程序性中断等。

外部中断主要有光电阅读机读孔中断、外部监控中断（如急停等）和键盘与操作面板输入中断。前两种中断的实时性要求很高，通常把这两种中断放在较高的优先级上，而键盘和操作面板输入中断则放在较低的中断优先级上。内部定时中断主要是插补的周期定时中断和位置采样定时中断。在有些系统中，这两种定时中断合二为一，但在处理时，总是先处理位置控制，后处理插补运算。硬件故障中断是各种硬件故障检测装置发出的中断，如存储器出错、定时器出错、插补运算超时等。程序性中断是指程序中出现异常情况的报警中断。各中断服务程序的优先级别与其作用和执行时间密切相关。级别高的中断程序可以打断级别低的中断程序。

常见数控装置中断优先级及其功能见表 2-1。表中"0"级优先级最高，"7"级最低。

表 2-1 数控装置中断优先级及其功能

中断优先级	主 要 功 能	中 断 源
0	初始化	开机进入
1	CRT 显示，ROM 奇偶校验	硬件，主控程序
2	各种工作方式	软件，16ms 定时
3	键盘，I/O 处理及 M、S、T 功能	软件，16ms 定时
4	插补运算	软件，8ms 定时
5	阅读机中断	硬件，随机
6	位置控制	硬件，4ms 定时
7	测 试	硬 件

2.4.3 零件加工程序的处理过程

在数控加工时，零件加工程序必须经过适当处理，变成机床能识别的指令后，才能控制数控机床加工，完成预期功能。此过程一般包括数据输入、译码、刀具补偿、进给速度处理、插补、位置控制、I/O 处理、显示和诊断等。

（1）输入。程序输入的功能有两个：一是把零件程序用阅读机或键盘经相应的缓冲器输入到零件程序存储器；二是将零件程序从零件程序存储器取出送入缓冲器，以便加工时使用。

（2）译码。在输入的零件加工程序中，含有零件的轮廓信息（线型、起点和终点坐标值）、工艺要求的加工速度及其他辅助信息（换刀、冷却液开/关等）。这些信息在计算机作插补运算与控制操作之前，需按一定的语法规则解释成计算机容易处理的数据形式，并以一定的数据格式存放在给定的内存专用区间，即把各程序段中的数据根据其前面的文字地址送到相应的缓冲寄存器中。译码就是从数控加工程序缓冲器或 MDI 缓冲器中逐个读入字符，先识别出其中的文字码和数字码，然后根据文字码所代表的功能，将后续数字码送到相应译码结果缓冲器单元中。

（3）刀具补偿。将编程轮廓轨迹转化为刀具中心轨迹，以保证刀具按其中心轨迹移动，加工出所要求的零件轮廓，并实现程序段自动转接。

（4）进给速度处理。数控加工程序给定的刀具相对于工件的移动速度是在各个坐标合成运动方向上的速度，即 F 代码的指令值。速度处理首先要进行的工作是将各坐标合成运动方向上的速度分解成各进给运动坐标方向的分速度，为插补时计算各进给坐标的行程量做准备；另外对于机床允许的最低和最高速度限制也在这里处理。有的数控机床的 CNC 系统软件的自动加速和减速也放在这里。

（5）插补。插补运算是 CNC 系统中最重要的计算工作之一，根据零件加工程序中提供的数据，如曲线的种类、起点、终点和进给速度，在曲线的起、止点之间补入中间点的过程，即"数据点的密集化"过程。

（6）位置控制。在每个插补周期内，将插补输出的指令位置与实际位置相比较，用差值控制伺服驱动装置带动机床刀具相对工件运动。

（7）I/O 处理。CNC 系统的 I/O 处理是 CNC 系统与机床之间的信息传递和变换的通道。其作用一方面是将机床运动过程中的有关参数输入到 CNC 系统中；另一方面是将 CNC 系统的输出命令（如换刀、主轴变速换挡、切削液等）变为执行机构的控制信号，实现对机床的控制。

（8）显示。CNC 系统的显示主要是为操作者提供方便，显示装置有 LED 显示器、CRT 显示器和 LCD 显示器，一般位于机床的控制面板上。显示的信息通常有零件程序的显示、参数的显示、刀具位置显示、机床状态显示、报警信息显示等。有的 CNC 装置中还有刀具加工轨迹的静态和动态模拟加工图形显示。

（9）诊断程序。诊断程序的功能是在程序运行中及时发现系统的故障，并指出故障的类型和部位，减少故障停机时间；也可以在运行前或故障发生后，检查系统各主要部件（CPU、存储器、接口、开关、伺服系统等）的功能是否正常，并指出发生故障的部位，防止故障的发生或扩大。

2.5　数控加工程序的输入及处理

将加工程序输入数控机床的方式有光电阅读机、键盘、磁盘、磁带、存储卡、与上级计算机相连的 DNC 接口及网络等。在早期的数控机床上都配备光电读带机，作为加工程序输入设备，因此，对于大型的加工程序，可以制作加工程序纸带作为控制信息介质。近年来，许多数控机床都采用磁盘、计算机通讯技术等各种与计算机通用的程序输入方式，实现加工程序的输入。目前常用的方法是在普通计算机上通过键盘直接输入（MDI 方式）并编辑好加工程序，再传送到数控机床程序存储器中，或通过计算机与数控系统的通讯接口将加工程序传送到数控机床的程序存储器中，再由机床操作者根据零件加工需要进行调用。当程序较简单时，也可以人工通过键盘直接将程序输入到数控系统中。现在一些新型数控机床已经配置大容量的存储卡以便事先将数控加工程序存入存储卡中。

2.5.1　输入装置

输入装置的作用是将程序载体（也称信息载体）上包含的数控代码信息传递并存入数控系统中。图 2-10 是常用输入装置及输入过程示意图。根据输入方法及存储介质的不同，输入装置和输入方法有所不同。常用的输入方法主要有以下几种。

（1）手动输入方式。手动输入方式是指在零件程序比较短时，机床操作人员可利用操作面板上的键盘输入指令代码，即在控制装置处于编辑状态时，用手动输入加工程序并存入 CNC 的存储器中。一般手工编程的程序不大，主要采用手动输入方式。

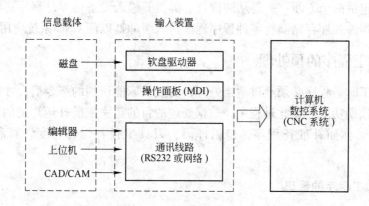

图 2-10 输入装置及输入过程

加工程序的输入采用纸带传输程序或是手工输入时，存在以下缺点：

1）纸带传输效率低，识别正确率低。

2）纸带传输程序时会将机床中原有的程序自动删除。

3）纸带不易长时间保存。

4）手工输入效率低，编程者劳动强度大，易出错。

5）CNC 内存较小，程序比较大时就无法输入。

（2）DNC 直接数控输入方式。把零件程序保存在上级计算机（上位机）中，在加工时，CNC 系统一边加工一边从上位机接收后续程序段。该方式常用于采用 CAD/CAM 软件设计的复杂轮廓曲线加工，一般是由计算机自动生成零件加工程序。

2.5.2 数控加工程序输入过程

零件加工程序输入过程有两种不同的方式，一种是边读入边加工，主要适用于内存较小的数控系统；另一种是一次将零件加工程序全部读入数控装置内部的存储器，加工时再从内部存储器中逐段调用以进行加工，这种方式要求数控系统的内存足够大。CNC 程序的输入主要是指零件程序的输入。通过输入装置将程序送入 CNC 系统。在键盘手动数据输入（MDI）工作方式时，每按下一个键，向主机申请一次中断，调出键盘服务子程序，将信息首先送到 MDI 缓冲存储区，再送到零件程序存储区。输入过程的信息传送流程如图 2-11 所示。

图 2-11 零件程序输入过程

零件程序在内存中是连续存储的，段与段之间、程序之间不留任何空隙。一个零件程序通常是按程序段存放的。零件程序存储器设有指针，总是指向下一步应该存储或取数的单元。为了调用程序，设有零件程序目录，查到程序名称后，将该内存中存放零件程序的起始地址和终止地址取出存放在指定单元，然后逐段取出，直到取完整个程序。可见，零件程序的输入包括两个方面：一是从阅读机、键盘等输入设备将零件程序送到零件程序存储器；二是从零件程序存储器将零件程序逐段送入缓冲器以便 CNC 系统应用。

2.6　数控加工程序的预处理

在数控加工时，程序必须经过适当处理，变成机床能识别的指令后，才能控制数控机床加工，完成预期功能。在此过程中，数据处理的目的是完成插补运算前的准备工作，故数据处理程序又称插补准备程序，包括译码、刀具半径补偿、速度计算和辅助功能处理等。

2.6.1　数控加工程序的译码

译码是将输入的加工程序（如 G 代码）翻译成能被系统识别的语言（二进制数）。译码程序的主要功能是将用文本格式（通常用 ASCII 码）表达的零件加工程序，以程序段为单位，转换成刀补，处理成程序所要求的数据结构格式。该数据结构用于描述一个程序段解释后的数据信息，主要包括 X、Y、Z 坐标值，进给速度，主轴转速，G 代码，M 代码，刀具号等。在译码过程中，还要完成对程序段的语法检查，若发现语法错误立即报警。

2.6.2　刀具补偿原理

2.6.2.1　刀具半径补偿的意义

刀具半径补偿的意义在于：

（1）用铣刀铣削工件的轮廓时，如图 2-12 所示，刀具中心的运动轨迹并不是加工工件的实际轮廓。由于数控系统控制的是刀具中心轨迹，因此编程时要根据零件轮廓尺寸计算出刀具中心轨迹。

（2）加工时，零件轮廓可能需要粗铣、半精铣和精铣 3 个工步。由于每个工步加工余量不同，因此它们都有相应的刀具中心轨迹。

（3）刀具磨损后，需要重新计算刀具中心轨迹，这样势必增加编程的复杂性。若采用刀具补偿功能，编程工作就可简化成只按零件尺寸编程，将加工余量和刀具半径值输入系统内存并在程序中调用。这样既简化了编程计算，又增加了程序的可读性。

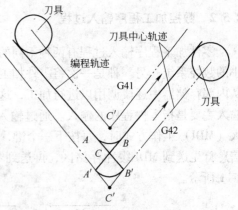

图 2-12　刀具中心轨迹与编程轨迹示意图

2.6.2.2　刀具半径补偿的概念

在数控编程时，为了简化编程，总是按照零件轮廓编制加工程序。但数控机床在加工零件时，控制的是刀具中心的轨迹。为加工出所需的零件轮廓，必须使刀具中心向零件的外侧或内侧偏移一个量 R。这样，数控系统以零件轮廓编制的程序和预先设定的偏置参数为依据，实时自动地生成刀具中心轨迹的功能就称为刀具半径补偿功能。刀具补偿不是编程人员完成，而是由 CNC 装置系统软件程序来完成。在编程时，编程人员只需在程序中指明何处进行刀具半径补偿、是左刀补还是右刀补，并指定刀具半径，刀具半径补偿的具体工作由数控系统中的刀具半径补偿功能来完成。当刀具中心轨迹在程序规定的前进方向的右边时称为右刀补，用 G42 表示；反之称为左刀补，用 G41 表示。刀补命令在本书其他模块中已有详细讲解，此处不再赘述。

2.6.2.3 刀具半径补偿的工作过程

刀具半径补偿执行过程分为刀补建立、刀补进行和刀补撤销 3 步，且仅在指定的二维坐标平面进行。图 2-13 所示是刀具半径补偿的工作过程。

（1）刀补建立：指刀具从起刀点接近工件并在原来编程轨迹基础上，根据是左刀补还是右刀补，刀具中心向左或向右偏移一个偏置量，在该过程中不能进行零件加工。如图 2-13 所示，从起刀点接近工件。

（2）刀补进行：在刀补进行期间，刀具中心轨迹（图 2-13 中的双点划线）与编程轨迹（图 2-13 中的粗实线）始终偏离一个刀具偏置量（一个刀

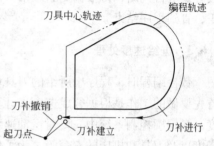

图 2-13　刀具半径补偿工作过程

具半径的距离）。在转接处，采用伸长、缩短和插入 3 种直线过渡方式。一旦刀补建立则一直维持，直至被撤销。

（3）刀补撤销：即刀具撤离工件，回到起刀点，刀具中心轨迹终点和编程轨迹终点重合的过程。它是刀补建立的逆向过程，在该过程中也不能加工零件，和建立刀具补偿一样，刀具中心轨迹也要比编程轨迹伸长或缩短一个刀具半径值的距离。

2.6.2.4 刀具半径补偿的方法

刀具半径补偿常用的办法有 B 功能刀具半径补偿（B 刀补）和 C 功能刀具半径补偿（C 刀补）两种计算方法。

（1）B 功能刀具半径补偿。B 刀补是基本刀具半径补偿，它根据程序段中零件轮廓尺寸和刀具半径计算出刀具中心轨迹，加工直线时，刀具补偿后的刀具中心轨迹是与原直线相平行的直线；加工圆弧时，刀具中心轨迹是与原来圆弧同心的一段圆弧，如图 2-13 所示。由于段间过渡采用圆弧，因此 B 刀补存在一些无法避免的缺点。首先，当加工外轮廓尖角时，由于刀具中心通过连接圆弧轮廓尖角处始终处于切削状态，要求的尖角往往会被加工成小圆角。其次，在加工内轮廓时，要由程序员人为地编进一个辅助加工的过渡圆弧，并且要求这个过渡圆弧的半径必须大于刀具的半径，这就给编程工作带来了麻烦，一旦疏忽，过渡圆弧的半径小于刀具半径时，就会因为刀具干涉而产生过切削现象，使加工零件报废。显然，只有 B 刀补功能的 CNC 系统对于编程是很不方便的。

（2）C 功能刀具半径补偿。C 功能刀具半径补偿能处理两个程序段之间转接的各种情况。它是由数控系统根据实际轮廓完全一样的编程轨迹，直接算出刀具中心轨迹的转接交点，然后再对原来的程序轨迹（刀具中心轨迹）作伸长或缩短的修正。该方法的特点是相

邻两段轮廓的刀具中心轨迹之间用直线进行连接，由数控系统根据工件轮廓的编程轨迹和刀具偏置量直接计算出刀具中心轨迹的转接交点。C 刀补的主要特点是采用直线作为轮廓之间的过渡，因此，该刀补法的尖角工艺性较 B 刀补的要好；在加工内轮廓时，可实现过切自动报警，从而避免过切产生废品。B 刀补采用读一段、算一段、再走一段的控制方法，无法预计由于刀具半径不同造成的下一段加工轨迹对本段加工轨迹的影响。为解决此问题要求在计算完本段轨迹后提前将下一段程序读入，再根据它们转接的具体情况，由编程员对本段轨迹作适当修正以得到正确的本段加工轨迹。C 刀补一次对两段进行处理，即先处理本段，再根据下一段的加工方向确定刀具中心轨迹，根据前、后两段程序轨迹的连接方式进行判断，再根据判断结果对前段刀具中心轨迹进行修正，以后依次进行判断和修正，直到程序结束。

2.6.3　进给速度处理

数控编程时，程序中所给的刀具移动速度是在各坐标的合成方向上的速度。速度处理首先要做的工作是根据合成速度来计算各运动坐标的分速度，即沿各坐标轴方向的运动速度。在轮廓控制系统中，要对运动速度进行严格控制，以保证被加工工件的精度和表面粗糙度以及刀具和机床的寿命等。为了保证加工过程中运动部件的平稳和精确定位，当速度超过一定数值时，在启动和停止阶段还应进行加减速控制。在有些 CNC 装置中，对于机床允许的最低速度和最高速度的限制、软件的自动加减速等也在这里处理。

（1）进给速度设定。进给速度可在零件加工程序中，用 F 代码指定。在加工过程中，因发生各种事先不能确定的情况需要改变进给速度时，也可由操作者通过操作面板上的旋钮开关和按键手动调整进给速度。一般数控装置都设有手动调节进给速度的功能。

（2）进给速度控制。进给速度与加工精度、表面粗糙度和生产率的关系密切，故要求进给速度稳定，有一定的调速范围。采用不同的插补算法，其进给速度控制方法也有所不同。脉冲增量法插补的 CNC 装置中，常用软件来实现进给速度控制。它根据输出频率与进给速度成正比的关系，采用软件控制输出脉冲的频率，以达到控制进给速度的目的。在插补程序中向各坐标轴分配脉冲，使相应的移动部件运动。在插补时，对每个坐标轴而言，进给脉冲的频率就决定了该轴的进给速度。以 X 轴为例，有

$$v_X = 60f_X\delta \tag{2-1}$$

式中　v_X——X 轴方向进给速度，mm/min；

f_X——X 轴进给脉冲频率，Hz；

δ——脉冲当量，mm。

式(2-1)中的脉冲当量是指在一个脉冲信号（电信号）作用下，电动机会发生一个微小的角度偏转（这一角度称为步距角）。在这一转动作用下，通过机械传动机构（如齿轮、丝杠），工作部件（如工作台、刀架）移动一微小位移，这一位移量称为脉冲当量。因脉冲是控制进给位移的最小信号，因此脉冲当量反映了机床的定位精度，又称作最小设定单位。脉冲当量按机床设计的加工精度选定，普通精度的机床一般取脉冲当量为 0.01mm，较精密的机床取 0.001mm 或 0.005mm。脉冲当量影响数控机床的加工精度，它的值取得越小，加工精度越高。

CNC 装置中，进给速度控制可采用程序延时法、中断控制法等。

1）程序延时法。这种方法是根据进给脉冲频率算出两次插补之间的时间间隔 T。时间间隔由每次插补运算所需时间 T_1 和延时子程序的延时等待时间 T_2 组成，即

$$T = T_1 + T_2 \tag{2-2}$$

由于插补时间 T_1 是一定的，可计算出延时子程序的循环次数从而推算出所要求的延时等待时间 T_2，进而获得与给定进给速度相对应的进给脉冲频率。在进给过程中，若延时等待时间 T_2 不变，就是恒速控制；若等待时间 T_2 不断增大则进给频率不断下降，就是减速控制；若等待时间 T_2 不断减小，就是升速控制。

程序延时法常用在点位-直线数控系统，其插补运算比较简单，插补时间短，两次进给脉冲之间能有一定的等待时间。这是程序延时法实现进给速度控制的先决条件。

2）中断控制法。中断控制法的原理是，每间隔规定的时间向 CPU 发出中断请求信号，CPU 响应中断，在中断服务程序中输出一个进给脉冲。故只要改变中断请求信号的频率就可以改变进给速度。中断请求信号的时间间隔是由程序产生的，改变程序中的时间常数 T_C，就可以改变中断请求信号的频率。

2.7 CNC 系统的插补运算

实际加工中零件形状各式各样，但无论零件形状多么复杂，零件的轮廓最终都是要用直线或圆弧进行逼近以便数控加工。

插补计算就是对数控系统输入基本数据(如直线的起点、终点坐标,圆弧的起点、终点、圆心坐标等)，运用一定的算法计算，根据计算结果向相应的坐标发出进给指令。对应着每一进给指令，机床在相应的坐标方向上移动一定的距离，从而加工出工件所需的轮廓形状。

实现这一插补运算的装置，称为插补器。控制刀具或工件运动轨迹的是数控机床轮廓控制的核心。无论是硬件数控(NC)系统，还是计算机数控(CNC)系统，都有插补装置。在 CNC 中，以软件(即程序)插补或者以硬件和软件联合实现插补；而在 NC 中，完全由硬件实现插补。

数控系统中常用的插补算法，有逐点比较法、数字积分法、比较积分法、数据采样法、时间分割法等。

2.7.1 逐点比较法插补

逐点比较法，就是每走一步控制系统都要将加工点与给定的图形轨迹相比较，以决定下一步进给的方向，使之逼近加工轨迹。逐点比较法以折线来逼近直线或圆弧，其最大的偏差不超过一个最小设定单位。下面分别介绍逐点比较法直线插补和圆弧插补的原理。

2.7.1.1 逐点比较法直线插补

如图 2-14 所示，设直线 OA 为第一象限的直线，起点 O 为坐标原点 (0，0)，终点坐标为 $A(x_a,y_a)$，$P(x_i,y_i)$ 为加工点。

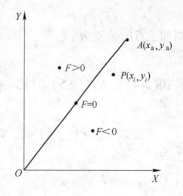

图 2-14 逐点比较法第一象限
直线插补

若 P 点正好处在直线 OA 上，由相似三角形关系有：

$$\frac{y_i}{x_i} = \frac{y_a}{x_a}$$

即

$$x_a y_i - x_i y_a = 0$$

若 P 点在直线 OA 上方（严格为直线 OA 与 Y 轴正向所包围的区域），则有：

$$\frac{y_i}{x_i} > \frac{y_a}{x_a}$$

即

$$x_a y_j - x_i y_a > 0$$

若 P 点在直线 OA 下方（严格为直线 OA 与 X 轴正向所包围的区域），则有：

$$\frac{y_i}{x_i} < \frac{y_a}{x_a}$$

即

$$x_a y_j - x_i y_a < 0$$

令

$$F_i = x_a y_i - x_i y_a \tag{2-3}$$

则有：

（1）如 $F_i = 0$，则点 P 在直线 OA 上，既可向 $+X$ 方向进给一步，也可向 $+Y$ 方向进给一步。

（2）如 $F_i > 0$，则点 P 在直线 OA 上方，应向 $+X$ 方向进给一步，以逼近 OA 直线。

（3）如 $F_i < 0$，则点 P 在直线 OA 下方，应向 $+Y$ 方向进给一步，以逼近 OA 直线。

一般将 $F_i > 0$ 和 $F_i = 0$ 视为一类情况，即 $F_i \geqslant 0$ 时，都向 $+X$ 方向进给一步。

对于图 2-14 的加工直线 OA，根据偏差判别函数值的大小，分别向 $+X$ 方向、$+Y$ 方向进给，当两方向所走的总步数与终点坐标值之和相等时，停止插补。此即逐点比较法直线插补的原理。

每走一步后新的加工点的偏差用前一点的加工偏差递推出来。采用递推方法，必须知道开始加工点的偏差，而开始加工点正是直线的起点，故 $F_0 = 0$。下面推导其递推公式。

设在加工点 $P(x_i, y_i)$ 处，$F_i \geqslant 0$，则应沿 $+X$ 方向进给一步，此时新加工点的坐标值为：

$$x_{i+1} = x_i + 1, \qquad y_{i+1} = y_i \tag{2-4}$$

新加工点的偏差为：

$$F_{i+1} = x_a y_{i+1} - y_a x_{i+1} \tag{2-5}$$

将式(2-4)带入式(2-5)中得新加工点的偏差为：

$$F_{i+1} = F_i - y_a \tag{2-6}$$

若在加工点 $P(x_i, y_i)$ 处，$F_i < 0$，则应沿 $+Y$ 方向进给一步，此时新加工点的坐标值为：

$$x_{i+1} = x_i, \qquad y_{i+1} = y_i + 1 \tag{2-7}$$

将式(2-7)带入式(2-3)中得新加工点的偏差为：

$$F_{i+1} = F_i + x_a \tag{2-8}$$

综上所述，逐点比较法直线插补每走一步都要完成四个步骤（节拍），即

（1）位置判别：根据偏差值 F_i 大于零、等于零、小于零确定当前加工点的位置。

（2）坐标进给：根据偏差值 F_i 大于零、等于零、小于零确定沿哪个方向进给一步。

（3）偏差计算：根据递推公式算出新加工点的偏差值。

（4）终点判别：用来确定加工点是否到达终点。若已到达，则应发出停机或转换新程序段的信号。一般用 X 和 Y 坐标所要走的总步数 N 来判别。令 $N = x_a + y_a$，每走一步则 i 加 1，直至 $i = N$。

图 2-15 所示为第一象限逐点比较法直线插补的程序框图。

【例 2-1】 要加工如图 2-16 所示的直线 OA，请写出加工过程的运算节拍。

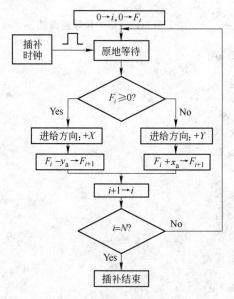

图 2-15 第一象限直线插补程序框图

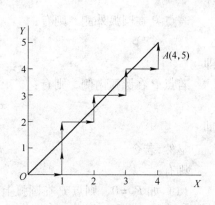

图 2-16 逐点比较法直线插补

解： 待加工直线 OA 的终点坐标为 $A(4,5)$，则终点计数值 $N = x_a + y_a = 9$，加工过程的运算节拍如表 2-2 所示。

表 2-2 逐点比较法直线插补轨迹计算

插补循环数	偏差判别	进给方向	偏差计算	终点判别
0			$F_0 = 0$	$i = 0 < N$
1	$F_0 = 0$	$+X$	$F_1 = F_0 - y_a = 0 - 5 = -5$	$i = 1 < N$
2	$F_1 < 0$	$+Y$	$F_2 = F_1 + x_a = -5 + 4 = -1$	$i = 2 < N$
3	$F_2 < 0$	$+Y$	$F_3 = F_2 + x_a = -1 + 4 = 3$	$i = 3 < N$
4	$F_3 > 0$	$+X$	$F_4 = F_3 - y_a = 3 - 5 = -2$	$i = 4 < N$
5	$F_4 < 0$	$+Y$	$F_5 = F_4 + x_a = -2 + 4 = 2$	$i = 5 < N$
6	$F_5 > 0$	$+X$	$F_6 = F_5 - y_a = 2 - 5 = -3$	$i = 6 < N$
7	$F_6 < 0$	$+Y$	$F_7 = F_6 + x_a = -3 + 4 = 1$	$i = 7 < N$
8	$F_7 > 0$	$+X$	$F_8 = F_7 - y_a = 1 - 5 = -4$	$i = 8 < N$
9	$F_8 < 0$	$+Y$	$F_9 = F_8 + x_a = -4 + 4 = 0$	$i = 9 = N$

2.7.1.2　逐点比较法圆弧插补

圆弧插补加工是将加工点到圆心的距离与被加工圆弧的名义半径相比较，并根据偏差大小确定坐标进给方向，以逼近被加工圆弧。下面以第一象限逆圆弧为例，讨论圆弧的插补方法。

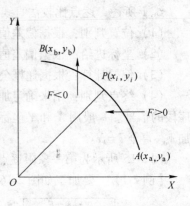

图 2-17　第一象限逆圆插补

如图 2-17 所示，设要加工圆弧为第一象限逆圆弧 AB，原点为圆心 O，起点为 $A(x_a, y_a)$，终点为 $B(x_b, y_b)$，半径为 R，瞬时加工点为 $P(x_i, y_i)$，点 P 到圆心距离为 R_p。

若点 P 正好在圆弧上，则有：

$$x_i^2 + y_i^2 = R_p^2 = R^2$$

即

$$x_i^2 + y_i^2 - R^2 = 0$$

若点 P 在圆弧外侧，则有：

$$x_i^2 + y_i^2 = R_p^2 > R^2$$

即

$$x_i^2 + y_i^2 - R^2 > 0$$

若点 P 在圆弧内侧，则有：

$$x_i^2 + y_i^2 = R_p^2 < R^2$$

即

$$x_i^2 + y_i^2 - R^2 < 0$$

显然，若令

$$F_i = x_i^2 + y_i^2 - R^2 \qquad (2\text{-}9)$$

则有：

（1）如 $F_i = 0$，则点 P 在圆弧上。

（2）如 $F_i > 0$，则点 P 在圆弧外侧。

（3）如 $F_i < 0$，则点 P 在圆弧内侧。

当 $F_i \geqslant 0$ 时，为逼近圆弧，应向 $-X$ 方向进给一步；当 $F_i < 0$ 时，应向 $+Y$ 方向进给一步。这样，就可获得逼近圆弧的折线图。

与直线插补偏差计算公式相似，圆弧插补的偏差计算也采用递推的方法以简化计算。若加工点 $P(x_i, y_i)$ 在圆弧外或圆弧上，则有：

$$F_i = x_i^2 + y_i^2 - R^2 \geqslant 0$$

为逼近该圆，需沿 $-X$ 方向进给一步，移到新加工点 $P(x_{i+1}, y_{i+1})$，此时新加工点的坐标值为：

$$x_{i+1} = x_i - 1, \qquad y_{i+1} = y_i$$

新加工点的偏差为：

$$F_{i+1} = (x_i - 1)^2 + y_{i+1}^2 - R^2 = x_i^2 - 2x_i + 1 + y_i^2 - R^2 = x_i^2 + y_i^2 - R^2 - 2x_i + 1$$

即

$$F_{i+1} = F_i - 2x_i + 1 \qquad (2\text{-}10)$$

若加工点 $P(x_i, y_i)$ 在圆弧内，则有：

$$F_i = x_i^2 + y_i^2 - R^2 < 0$$

为逼近该圆，需沿 $+Y$ 方向进给一步，移到新加工点 $P(x_{i+1}, y_{i+1})$，此时新加工点的坐标值为：

$$x_{i+1} = x_i, \qquad y_{i+1} = y_i + 1$$

新加工点的偏差为：

$$F_{i+1} = x_{i+1}^2 + (y_i + 1)^2 - R^2 = x_i^2 + y_i^2 + 2y_i + 1 - R^2 = x_i^2 + y_i^2 - R^2 + 2y_i + 1$$

即

$$F_{i+1} = F_i + 2y_i + 1 \tag{2-11}$$

从式(2-10)和式(2-11)可知，递推偏差计算仅为加法（或减法）运算，大大降低了计算的复杂程度。由于采用递推方法，必须知道开始加工点的偏差，而开始加工点正是圆弧的起点，故 $F_0 = 0$。除偏差计算外，圆弧插补还要进行终点判别。一般用 X、Y 坐标所要走的总步数 N 来判别。令 $N = |x_e - x_0| + |y_e - y_0|$，式中，$x_0$、$y_0$ 为圆弧起点坐标，x_e、y_e 为圆弧终点坐标。每走一步则 i 加 1，直至 $i = N$ 到达终点停止插补。

综上所述，逐点比较法圆弧插补与直线插补一样，每走一步都要完成位置判别、坐标进给、偏差计算、终点判别四个步骤（节拍）。图 2-18 所示为第一象限逆圆弧逐点比较法

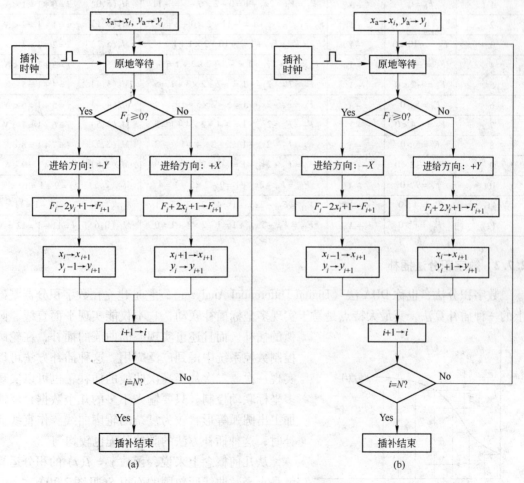

图 2-18 圆弧插补程序框图

（a）顺圆插补；（b）逆圆插补

插补的程序框图。

下面举例说明圆弧插补的过程。

【例2-2】　要加工如图2-19所示的圆弧 AB，请写出加工过程的运算节拍。

解： 要加工圆弧为第一象限逆圆弧 AB，如图2-19所示。原点 $O(0,0)$ 为圆心，起点为 $A(6,0)$，终点为 $B(0,6)$，终点计数 $N = |x_b - x_a| + |y_b - y_a| = |0 - 6| + |6 - 0| = 12$，加工过程的运算节拍如表2-3所示。

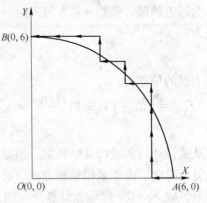

图2-19　圆弧插补

表2-3　逐点比较法圆弧插补轨迹计算

插补循环数	偏差判别	进给方向	偏差计算	坐标计算	终点判别
0			$F_0 = 0$	$M_0(0,0)$	$i = 0 < N$
1	$F_0 = 0$	$-X$	$F_1 = F_0 - 2x_0 + 1 = 0 - 2 \times 6 + 1 = -11$	$M_1(5,0)$	$i = 0 + 1 = 1 < N$
2	$F_1 = 11 < 0 + y$	$+Y$	$F_2 = F_1 + 2y_1 + 1 = -11 + 2 \times 0 + 1 = -10$	$M_2(5,1)$	$i = 1 + 1 = 2 < N$
3	$F_2 = -10 < 0$	$+Y$	$F_3 = F_2 + 2y_2 + 1 = -10 + 2 \times 1 + 1 = -7$	$M_3(5,2)$	$i = 2 + 1 = 3 < N$
4	$F_3 = -7 < 0$	$+Y$	$F_4 = F_3 + 2y_3 + 1 = -7 + 2 \times 2 + 1 = -2$	$M_4(5,3)$	$i = 3 + 1 = 4 < N$
5	$F_4 = -2 < 0$	$+Y$	$F_5 = F_4 + 2y_4 + 1 = -2 + 2 \times 3 + 1 = 5$	$M_5(5,4)$	$i = 4 + 1 = 5 < N$
6	$F_5 = 5 > 0$	$-X$	$F_6 = F_5 - 2x_5 + 1 = 5 - 2 \times 5 + 1 = -4$	$M_6(4,4)$	$i = 5 + 1 = 6 < N$
7	$F_6 = -4 < 0$	$+Y$	$F_7 = F_6 + 2y_6 + 1 = -4 + 2 \times 4 + 1 = 5$	$M_7(4,5)$	$i = 6 + 1 = 7 < N$
8	$F_7 = 5 > 0$	$-X$	$F_8 = F_7 - 2x_7 + 1 = 5 - 2 \times 4 + 1 = -2$	$M_8(3,5)$	$i = 7 + 1 = 8 < N$
9	$F_8 = -2 < 0$	$+Y$	$F_9 = F_8 + 2y_8 + 1 = -2 + 2 \times 5 + 1 = 9$	$M_9(3,6)$	$i = 8 + 1 = 9 < N$
10	$F_9 = 9 > 0$	$-X$	$F_{10} = F_9 - 2x_9 + 1 = 9 - 2 \times 3 + 1 = 4$	$M_{10}(2,6)$	$i = 9 + 1 = 10 < N$
11	$F_{10} = 4 > 0$	$-X$	$F_{11} = F_{10} - 2x_{10} + 1 = 4 - 2 \times 2 + 1 = 1$	$M_{11}(1,6)$	$i_1 = 10 + 1 = 11 < N$
12	$F_{11} = 1 > 0$	$-X$	$F_{12} = F_{11} - 2x_{11} + 1 = 1 - 2 \times 1 + 1 = 0$	$M_{12}(0,6)$	$i = 11 + 1 = 12 = N$

2.7.2　数字积分法插补

数字积分法，也称DDA法（Digital Differential Analyzer），它是建立在数字积分器基础上的一种插补算法，其最大特点是易于实现多坐标插补联动，它不仅能实现平面直线、圆弧的插补，而且还可实现空间曲线的插补，在轮廓控制数控系统中得到广泛应用。这种插补方法可以实现一次、二次甚至高次曲线的插补，也可以实现多坐标联动控制。只要输入不多的几个数据，就能加工出圆弧等形状较为复杂的轮廓曲线。作直线插补时，这种插补方法的脉冲分配也较均匀。

从几何概念上来说，函数 $y = f(t)$ 的积分运算就是求函数曲线所包围的面积 S（见图2-20）。

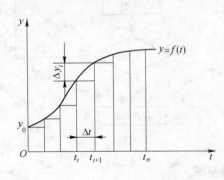

图2-20　函数 $y = f(t)$ 的积分

$$S = \int_0^t y \mathrm{d}t \qquad (2-12)$$

此面积可以看做是许多长方形小面积之和，长方形的宽为自变量 Δt，高为纵坐标 y_i。

则

$$S = \int_0^t y\,\mathrm{d}t = \sum_{i=0}^n y_i \Delta t \tag{2-13}$$

这种近似积分法称为矩形积分法，公式（2-13）又称为矩形公式。数学运算时，如果取 $\Delta t = 1$，即一个脉冲当量，则式（2-13）可以简化为：

$$S = \sum_{i=0}^n y_i \tag{2-14}$$

由此，函数的积分运算变成了变量求和运算。如果所选取的脉冲当量足够小，则用求和运算来代替积分运算所引起的误差一般不会超过允许的数值。

2.7.2.1　平面直线、圆弧插补

A　DDA 直线插补

设 XY 平面内直线 OA，起点 $O(0,0)$，终点为 $A(x_e, y_e)$，如图 2-21 所示。若以匀速 v 沿 OA 位移，则 v 可分为动点在 X 轴和 Y 轴方向的两个速度 v_x、v_y，根据前述积分原理计算公式，在 X 轴和 Y 轴方向上微小位移增量 Δx、Δy 应为：

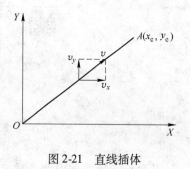

图 2-21　直线插体

$$\begin{cases} \Delta x = v_x \Delta t \\ \Delta y = v_y \Delta t \end{cases} \tag{2-15}$$

对于直线函数来说，v_x、v_y，v 和 L 满足下式：

$$\begin{cases} \dfrac{v_x}{v} = \dfrac{x_e}{L} \\[2mm] \dfrac{v_y}{v} = \dfrac{y_e}{L} \end{cases}$$

式中，L 为 O、A 两点之间的距离，即线段 OA 的长度。

令 $k = \dfrac{v}{L}$，从而有：

$$\begin{cases} v_x = kx_e \\ v_y = ky_e \end{cases} \tag{2-16}$$

因此各坐标轴的位移增量为：

$$\begin{cases} \Delta x = kx_e \Delta t \\ \Delta y = ky_e \Delta t \end{cases} \tag{2-17}$$

各坐标轴的位移量为：

$$\begin{cases} x = \int_0^t kx_e \mathrm{d}t = k\sum_{i=1}^n x_e \Delta t \\ y = \int_0^t ky_e \mathrm{d}t = k\sum_{i=1}^n y_e \Delta t \end{cases} \quad (2\text{-}18)$$

所以，动点从原点走向终点的过程，可以看做是各坐标轴每经过一个单位时间间隔 Δt，分别以增量 kx_e、ky_e 同时累加的过程。据此可以作出直线插补原理图，如图 2-22 所示。

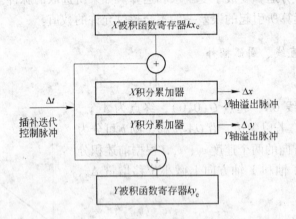

图 2-22　XY 平面直线插补原理图

平面直线插补器由两个数字积分器组成，每个坐标的积分器由累加器和被积函数寄存器组成。终点坐标值存在被积函数寄存器中，Δt 相当于插补控制脉冲源发出的控制信号。每发生一个插补迭代脉冲（即来一个 Δt），被积函数 kx_e 和 ky_e 就向各自的累加器里累加一次。累加的结果有无溢出脉冲 Δx（或 Δy），取决于累加器的容量和 kx_e 或 ky_e 的大小。

假设经过 n 次累加后（取 $\Delta t = 1$），x 和 y 分别（或同时）到达终点（x_e，y_e），则式（2-19）成立。

$$\begin{cases} x = \sum_{i=1}^n kx_e \Delta t = kx_e n = x_e \\ y = \sum_{i=1}^n ky_e \Delta t = ky_e n = y_e \end{cases} \quad (2\text{-}19)$$

由此得到 $nk = 1$，即 $n = 1/k$。

式（2-19）表明了比例常数 k 和累加（迭代）次数 n 的关系，由于 n 必须是整数，所以 k 一定是小数。

k 的选择主要考虑每次增量 Δx 或 Δy 不大于 1，以保证坐标轴上每次分配进给脉冲不超过一个，也就是说，要使式（2-20）成立。

$$\begin{cases} \Delta x = kx_e < 1 \\ \Delta y = ky_e < 1 \end{cases} \tag{2-20}$$

若取寄存器位数为 N 位，则 x_e 及 y_e 的最大寄存器容量为 2^N-1，故有：

$$\begin{cases} \Delta x = kx_e = k(2^N-1) < 1 \\ \Delta y = ky_e = k(2^N-1) < 1 \end{cases} \tag{2-21}$$

所以

$$k < \frac{1}{2^N-1}$$

一般取

$$k = \frac{1}{2^N}$$

则式 (2-21) 可变换为：

$$\begin{cases} \Delta x = kx_e = \dfrac{2^N-1}{2^N} < 1 \\ \Delta y = ky_e = \dfrac{2^N-1}{2^N} < 1 \end{cases} \tag{2-22}$$

因此，累加次数 n 为：

$$n = \frac{1}{k} = 2^N$$

因为 $k = 1/2^N$，对于一个二进制数来说，使 kx_e（或 ky_e）等于 x_e（或 y_e）乘以 $1/2^N$ 是很容易实现的，即 x_e（或 y_e）数字本身不变，只要把小数点左移 N 位即可。所以一个 N 位的寄存器存放 x_e（或 y_e）和存放 kx_e（或 ky_e）的数字是相同的，只是后者的小数点出现在最高位数 N 前面，其他没有差异。

DDA 直线插补的终点判别较简单，因为直线程序段需要进行 2^N 次累加运算，进行 2^N 次累加后就一定到达终点，故可由一个与积分器中寄存器容量相同的终点计数器 J_E 实现，其初值为 0。每累加一次，J_E 加 1，当累加 2^N 次后，产生溢出，使 $J_E = 0$，完成插补。

用 DDA 法进行插补时，X 和 Y 两坐标可同时进给，即可同时送出 Δx、Δy 脉冲。同时每累加一次，要进行一次终点判断。DDA 直线插补流程如图 2-23 所示，图中 J_{Vx}、J_{Vy} 为积分函数寄存器，J_{Rx}、J_{Ry} 为余数寄存器，J_E 为终点计数器。

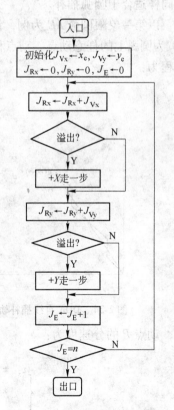

图 2-23 DDA 直线插补流程图

【例 2-3】　设有一直线 OA，起点在坐标原点，终点的坐标为 $A(4,6)$。试用 DDA 法直线插补此直线。

解：$J_{\mathrm{Vx}}=4$，$J_{\mathrm{Vy}}=6$，选寄存器位数 $N=3$，则累加次数 $n=2^3=8$，运算过程如表 2-4 所示，插补轨迹如图 2-24 所示。

表 2-4　DDA 直线插补运算过程

累加次数 n	X 积分器 $J_{\mathrm{Rx}}+J_{\mathrm{Vx}}$	溢出 Δx	Y 积分器 $J_{\mathrm{Ry}}+J_{\mathrm{Vy}}$	溢出 Δy	终点判断 J_{E}
0	0	0	0	0	0
1	$0+4=4$	0	$0+6=6$	0	1
2	$4+4=8+0$	1	$6+6=8+4$	1	2
3	$0+4=4$	0	$4+6=8+2$	1	3
4	$4+4=8+0$	1	$2+6=8+0$	1	4
5	$0+4=4$	0	$0+6=6$	0	5
6	$4+4=8+0$	1	$6+6=8+4$	1	6
7	$0+4=4$	0	$4+6=8+2$	1	7
8	$4+4=8+0$	1	$2+6=8+0$	1	8

B　DDA 圆弧插补

从上面的叙述可知，数字积分直线插补的物理意义是使动点沿速度矢量的方向前进，这同样适合于圆弧插补。

以第一象限圆弧 AE 为例，设其半径为 R，起点为 $A(x_0,y_0)$，终点为 $E(x_e,y_e)$，$P(x_i,y_i)$ 为圆弧上的任意动点，动点移动速度为 v，分速度为 v_x 和 v_y，如图 2-25 所示。则圆弧方程为：

$$\begin{cases} x_i = R\cos\alpha \\ y_i = R\sin\alpha \end{cases} \tag{2-23}$$

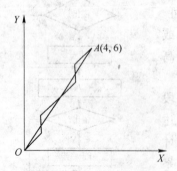

图 2-24　DDA 直线插补轨迹　　　　　图 2-25　第一象限逆圆 DDA 插补

动点 P 的分速度为：

$$\begin{cases} v_x = \dfrac{\mathrm{d}x_i}{\mathrm{d}t} = -v\sin\alpha = -v\dfrac{y_i}{R} = -\dfrac{v}{R}y_i \\ v_y = \dfrac{\mathrm{d}y_i}{\mathrm{d}t} = v\cos\alpha = v\dfrac{x_i}{R} = \dfrac{v}{R}x_i \end{cases} \tag{2-24}$$

在单位时间 Δt 内，X、Y 位移增量方程为：

$$\begin{cases} \Delta x_i = v_x \Delta t = -\dfrac{v}{R} y_i \Delta t \\ \Delta y_i = v_y \Delta t = \dfrac{v}{R} x_i \Delta t \end{cases} \tag{2-25}$$

当 v 恒定不变时，则有：

$$\frac{v}{R} = k$$

式中，k 为比例常数。式（2-25）可写为：

$$\begin{cases} \Delta x_i = -k y_i \Delta t \\ \Delta y_i = k x_i \Delta t \end{cases} \tag{2-26}$$

与 DDA 直线插补一样，取累加器容量为 2^N，$k = 1/2^N$，N 为累加器、寄存器的位数，则各坐标的位移量为：

$$\begin{cases} x = \displaystyle\int_0^t -ky \mathrm{d}t = -\dfrac{1}{2^N} \sum_{i=1}^n y_i \Delta t \\ y = \displaystyle\int_0^t kx \mathrm{d}t = \dfrac{1}{2^N} \sum_{i=1}^n x_i \Delta t \end{cases} \tag{2-27}$$

由此可作出如图 2-26 所示的 DDA 圆弧插补原理框图。

DDA 圆弧插补与直线插补的主要区别有两点：

（1）坐标值 x、y 存入被积函数器 J_{Vx}、J_{Vy} 的对应关系与直线不同，即 x 不是存入 J_{Vx} 而是存入 J_{Vy}、y 不是存入 J_{Vy} 而是存入 J_{Vx}；

（2）J_{Vx}、J_{Vy} 寄存器中寄存的数值与 DDA 直线插补有本质的区别：直线插补时，J_{Vx}（或 J_{Vy}）寄存的是终点坐标 x_e（或 y_e），是常数；而在 DDA 圆弧插补时 J_{Vx}、J_{Vy} 寄存的是动点坐标，是变量。

因此在插补过程中，必须根据动点位置的

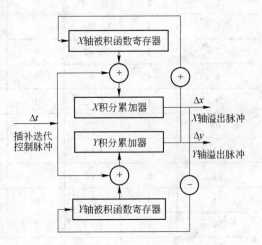

图 2-26 DDA 圆弧插补原理框图

变化来改变 J_{Vx} 和 J_{Vy} 中的内容。在起点时，J_{Vx} 和 J_{Vy} 分别寄存起点坐标 y_0、x_0。对于第一象限逆圆来说，在插补过程中，J_{Ry} 每溢出一个 Δy 脉冲，J_{Vx} 应该加 1；J_{Rx} 每溢出一个 Δx 脉冲，J_{Vy} 应减 1。对于其他各种情况的 DDA 圆弧插补，J_{Vx} 和 J_{Vy} 是加 1 还是减 1，取决于动点坐标所在象限及圆弧走向。

DDA 圆弧插补时，由于 X、Y 方向到达终点的时间不同，需对 X、Y 两个坐标分别进行终点判断。实现这一点可利用两个终点计数器 J_{Ex} 和 J_{Ey}，把 X、Y 坐标所需输出的脉冲

数 $|x_0-x_e|$、$|y_0-y_e|$ 分别存入这两个计数器中，X 或 Y 积分累加器每输出一个脉冲，相应的减法计数器减 1，当某一个坐标的计数器为零时，说明该坐标已到达终点，停止该坐标的累加运算。当两个计数器均为零时，圆弧插补结束。

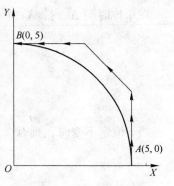

图 2-27　DDA 圆弧插补轨迹

【例 2-4】　设有第一象限逆圆弧 AB，起点 $A(5,0)$，终点 $B(0,5)$，设寄存器位数 N 为 3，试用 DDA 圆弧插补法插补此圆弧。

解：$J_{Vx}=0$，$J_{Vy}=5$，寄存器容量为：$2^N=2^3=8$。运算过程见表 2-5，插补轨迹见图 2-27。

表 2-5　DDA 圆弧插补计算举例

累加器 n	X 积分器				Y 积分器			
	J_{Vx}	J_{Rx}	Δx	J_{Ex}	J_{Vy}	J_{Ry}	Δy	J_{Ey}
0	0	0	0	5	5	0	0	5
1	0	0	0	5	5	5	0	5
2	0	0	0	5	5	8+2	1	4
3	1	1	0	5	5	7	0	4
4	1	2	0	5	5	8+4	1	3
5	2	4	0	5	5	8+1	1	2
6	3	7	0	5	5	6	0	2
7	3	8+2	1	4	5	8+3	1	1
8	4	6	0	4	4	7	0	1
9	4	8+2	1	3	4	8+3	1	0
10	4	7	0	3	3	停	0	0
11	5	8+4	1	2	3			
12	5	8+1	1	1	2			
13	5	6	0	1	1			
14	5	8+3	1	0	1			
15	5	停	0	0	0			

2.7.2.2　不同象限的脉冲分配

不同象限的顺圆、逆圆的 DDA 插补运算过程与原理框图与第一象限逆圆基本一致。其不同点在于，控制各坐标轴的 Δx 和 Δy 的进给脉冲分配方向不同，以及修改 J_{Vx} 和 J_{Vy} 内容时，是"+1"还是"−1"要由 Y 和 X 坐标的增减而定。各种情况下的脉冲分配方向及 ±1 修正方式如表 2-6 所示。

表 2-6　DDA 圆弧插补时不同象限的脉冲分配及坐标修正

变化量　　轨迹	SR1	SR2	SR3	SR4	NR1	NR2	NR3	NR4
J_{Vx}	−1	+1	−1	+1	+1	−1	+1	−1
J_{Vy}	+1	−1	+1	−1	−1	+1	−1	+1
Δx	+	+					+	+
Δy	−	+	+	−		+	−	+

注：SR1~4 中，SR 表示顺时针圆弧插补，1~4 表示第一象限~第四象限；

　　NR1~4 中，NR 表示逆时针圆弧插补。

2.7.2.3　改进 DDA 插补质量的措施

使用 DDA 法插补时，其插补进给速度 v 不仅与迭代频率（即脉冲源频率）f_{MF} 成正比，而且还与余数寄存器的容量 2^N 成反比，与直线段的长度 L（或圆弧半径 R）成正比。即

$$v = 60\delta \frac{L}{2^N} f_{MF} \tag{2-28}$$

式中　v——插补进给速度；

　　　　δ——系统脉冲当量；

　　　　L——直线段的长度；

　　　　2^N——寄存器的容量；

　　　　f_{MF}——迭代频率。

圆弧插补时，式中 L 应改为圆弧半径 R。

显然，即使给定同样大小的速度指令，由于直线段的长度不同，其进给速度亦不同（假设 f_{MF} 和 2^N 为固定），因此难以实现编程进给速度，必须设法加以改善。常用的改善方法是左移规格化和进给速率编程（FRN）。

A　进给速度的均匀化措施——左移规格化

直线插补时，若寄存器中的数其最高位为"1"时，该数称为规格化数；反之，若最高位数为"0"，则该数为非规格化数。显然，规格化数经过两次累加后必有一次溢出；而非规格化数必须作两次以上的累加后才会有溢出。

直线插补的左移规格化方法是：将被积函数寄存器 J_{Vx}、J_{Vy} 中的数同时左移（最低有效位输入零），并记下左移位数，直到 J_{Vx} 或 J_{Vy} 中的一个数是规格化数为止，如图 2-28 所示。直线插补经过左移规格化处理后，X、Y 两方向脉冲分配速度扩大同样倍数（即左移位数），而两者数值之比不变，所以被插补直线的斜率也不变。因为规格化后，每累加运

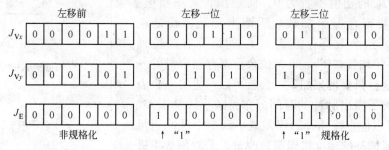

图 2-28　左移规格化示例

算两次必有一次溢出，溢出速度不受被积函数的大小影响，较均匀，所以加工的效率和质量都大为提高。

由于左移后，被积函数变大，为使发出的进给脉冲总数不变，就要相应地减少累加次数。如果左移 Q 次，累加次数变为 2^{N-Q}。要达到这个目的并不困难，只要在 J_{Vx}、J_{Vy} 左移的同时，终点判断计数器 J_E 把"1"从最高位输入，进行右移，使 J_E 使用长度（位数）缩小 Q 位，实现累加次数减少的目的。

圆弧插补的左移规格化处理与直线插补基本相同，唯一的区别是：圆弧插补的左移规格化是使坐标值最大的被积函数寄存器的次高位为"1"（即保留一个前零）。也就是说，在圆弧插补中 J_{Vx}、J_{Vy} 寄存器中的数 y_i、x_i 随插补而不断修正（即作 ± 1 修正），作了 $+1$ 修正后，函数不断增加，若仍取数的最高位"1"作为规格化数，则有可能在 $+1$ 修正后溢出。因此圆弧插补规格化数以数的次高位为"1"，就避免了溢出。

另外，左移 i 位相当于 X、Y 坐标值扩大了 2^i 倍，即 J_{Vx}、J_{Vy} 寄存器中的数分别为 $2^i y$ 和 $2^i x$。当 Y 积分器有溢出时，J_{Vx} 寄存器中的数发生如下变化：

$$2^i y \rightarrow 2^i (y+1) = 2^i y + 2^i$$

上式说明：若规格化处理时左移了 i 位，对第一象限逆圆插补来说，当 J_{Vy} 中溢出一个脉冲时，J_{Vx} 中的数应该加 2^i（而不是加 1），即应在 J_{Vx} 的第 $i+1$ 位加 1；同理，若 J_{Rx} 有一个脉冲溢出，J_{Vx} 的数应减少 2^i，即在第 $i+1$ 位减 1。

综上所述，虽然直线插补和圆弧插补时规格化数不一样，但均能提高进给脉冲溢出速度。

B　插补精度提高的措施——余数积存器预置数

DDA 直线插补的插补误差小于脉冲当量。圆弧插补误差小于或等于两个脉冲当量。其原因是：当在坐标轴附近进行插补时，一个积分器的被积函数值接近于 0，而另一个积分器的被积函数值接近最大值（圆弧半径），这样，后者连续溢出，而前者几乎没有溢出脉冲，两个积分器的溢出脉冲速率相差很大，致使插补轨迹偏离理论曲线。

减小插补误差的方法有：

（1）减小脉冲当量。减小脉冲当量（即 Δt 减小），可以减小插补误差。但参加运算的数（如被积函数值）变大，寄存器的容量则变大，在插补运算速度不变的情况下，进给速度会显著降低。因此欲获得同样的进给速度，需提高插补运算速度。

（2）余数寄存器预置数。在 DDA 迭代之前，余数寄存器 J_{Rx}、J_{Ry} 的初值不置为 0，而是预置某一数值。通常采用余数寄存器半加载。所谓半加载，就是在 DDA 插补前，给余数寄存器 J_{Rx}、J_{Ry} 的最高有效位置"1"，其余各位均置"0"，即 N 位余数寄存器容量的一半值 2^{N-1}。这样只要再累加 2^{N-1}，就可以产生第一个溢出脉冲，改善了溢出脉冲的时间分布，减小插补误差。"半加载"可以使直线插补的误差减小到半个脉冲当量以内，使圆弧插补的精度得到明显改善。若对例 2-4 进行"半加载"，则其插补轨迹如图 2-29 中的折线所示。

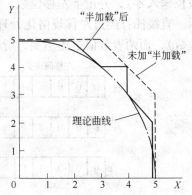

图 2-29　"半加载"后的轨迹

2.7.2.4 多坐标直线插补

DDA 插补算法的优点是可以实现多坐标直线插补联动。下面介绍实际加工中常用的空间直线插补。

设在空间直角坐标系中有一直线 OE（见图 2-30），起点 $O(0,0,0)$，终点 $E(x_e, y_e, z_e)$。假定进给速度 v 是均匀的，v_x、v_y、v_z 分别表示动点在 x、y、z 方向上的移动速度，则有：

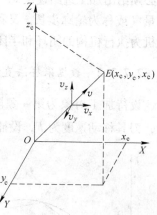

$$\frac{v}{|OE|} = \frac{v_x}{x_e} = \frac{v_y}{y_e} = \frac{v_z}{z_e} = k \tag{2-29}$$

式中，k 为比例常数。

动点在时间 Δt 内的坐标轴位移分量为

$$\begin{cases} \Delta x = v_x \Delta t = kx_e \Delta t \\ \Delta y = v_y \Delta t = ky_e \Delta t \\ \Delta z = v_z \Delta t = kz_e \Delta t \end{cases} \tag{2-30}$$

图 2-30 空间直线插补

参照平面内的直线插补可知，各坐标轴经过 2^N 次累加后分别到达终点，当 Δt 足够小时，有：

$$\begin{cases} x = \sum_{i=1}^{n} kx_e \Delta t = kx_e \sum_{i=1}^{n} \Delta t = kx_e n = x_e \\ y = \sum_{i=1}^{n} ky_e \Delta t = ky_e \sum_{i=1}^{n} \Delta t = ky_e n = y_e \\ z = \sum_{i=1}^{n} kz_e \Delta t = kz_e \sum_{i=1}^{n} \Delta t = kz_e n = z_e \end{cases} \tag{2-31}$$

与平面内直线插补一样，每来一个 Δt，最多只允许产生一个进给单位的位移增量，故 k 的选取也为 $1/2^N$。由此可见，空间直线插补，X、Y、Z 单独累加溢出，彼此独立，易于实现。

2.7.3 数据采样插补

逐点比较法和数字积分法插补具有一个共同的特点，就是插补计算的结果是以一个一个脉冲的方式输出给伺服系统。这种方法既可用于 CNC 系统，又可用于 NC 系统，特别适用于以步进电动机为伺服元件的数控系统。随着 CNC 系统的发展，以直流伺服电动机，特别是交流伺服电动机为驱动动力的数控机床，采用计算机闭环控制系统已经成为数控的主流。在计算机闭环控制系统中较广泛采用的是另一种插补计算方法即数据采样插补法。

2.7.3.1 数据采样法的基本原理

数据采样插补法又称为时间分割法。这种方法是把加工一段直线或圆弧的整段时间细分为许多相等的时间间隔（见图 2-31），称为单位时间间隔（或插补周期），每经过一个单位时间间隔就进行一次插补计算，算出在这一时间间隔内各坐标轴的进给量，边计算，边加工，直至到达加工终点。采用数据采样法插补时，在某一直线段或圆弧段的加工指令中必须给出加工进给速度 v，先通过速度计算，将进给速度分割成单位时间间隔的插补进给量（或称为轮廓步长，又称为一次插补进给量）。这种方法尤其适合于以直流或交流电动机为执行机构的闭环和半闭环的位置采样控制系统。

2.7.3.2　数据采样法直线插补

设待加工对象为第一象限直线 OE，直线起点 $O(0,0)$，终点 $E(x_e, y_e)$，如图 2-32 所示，刀具移动速度为 F，设插补周期为 T，则每个插补周期的进给步常为 $\Delta L = FT$。

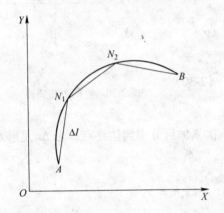
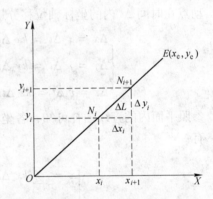

图 2-31　数据采样插补法　　　　　　　图 2-32　数据采样法直线插补

各个坐标轴的位移量为

$$\begin{cases} \Delta x = \dfrac{\Delta L}{L} x_e = k x_e \\[2mm] \Delta y = \dfrac{\Delta L}{L} y_e = k y_e \end{cases} \qquad (2-32)$$

式中　L——直线长度，$L = \sqrt{x_e^2 + y_e^2}$；

　　　k——系数，$k = \dfrac{\Delta L}{L}$。

由于

$$\begin{cases} x_i = x_{i-1} + \Delta x_i = x_{i-1} + k x_e \\[2mm] y_i = y_{i-1} + \Delta y_i = y_{i-1} + k y_e \end{cases} \qquad (2-33)$$

可推得动点的插补计算公式为：

$$\begin{cases} x_i = x_{i-1} + \dfrac{FT}{\sqrt{x_e^2 + y_e^2}} \\[3mm] y_i = y_{i-1} + \dfrac{FT}{\sqrt{x_e^2 + y_e^2}} \end{cases} \qquad (2-34)$$

由上述分析可知,这类算法的核心问题不是单个脉冲而是计算各坐标轴的增长数 (Δx 或 Δy),有了前一插补周期末的动点位置值和本次插补周期内的坐标增长段,就很容易计算出本插补周期末的动点命令位置坐标值。对于直线插补来讲,插补所形成的轮廓步长子线段(即增长段)与给定的直线重合,不会造成轨迹误差。

2.7.3.3 数据采样法圆弧插补

圆弧插补的基本思想是在满足精度要求的前提下,用弦进给代替弧进给,即用直线逼近圆弧。图 2-33 所示为一逆圆弧 AE,圆心在坐标原点,起点 $A(x_a, y_a)$,终点 $E(x_e, y_e)$。圆弧插补的要求是在已知刀具移动速度 F 的条件下,计算出圆弧段上的若干个插补点,并使相邻两个插补点之间的弦长 ΔL 满足下式:

$$\Delta L = FT_s$$

式中 T_s——插补周期。

如图 2-34 所示,设刀具在第一象限沿顺时针圆弧运动,圆上点 $A(x_i, y_i)$ 为刀具当前位置,$B(x_{i+1}, y_{i+1})$ 为刀具插补后到达的位置,需要计算的是在一个插补周期内,X 轴和 Y 轴的进给增量 $\Delta x = x_{i+1} - x_i$ 和 $\Delta y = y_{i+1} - y_i$。图中,弦 AB 正是圆弧插补时每个插补周期的进给步长 $f = FT_s$。AP 为图上过 A 点的切线,M 为 AB 弦中点,$OM \perp AB$。由于 $ME \perp AF$,故 $AE = EF$。圆心角具有下列关系:

$$\phi_{i+1} = \phi_i + \delta \tag{2-35}$$

式中,δ 为进给弦 AB 所对应的角度增量。

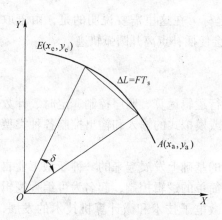

图 2-33 用弦进给代替弧进给图

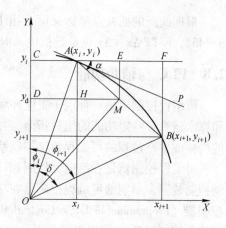

图 2-34 数据采样法顺圆插补

根据几何关系,有:

$$\angle AOC = \angle PAF = \phi_i$$
$$\angle BAP = \angle AOB/2 = \delta/2$$

令

$$\alpha = \angle PAF + \angle BAP = \phi_i + \delta/2$$

在 $\triangle MOD$ 中,

$$\tan\alpha = \frac{DH + HM}{OC - CD}$$

式中，$DH = x_i$，$OC = y_i$，$HM = f\cos\alpha/2 = \Delta x/2$，$CD = f\sin\alpha/2 = \Delta y/2$。

故
$$\tan\alpha = \frac{y_{i+1} - y_i}{x_{i+1} - x_i} = \frac{\Delta y}{\Delta x} = \frac{x_i + \Delta x/2}{y_i - \Delta y/2} = \frac{2x_i + f\cos\alpha}{2y_i - f\sin\alpha} \tag{2-36}$$

式（2-36）反映了 A 点与 B 点的位置关系，只要坐标满足式（2-36），则 A 点与 B 点必在同一圆弧上。由于式中 $\cos\alpha$ 和 $\sin\alpha$ 都是未知数，难以求解，这里采用近似算法，取 $\alpha \approx 45°$，即

$$\tan\alpha = \frac{2x_i + f\cos\alpha}{2y_i - f\sin\alpha} \approx \frac{2x_i + f\cos45°}{2y_i - f\sin45°} \tag{2-37}$$

由于每次进给量 f 很小，所以在整个插补过程中，这种近似是可行的。式中 x_i、y_i 为已知，由式（2-37）$\tan\alpha$ 可求出 $\cos\alpha$，所以可得：

$$\Delta x = f\cos\alpha$$

又由
$$\Delta y = \frac{\left(x_i + \dfrac{\Delta x}{2}\right)\Delta x}{y_i - \dfrac{\Delta y}{2}} \tag{2-38}$$

可以求得 Δy。

Δx、Δy 求出后，可求得新的插补点坐标值：

$$\begin{cases} x_{i+1} = x_i + \Delta x \\ y_{i+1} = y_i + \Delta y \end{cases} \tag{2-39}$$

根据此新的插补点坐标又可求出下一个插补点坐标。在这里需要说明的是，由于取 $\alpha \approx 45°$，所以 Δx、Δy 也是近似值，但是这种偏差不会使插补点离开圆弧轨迹。

2.8　PLC 与辅助功能

可编程控制器是一种用于工业环境，可存储和执行逻辑运算、顺序控制、定时、计数和算术运算等特定功能的用户指令，并能通过数字式或模拟式的输入和输出控制各种类型的机械或生产过程的可编程数字控制系统。

可编程控制器是在继电器控制和计算机控制技术的基础上发展起来的一种新型工业自动控制装置，早期的可编程控制器在功能上只能实现简单的逻辑控制，起名为可编程逻辑控制器（Programmable Logic Controller，PLC）。随着微电子技术和微计算机技术的发展，可编程控制器除实现逻辑控制外，还可实现模拟量、运动和过程的控制及数据处理等。1980 年，美国电气制造协会将它正式命名为可编程控制器（Programmable Controller，PC）。为了避免与个人电脑的简称 PC（Personal Computer）相混淆，习惯上可编程控制器还是称为 PLC。

可编程控制器具有响应快、性能可靠、易于使用、编程和修改方便和可直接启动机床开关等优点，现已广泛用作数控机床的辅助控制装置。

辅助装置是保证充分发挥数控机床功能所必需的配套装置。辅助控制装置的主要作用是接收数控装置输出的开关量指令信号，经过编译、逻辑判断和动作，再经过功率放大后驱动相应的电器，带动机床的机械、液压、气动等辅助装置完成指令规定的开关量动作。

PLC 主要控制机床主轴运动部件的变速、换向、启动和停止，刀具的选择与交换，冷却液的开和停，润滑装置的启动停止，工件和机床部件的松开与夹紧，分度工作台转位分度等辅助动作，防护、照明等各种辅助装置的动作。

2.8.1 PLC 在数控机床中的应用

数控机床上用的 PLC，因专用于机床，又称为可编程机床控制器（PMC）。数控机床用 PLC 可分为两类，一类是专为数控机床顺序控制而设计制造的"内装型（build-in type）"PLC，另一类是输入/输出信号接口规范、输入/输出点数、程序存储容量以及运算和控制功能均能满足数控机床控制要求的"独立型（stand-alone type）"PLC。

（1）内装型 PLC。内装型 PLC 从属于数控装置，PLC 与 CNC 之间的信号传送在 CNC 内部即可实现。PLC 与机床之间通过 CNC 输入/输出接口电路实现信号传送。内装型 PLC 实际是 CNC 装置带有的 PLC 功能，一般作为一种基本的或可选功能提供给用户。在系统的具体结构上，内装型 PLC 可与 CNC 系统共用 CPU，也可单独使用一个 CPU；硬件控制电路可与 CNC 系统其他电路制作在同一块印制电路板上，也可以单独制成一块附加板，当 CNC 装置需要附加 PLC 功能时，再将附加板插到 CNC 装置上。

内装型 PLC 的性能指标可根据所从属的 CNC 系统的规格、性能、适用的机床类型而确定。内装型 PLC 系统结构紧凑，功能针对性强，技术指标合理实用，特别适用于单机数控设备。

（2）独立型 PLC。独立型 PLC 又称通用型 PLC，该 PLC 独立于 CNC 装置，具有完备的硬件和软件功能，能够独立完成规定的控制任务。独立型 PLC 功能结构如图 2-35 所示，它具有 CPU 及控制电路、系统程序存储器、用户程序存储器、输入/输出接口、与外设通信的接口和电源等。独立型 PLC 一般采用积木式模块结构或插板式结构，各功能模块相互独立，安装方便，功能易于扩展和变更。

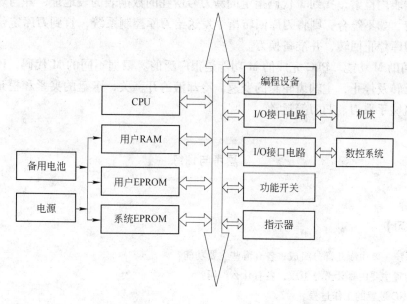

图 2-35 独立型 PLC 结构框图

2.8.2 M、S、T 功能的实现

可编程控制器 PLC 在数控机床上主要完成 M、S、T 功能，即除了主运动以外的辅助功能。

(1) 主轴 S 功能。主轴 S 功能通常能够实现主轴的转速控制。通常用 S 两位或 S 四位代码指定主轴转速。CNC 装置送出 S 代码（如两位代码）进入 PLC，经过电平转换（独立型 PLC）、进制转换、限幅处理和 D/A 变换，最后输给主轴电动机伺服系统。D/A 转换功能可安排在 CNC 单元中，也可以由 CNC 或 PLC 单独实现，或两者配合实现。S 功能的处理过程如图 2-36 所示。

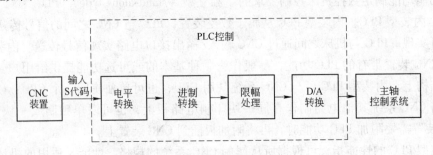

图 2-36 S 功能处理过程

为了提高主轴转速的稳定性，增大转矩、调整转速范围，还可增加 1～2 级机械变速挡，通过 PLC 的 M 代码功能实现。

(2) 刀具 T 功能。PLC 控制给加工中心自动换刀的管理带来了很大的方便。自动换刀控制方式有固定存取换刀方式和随机存取换刀方式，它们分别采用刀套编码制和刀具编码制。对于刀套编码的 T 功能处理过程是：CNC 装置送出 T 代码指令给 PLC，PLC 经过译码，在数据表内检索，找到 T 代码指定的新刀号所在的数据表的表地址，并与现行刀号进行判别比较，如不符合，则将刀库回转指令发送给刀库控制系统，直到刀库定位到新刀号位置时，刀库停止回转，并准备换刀。

(3) 辅助 M 功能。PLC 完成的 M 功能是很广泛的。根据不同的 M 代码，PLC 可控制主轴的正反转及停止，主轴齿轮箱的变速，冷却液的开、关，卡盘的夹紧和松开以及自动换刀装置机械手取刀、归刀等运动。

思考与训练

【思考与练习】

2-1 CNC 系统主要由哪几部分组成，各有哪些主要功能？

2-2 CNC 装置主要由哪几部分组成，各有什么作用？

2-3 试述 CNC 装置的工作过程。

2-4 常见的数控系统产品主要有哪些？

2-5　单微处理器结构的 CNC 装置与多微处理器结构的 CNC 装置有何区别，各有什么特点？

2-6　CNC 装置的大板式结构和模块化结构有什么区别？

2-7　CNC 控制软件一般包括哪几部分？简述各部分的主要功能。

2-8　什么是刀具半径补偿？刀具半径补偿是怎样执行的？

2-9　B 刀补与 C 刀补半径有何区别？

2-10　什么是插补？常用的插补方法有哪几种？

2-11　数控机床用可编程控制器有哪几种，各有什么特点？

2-12　在数控机床中，主轴 S 功能是如何实现的？

2-13　什么是插补？目前应用较多的插补算法有哪些？

2-14　试述逐点比较法插补的四个节拍，并推导第一象限直线插补公式。

【技能训练】

2-1　应用因特网搜索了解 CNC 系统的主要生产厂商，各生产厂商的主要产品及其具备的功能。

2-2　已知第一象限直线 OE，起点坐标 $O(0,0)$，终点坐标 $E(3,6)$，用逐点比较法完成该直线插补的计算，并画出插补轨迹。

2-3　用逐点比较法插补第一象限的直线，起点在坐标原点，终点坐标输入数控计算机后 $x_a = 5$，$y_a = 4$。试写出插补计算过程，并画出刀具插补运动轨迹图。

2-4　试推导逐点比较法加工第一象限顺圆的偏差函数递推公式，并用该公式写出圆弧 AB 的插补计算过程，设起点 $A(0,4)$，终点 $B(4,0)$，并画出插补轨迹。

2-5　AB 是第一象限要加工的圆弧，圆弧的圆心在坐标原点 $(0,0)$，圆弧起点为 $A(4,0)$，终点为 $B(0,4)$，若脉冲当量为 1，用逐点比较法对该段圆弧进行逆圆插补。试完成下列问题：

（1）求出需要的插补循环数总数；

（2）完成插补计算过程，同时求出刀具进给位置各点的坐标值并列表；

（3）作图并画出刀具运动的轨迹。

2-6　利用逐点比较法插补圆弧，起点为 $P(8,0)$，终点为 $Q(0,8)$，试写出插补过程并绘出轨迹。

2-7　写出用数字积分法加工第一象限直线 OB 的插补过程，其中 $O(0,0)$，$B(6,7)$，并画出插补轨迹。

2-8　第一象限逆圆，起点为 $(6,0)$，终点为 $(0,6)$，用数字积分法，选用 3 位寄存器对此圆弧进行插补并画出插补轨迹图。

模块 3 伺服系统与位置检测装置

本模块主要介绍开环步进电动机驱动系统、直流伺服系统、交流伺服系统以及常用位置检测装置等内容。通过本模块学习，学生应重点掌握伺服系统各组成部分的工作原理及性能特点，了解常用位置检测装置的结构原理和应用方法，为更好地使用、维护数控机床奠定基础。

3.1 伺服系统概述

3.1.1 基本概念

伺服系统是指以机械位置或角度作为控制对象的自动控制系统。它由伺服电路、伺服驱动装置、机械传动机构、执行部件组成。它接受来自数控装置发出的进给速度和位移指令信号，由伺服驱动电路做一定的转换和放大后，经伺服驱动装置和机械传动装置驱动执行件（工作台、刀架等）实现工件的进给和快速运动。

伺服系统是数控装置（计算机）和机床的联系环节，是数控机床的重要组成部分。作为一种实现切削刀具与工件间运动的进给驱动和执行机构，伺服系统在很大程度上决定了数控机床的性能，如数控机床的最高移动速度、跟踪及定位精度、加工表面质量等。因此，提高伺服系统的技术性能和可靠性、研究与开发高性能的伺服系统对数控机床的发展具有重要意义。

3.1.2 数控机床对伺服系统的要求

数控机床对伺服系统一般有以下几点要求。

（1）精度高。伺服系统的精度是指输出量能复现输入量的精确程度，包括定位精度和轮廓加工精度。

（2）稳定性好。稳定是指系统在给定输入或外界干扰作用下，能在短暂的调节过程后，达到新的或者恢复到原来的平衡状态。稳定性直接影响数控加工的精度和表面粗糙度。

（3）快速响应。快速响应是伺服系统动态品质的重要指标，它反映了系统的跟踪精度。

（4）调速范围宽。调速范围是指生产机械要求电动机能提供的最高转速和最低转速之比。调速范围越宽，可供选择的速度便越多。目前，数控机床的进给速度可以实现在 0 ~ 24m/min 范围内调速。

（5）低速大转矩。进给坐标的伺服控制属于恒转矩控制，在整个速度范围内都要保持这个转矩。主轴坐标的伺服控制在低速时为恒转矩控制，能提供较大转矩；在高速时为恒功率控制，具有足够大的输出功率。

3.1.3 进给伺服系统的分类

按不同的标准，伺服系统有多种分类方法。

（1）按驱动方式分，伺服系统可分为液压伺服系统、气压伺服系统和电气伺服系统。

（2）按执行元件的类别分，伺服系统可分为直流电动机伺服系统、交流电动机伺服系统和步进电动机伺服系统。

（3）按有无检测元件和反馈环节分，伺服系统可分为开环伺服系统、闭环伺服系统和半闭环伺服系统。

（4）按输出被控制量的性质分，伺服系统可分为位置伺服系统、速度伺服系统。

（5）按被控对象分，伺服系统可分为进给伺服系统、主轴伺服系统。

3.2 开环步进电动机驱动系统

3.2.1 步进电动机

步进电动机是一种将电脉冲信号转换成机械角位移的机电执行元件，其角位移与电脉冲数成正比，转速与电脉冲频率成正比，通过改变脉冲频率就可以调节电动机的转速，改变电动机的通电相序则可以改变电动机的旋转方向。步进电动机具有控制简单、运行可靠、无积累误差等优点，得到了广泛的应用。

目前，步进电动机主要用于经济型数控机床的进给驱动，一般采用开环控制结构。也有采用步进电动机驱动数控机床，同时采用位置检测元件，构成反馈补偿型的驱动控制结构。

3.2.1.1 步进电动机的分类

根据电动机的结构和材料的不同，步进电动机分为磁阻式、永磁式和混合式三种基本类型。

（1）磁阻式步进电动机。磁阻式步进电动机又称反应式步进电动机，它的定子和转子由硅钢片或其他软磁材料制成，定子上有励磁绕组。电动机的相数一般为三、四、五、六相。其标准代号为 BC，B 表示步进电动机，C 表示磁阻式；其旧代号为 BF，F 表示反应式。磁阻式步进电动机的特点是，转子上无绕组，步进运行是靠经通电而磁化的定子绕组（磁极）反应力矩而实现的，因此也称为反应式。反应式步进电动机是目前数控机床中应用较为广泛的步进电动机，其步距角一般为 0.36° ~ 3°。

（2）永磁式步进电动机。永磁式步进电动机的定子由软磁材料制成并有多对绕组，转子上装有用永磁铁制成的磁极。由于永磁式转子受磁钢加工的限制，极对数不能做得很多，因而步距角较大。但由于永久磁场的作用，它的控制电流小，断电时电动机仍具有保持转矩，定位自锁性能好。

（3）混合式步进电动机。混合式步进电动机又称永磁反应式步进电动机。它在结构和性能上，兼有磁阻式和永磁式步进电动机的特点，既有磁阻式步进电动机步距角小和工作频率较高的特点，又具有永磁式步进电动机控制功率小和低频振荡小的特点，是新型步进伺服系统的首选电动机。

3.2.1.2　步进电动机的工作原理

磁阻式步进电动机和混合式步进电动机的结构虽然不同，但二者的工作原理相同，现以三相磁阻式步进电动机为例来说明步进电动机的工作原理。

步进电动机的定子上有六个极，每极上都装有控制绕组，每两个相对的极组成一相。转子是四个均匀分布的齿，上面没有绕组。当 A 相绕组通电时，因磁通总是沿着磁组最小的路径闭合，将使转子齿 1、3 和定子极 A、A′对齐，如图 3-1（a）所示。A 相断电，B 相绕组通电时，转子将在空间转过 30°角，使转子齿 2、4 和定子极 B、B′对齐，如图 3-1（b）所示。如果再使 B 相断电，C 相绕组通电，转子又将在空间转过 30°角，使转子齿 1、3 和定子极 C、C′对齐，如图 3-1（c）所示。如此循环往复，并按 A→B→C→A 的顺序通电，电动机便按一定的方向转动。电动机的转速直接取决于绕组与电源接通或断开的变化频率。若按 A→C→B→A 的顺序通电，则电动机反向转动。电动机绕组与电源的接通或断开，通常是由电子逻辑电路来控制的。

(a)　　　　　　　　　　(b)　　　　　　　　　　(c)

图 3-1　三相磁阻式步进电动机工作原理图

(a) A 相通电；(b) B 相通电；(c) C 相通电

电动机定子绕组每改变一次通电方式，称为一拍。上述通电方式称为三相单三拍。"单"是指每次通电时，只有一相绕组通电；"三拍"是指经过三次切换绕组的通电状态为一个循环，第四拍通电时就重复第一拍通电的情况。显然，在这种通电方式时，三相步进电动机的步距角 α 应为30°。三相步进电动机除了单三拍通电方式外，还有三相六拍通电方式和双三拍通电方式。三相六拍的通电顺序为 $A \rightarrow AB \rightarrow B \rightarrow BC \rightarrow C \rightarrow CA \rightarrow A$ 或 $A \rightarrow AC \rightarrow C \rightarrow CB \rightarrow B \rightarrow BA \rightarrow A$。双三拍通电顺序为 $AB \rightarrow BC \rightarrow CA \rightarrow AB$。实际使用中，单三拍通电方式由于在切换时一相绕组断电，而另一相绕组开始通电，容易造成失步。此外，由单一绕组通电吸引转子也容易使转子在平衡位置附近产生振荡，运行的稳定性较差，所以很少使用，通常使用双三拍通电方式。另外，上述结构的反应式步进电动机的步距角较大，如在数控机床中应用就会影响到加工精度。实际中采用的是小步距角的步进电动机。

综上所述，可以得到如下结论：

（1）步进电动机定子绕组的通电状态每改变一次，它的转子便转过一个确定的角度，即步距角 α。

（2）改变步进电动机定子绕组的通电顺序，转子的旋转方向随之改变。

（3）步进电动机定子绕组通电状态的改变速度越快，其转子旋转的速度越快，即通电状态的变化频率越高，转子的转速越高。

（4）步进电动机步距角 α 与定子绕组的相数 m、转子的齿数 z、通电方式 k 有关，可用式（3-1）表示。

$$\alpha = \frac{360}{mzk} \tag{3-1}$$

式中，m 相 m 拍时，$k=1$；m 相 $2m$ 拍时，$k=2$，如三相三拍，$k=1$，三相六拍，$k=2$。

对于图3-1所示的单定子、径向分相、磁阻式步进电动机，当它以三相三拍通电方式工作时，其步距角为：

$$\alpha = \frac{360}{mzk} = \frac{360}{3 \times 4 \times 1} = 3°$$

若按三相六拍通电方式工作，则步距角为：

$$\alpha = \frac{360}{mzk} = \frac{360}{3 \times 4 \times 2} = 3°$$

3.2.1.3 步进电动机的特点

（1）步进电动机受脉冲的控制，其转子的角位移量和转速严格地与输入脉冲的数量和脉冲频率成正比，没有累积误差。控制输入步进电动机的脉冲数就能控制位移量；改变通电频率就可改变电动机的转速。

（2）当停止送入脉冲，只要维持控制绕组的电流不变，电动机便停在某一位置上不动，不需要机械制动。

（3）改变通电顺序可改变步进电动机的旋转方向。

（4）步进电动机的缺点是效率低，拖动负载的能力不大，脉冲当量（步距角）不能太大，调速范围不大，最高输入脉冲频率一般不超过18kHz。

3.2.1.4 步进电动机的主要特性

（1）步距角。步进电动机的步距角是步进电动机定子绕组的通电状态每改变一次，转子转过的角度，它是决定步进伺服系统脉冲当量的重要参数。数控机床中常见的磁阻式步进电动机的步距角一般为 0.5°～3°。步距角越小，数控机床的控制精度越高。

（2）矩角特性。当步进电动机不改变通电状态时，转子处在不动状态，即静态。如果在电动机轴上加一个负载转矩，则步进电动机转子就要转过一个角度 θ，此时转子上受到的电磁转矩 T 和负载转矩相等，称 T 为静态转矩，转过的角度 θ 称为失调角。步进电动机的静态转矩和失调角之间的关系称为矩角特性，近似于正弦曲线，如图 3-2 所示。曲线上峰值所对应的转矩为最大静态转矩，用 T_{max} 表示，它表示步进电动机承受负载的能力。在静态稳定区内，在外加转矩消除后，转子在电磁转矩的作用下，仍能回到原来的平衡点。

（3）启动转矩。图 3-3 所示为三相步进电动机的矩角特性曲线，A 相和 B 相的矩角特性曲线的交点所对应的力矩 T_q 是电动机运行状态的最大启动转矩。当负载力矩 T_L 小于 T_q 时，电动机才能正常启动运行，否则，将造成失步，电动机也不能正常启动。一般地，随着电动机相数的增加，由于矩角特性曲线变密，相邻两矩角特性曲线的交点上移，会使 T_q 增加；改变 m 相 m 拍通电方式为 m 相 $2m$ 拍通电方式，同样会使 T_q 得以提高。

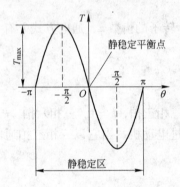

图 3-2　步进电动机的矩角特性

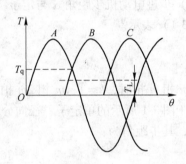

图 3-3　步进电动机的矩角特性曲线

（4）空载启动频率 f_q。步进电动机在空载情况下，不失步启动所能允许的最高频率称为空载启动频率。在有负载情况下，不失步启动所能允许的最高频率将大大降低。为了防止步进电动机失步，电动机的启动频率不应过高，启动后再逐渐升高脉冲频率。

（5）运行矩频特性与动态转矩。在步进电动机正常运转时，若输入脉冲的频率逐渐增加，则电动机所能带动的负载转矩将逐渐下降，如图 3-4 所示，图中的曲线称为步进电动机的矩频特性曲线。可见，矩频特性曲线是描述步进电动机连续稳定运行时输出转矩与运行频率之间关系的曲线。

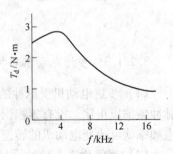

图 3-4　步进电动机的
矩频特性曲线

该特性曲线上每一频率 f 所对应的转矩为动态转矩 T_d。可见，动态转矩的基本趋势是随连续运行频率的增大而降低。

3.2.2　步进电动机的控制

步进电动机由于采用脉冲方式工作，且各相需按一定规律分配脉冲。因此，在步进电动机控制系统中，需要脉冲分配逻辑和脉冲产生逻辑；而脉冲的多少需要根据控制对象的运行轨迹计算得到，因此还需要插补运算器；数控机床所用的功率步进电动机要求控制驱动系统必须有足够的驱动功率，所以还要求有功率驱动部分；为了保证步进电动机不失步地起停，要求控制系统具有升降速控制环节。

除了上述各环节之外，步进电动机控制系统还有和键盘、纸带阅读机、显示器等输入、输出设备的接口电路及其他附属环节；在闭环控制系统中，还有检测元件的接口电路。在早期的数控系统中，上述各环节都是由硬件完成的。但目前的机床数控系统，由于采用了小型和微型计算机控制，上述很多控制环节，如升降速控制、脉冲分配、脉冲产生、插补运算等都可以由计算机完成，使步进电机控制系统的硬件电路大为简化。图 3-5 为用微型计算机控制步进电动机的控制系统框图，图中 MPU 为微处理器，是整个 CNC 系统的核心，通过总线控制整个系统的各功能部件。

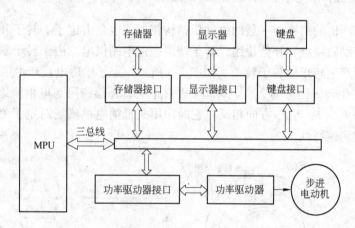

图 3-5 步进电动机的 CNC 系统框图

控制系统中的键盘用于向计算机输入和编辑控制代码程序，输入的代码由计算机解释。显示器用于显示控制对象的运动坐标值、故障报警、工作状态及编程代码等各种信息。存储器用来存放监控程序、解释程序、插补运算程序、故障诊断程序、脉冲分配程序、键盘扫描程序、显示驱动程序及用户控制代码程序等。功率驱动器将计算机送来的脉冲进给功率放大，以驱动步进电动机带动负载运行。

计算机控制系统中，除了上述环节外，还有各种控制按键及其接口电路（如急停控制、手动输入控制、行程开关接口等）和继电器、电磁阀控制接口等。在复杂的 CNC 系统中，还可能有纸带阅读机接口、纸带穿孔机接口、位置检测元件输入接口、位置编码器及接口等。

CNC 系统由于硬件电路大为简化，其可靠性大大提高，而且使用灵活方便。但由于很多功能由软件来完成，所以它对计算机字长和运算速度有一定的要求。目前，由于微型计算机运算速度的提高（如 MCS-51 系列单片机主频可达 12MHz，执行一条单字节指令只需 1s），因此，在机床的简易数控中，采用 8 位 MCS-51 单片机已能满足要求。但在多坐标（如 4 坐标、5 坐标等）控制系统及连续轮廓控制系统中，8 位 MPU 的速度仍显得不够，这时可采用如下方法：

（1）选用高速 16 位（如 Intel 8086/8088、Z8000 及 MCS-8098 系列单片机）和 32 位微处理器。

（2）适当配置一些如脉冲分配器和细插补运算器等硬件电路，以减轻 MPU 的负担。

（3）采用多微处理器结构，各种任务可分别由不同的微处理器来完成。

3.3　直流伺服驱动系统

3.3.1　直流伺服电动机

直流伺服电动机具有良好的启动、制动和调速特性，可很方便地在宽范围内实现平滑无级调速，故多采用在对伺服电动机的调速性能要求较高的生产设备中。

3.3.1.1　直流伺服电动机的结构和工作原理

直流伺服电动机的结构与一般的电动机结构相似，也是由定子、转子和电刷等部分组成，在定子上有励磁绕组和补偿绕组，转子绕组通过电刷供电。由于转子磁场和定子磁场始终正交，因而产生转矩使转子转动。如图 3-6 所示，定子励磁电流产生定子电势 F_s，转子电枢电流 i_a 产生转子磁势为 F_r，F_s 和 F_r 垂直正交，补偿磁阻与电枢绕组串联，电流 i_a 又产生补偿磁势 F_c，F_c 与 F_r 方向相反，它的作用是抵消电枢磁场对定子磁场的扭斜，使电动机有良好的调速特性。

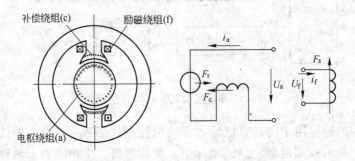

图 3-6　直流伺服电动机的结构和工作原理

永磁直流伺服电动机的转子绕组是通过电刷供电，并在转子的尾部装有测速发电机和旋转变压器（或光电编码器），它的定子磁极是永久磁铁。稀土永磁材料有很大的磁能积和极大的矫顽力，把永磁材料用在电动机中不但可以节约能源，还可以减少电动机发热，减少电动机体积。永磁直流伺服电动机与普通直流电动机相比，有更高的过载能力、更大的转矩转动惯量比、调速范围大等优点。因此，永磁式直流伺服电动机曾广泛应用于数控机床进给伺服系统。由于近年来出现了性能更好的、转子为永磁铁的交流伺服电动机，永磁直流电动机在数控机床上的应用才越来越少。

3.3.1.2　直流伺服电动机的机械特性

A　静态特性

一般直流电动机的工作原理是建立在电磁力定律基础上，由励磁绕组和磁极建立磁场，通过导体（电枢磁绕）切割磁力线产生电磁转矩，转矩的大小正比于电动机中气隙磁场和电枢电流。电磁转矩由式（3-2）表示。

$$T = K_T \Phi I_a \tag{3-2}$$

式中　T——电磁转矩；

　　　K_T——转矩常数；

　　　Φ——磁场磁通；

　　　I_a——电枢电流。

电枢回路的电压平衡方程式为：

$$U_a = I_a R_a + E_a \tag{3-3}$$

式中　U_a——电枢上的外加电压；

　　　R_a——电枢电阻；

　　　E_a——电枢反电势。

电枢反电势与转速之间有以下关系：

$$E_a = K_e \Phi n \tag{3-4}$$

式中　K_e——电枢常数；

　　　n——电动机转速（角速度）。

根据式(3-2)~式(3-4)可以求得：

$$n = \frac{U_a}{K_e \Phi} - \frac{R_a}{K_e K_T \Phi^2}T \tag{3-5}$$

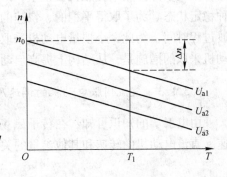

图 3-7　机械特性

式(3-5)表明了电动机转速与电磁力矩的关系，此关系为电动机的机械特性，其函数如图 3-7 所示。

在理想的空载情况下，即电磁转矩 $T = 0$ 时，可得：

$$n_0 = \frac{U_a}{K_e \Phi} \tag{3-6}$$

式中，n_0 为理想空载转速。

当转速 n 为零时，则

$$T = T_s = \frac{U_a}{R_e}K_T \Phi \tag{3-7}$$

式中，T_s 为启动转矩，又称堵转转矩。

电动机机械特性的函数线的斜率为：

$$\tan\beta = \frac{\Delta n}{\Delta T} = \frac{R_a}{K_e K_T \Phi^2} \tag{3-8}$$

它表明了电动机机械特性的软硬程度，β 角越小，说明转速 n 随转矩 T 的变化越小，即机械特性比较硬；β 角越大，说明转速随转矩的变化越大，即机械特性比较软。从电动机控制的角度，希望机械特性硬些好。

tanβ 与电枢电压无关，如果改变电枢电压 U_a，可得到一组平行直线，如图 3-7 所示。由图可见，提高电枢电压，机械特性直线平行上移。在相同转矩时，电枢电压越高，静态转速越高。

B 动态特性

电动机处于过渡过程工作状态时，其动态特性直接影响生产率、加工精度及表面质量。直流伺服电动机有优良的动态品质。直流电动机的动态力矩平衡方程式为：

$$T_M - T_L = J\frac{d\omega}{dt} \tag{3-9}$$

式中 T_M——电动机电磁转矩；
T_L——折算到电动机轴上的负载转矩；
J——电动机转子上总转动惯量；
ω——电动机转子角速度；
t——时间自变量。

式（3-9）表明动态过程中，电动机由直流电能转换来的电磁转矩 T_M 克服负载转矩后，其剩余部分用来克服机械惯量，产生加速度，以使电动机由一种稳定状态过渡到另一种稳定状态。为了取得平稳的、快速的、无振荡的、单调上升的转速过渡过程，要减少过渡过程时间，为此，小惯量电动机采取的措施是，从结构上减小其转动惯量 J；大惯量电动机采取的措施是，从结构上提高启动转矩 T_s。

3.3.1.3 直流伺服电动机的调速原理和常用的调速方法

由电工学的知识可知：在转子磁场不饱和的情况下，改变电枢电压即可改变转子转速。直流电动机的转速和其他参量的关系可用式（3-10）表示。

$$n = \frac{U - IR}{K_e\Phi} \tag{3-10}$$

式中 n——转速，r/min；
U——电枢电压，V；
I——电枢电流，A；
R——电枢回路总电阻，Ω；
Φ——励磁磁通，Wb；
K_e——由电动机结构决定的电动势常数。

根据上述关系式，实现电动机调速的主要方法有 3 种。

（1）调节电枢供电电压 U：此方法可得到调速范围较宽的恒转矩特性，适用于进给驱动及主轴驱动的低速段。

（2）减弱励磁磁通 Φ：此方法可得到恒功率特性，适用于主轴电动机的高速段。

（3）改变电枢回路的电阻 R：此方法得到的机械特性较软，一般应用于少数小功率场合。

对于要求在一定范围内无级平滑调速的系统来说，以改变电枢电压的方式最好；改变电枢回路电阻只能实现有级调速，调速平滑性比较差；减弱磁通，虽然具有控制功率小和能够平滑调速等优点，但调速范围不大，往往只是配合调压方案，在基速（即电动机额定转速）以上做小范围的升速控制。因此，直流伺服电动机的调速主要以电枢电压调速为主。

3.3.2 直流伺服驱动系统介绍

伺服驱动系统的主要作用是把来自 CNC 装置的信号进行功率放大，以驱动伺服电动机转动，并根据来自 CNC 装置的信号指令调节伺服电动机的速度。直流伺服驱动系统的一般结构如图 3-8 所示。直流伺服驱动装置一般采用调压调速方式。按功率放大元件的不同它可分为晶闸管（SCR）直流伺服驱动系统和晶体管脉宽调制（PWM）直流伺服驱动系统两大类。

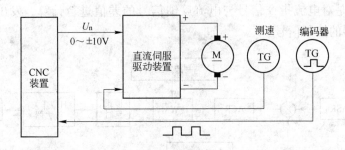

图 3-8　伺服驱动系统结构图

3.3.2.1　晶闸管（SCR）调速系统

晶闸管，又称可控硅，是一种大功率半导体器件，由阳极 A、阴极 K 和控制极 G（又称门极）组成。当阳极与阴极间施加正电压且控制极出现触发脉冲时，可控硅导通。触发脉冲出现的时刻称为触发角 α。控制触发角 α 即可控制可控硅的导通时间，从而达到控制电压的目的。

图 3-9 所示为 FANUC SCR-D 晶闸管双闭环调速系统框图。该系统由电流环、速度环双环组成。图中 I_R 为电流环的参考值，来自速度调节器的输出。I_f 为电流环的反馈值，由电流传感器取自电动机的电枢回路。SCR 为晶闸管整流功率放大器。U_R 为数控装置经 D/A 变换后输出的模拟量参考值。U_f 为速度反馈值。

当给定的速度指令信号增大时，调节器输入端会有较大的偏差信号，放大器的输出信

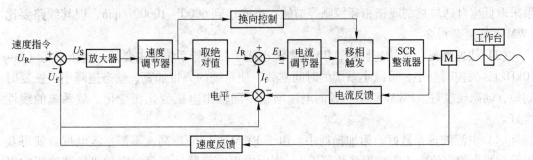

图 3-9　典型晶闸管双闭环调速系统框图

号随之加大，触发脉冲前移，整流器输出电压提高，电动机转速相应上升；同时，测速发电机输出电压增加，反馈到输入端使偏差信号减小，电动机转速上升减慢，直到速度反馈值等于或接近于给定值时，系统达到新的平衡。

3.3.2.2　晶体管脉宽调速（PWM）系统

脉宽调速系统是利用脉宽调制器对大功率晶体管的开关时间进行控制，将直流电压转换成某一频率的方波电压，加到电动机电枢的两端，通过对方波脉冲宽度的控制，改变电枢两端的平均电压，进而控制电动机的转速。PWM 调速系统主要采用了转速电流双闭环的系统结构，如图 3-10 所示。图中 ASR 为速度调节器，其作用是对 CNC 发过来的速度指令信号与速度反馈信号的差值（即跟随误差）进行计算，并发出调节信号。ACR 为电流调节器，其作用是对电流指令信号与电流反馈信号的差值进行计算，发出调节信号作为 PWM 脉宽调制器的控制信号。

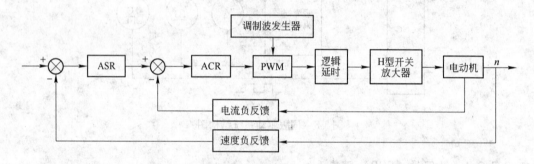

图 3-10　直流脉宽调速系统结构框图

PWM 驱动装置与一般晶闸管驱动装置相比较具有以下特点。

（1）需用的大功率可控器件少，线路简单。例如，在不可逆无制动 PWM 驱动装置中仅用一个大功率晶体管，而在晶闸管驱动装置中至少要用 3 个晶闸管（指三相）；在可逆桥式 PWM 驱动装置中仅用 4 个大功率晶体管，而晶闸管驱动装置中至少要用 6 个，因此 PWM 驱动装置简化了系统的功率转换电路及其驱动电路，使得晶体管 PWM 驱动装置的线路较晶闸管驱动装置的简单。

（2）调速范围宽。PWM 驱动装置与宽调速直流伺服电动机配合，可获得 6000 ~ 10000r/min 的调速范围，而一般晶闸管驱动装置的调速范围仅能达到 100 ~ 150r/min，如果采取低速自适应控制或锁相环控制等措施，也能达到 6000 ~ 10000r/min，但其线路要比 PWM 系统复杂得多。

（3）快速性好。在快速性上，PWM 系统也优于晶闸管系统，主要是调制频率高（1 ~ 10kHz），失控时间小，可减小系统的时间常数，使系统的频带加宽，动态速降小，恢复时间短，动态硬度好。PWM 驱动装置的电压增益不随输出电压变化而变化，故系统的线性度好。

（4）电流波形系数好，附加损耗小。由于 PWM 调制频率高，不需平波电抗器就可获得脉动很小的直流电流，波形系数等于 1，因而电枢电流脉动分量对电动机转速的影响以及由它引起的附加损耗都小。

（5）功率因数高，对用户有利。PWM 驱动装置是把交流电经全波整流成一个固定的直流电压，再对它进行脉宽调制，因而交流电源的功率因数高，系统工作对电网干扰小。在一个多轴机床上，可将几套 PWM 驱动装置组合为一个单元，其公共组件、电源供给及某些控制线路可以公用。

3.4 交流伺服驱动系统

3.4.1 交流伺服电动机

由于直流伺服电动机具有良好的调速性能，因此长期以来，在调速性能要求较高的场合，直流电动机调速系统一直占据主导地位。但由于其电刷和换向器易磨损，需要经常维护，并且有时换向器换向时产生火花，电动机的最高速度受到限制，且直流伺服电动机结构复杂，制造困难，所用铜铁材料消耗大，成本高，所以在使用上受到一定的限制。由于交流伺服电动机无电刷，结构简单，转子的转动惯量较直流电动机小，使得动态响应好，且输出功率较大（较直流电动机提高 10% ~70%），因此在有些场合，交流伺服电动机已经取代了直流伺服电动机，并且在数控机床上得到了广泛的应用。

3.4.1.1 交流伺服电动机的类型

交流伺服电动机分为永磁式交流伺服电动机和感应式交流伺服电动机。永磁式交流电动机相当于交流同步电动机，其具有硬的机械特性及较宽的调速范围，常用于进给系统；感应式电动机相当于交流感应异步电动机，它与同容量的直流电动机相比，重量可轻 1/2，价格仅为直流电动机的 1/3，常用于主轴伺服系统。下面简要介绍一下永磁交流伺服电动机。

永磁交流伺服电动机即同步型交流伺服电动机，它是一台机组，由永磁同步电动机、转子位置传感器、速度传感器等组成。

A 结构

如图 3-11 所示，永磁同步电动机主要由 3 部分组成：定子、转子和检测元件（转子

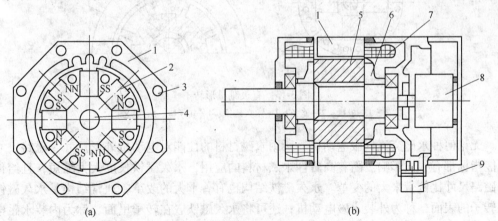

图 3-11 永磁交流伺服电动机的结构

（a）永磁交流伺服电动机横剖面；（b）永磁交流伺服电动机纵剖面

1—定子；2—永久磁铁；3—轴向通风孔；4—转轴；5—转子；6—压板；

7—定子三相绕组；8—脉冲编码器；9—出线盒

位置传感器和测速发电动机）。其中定子有齿槽，内有三相绕组，形状与普通异步电动机的定子相同。但其外圆多呈多边形，且无外壳，以利于散热，避免电动机发热对机床精度造成影响。

图 3-12 所示的切向式转子，由多块永久磁铁 2 和铁芯 1 组成。此结构气隙磁密度较高，极数较多，同一种铁芯和相同的磁铁块数可以装成不同的极数。

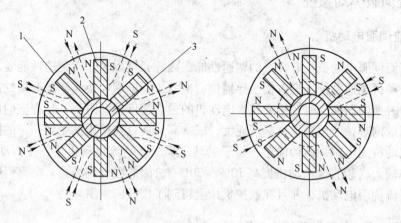

图 3-12　永磁转子（切向式）
1—铁芯；2—永久磁铁；3—非磁性套筒

还有一类称为有极靴星形的转子，如图 3-13 所示，这种转子可采用矩形磁铁或整体星形磁铁构成。

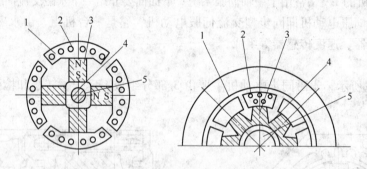

图 3-13　有极靴星形转子
1—极靴；2—笼条；3—永久磁铁；4—转子轭；5—转轴

无论何种永磁交流伺服电动机，所用永磁材料的性能对电动机外形尺寸、磁路尺寸和性能指标都有很大影响。随着高磁性永磁材料的应用，永久磁铁长度大大缩短，且给传统的磁路尺寸比例带来大的变革。永久磁铁结构也有着重大的改革，通常结构是永久磁铁装在转子的表面，称为外装永磁电动机；还可将永久磁铁嵌在转子里面，称为内装永磁电动机。后者结构更加牢固，允许在更高转速下运行，有效气隙小，电枢反应容易控制，电动机采用凸极转子结构。

转子的结构不同，所用的永磁材料也不同。例如，星形转子只适合用铝镍钴等剩磁感应较高的永磁材料，而切向式永磁转子适宜用铁氧体或稀土钴合金制造。

B 工作原理

图 3-14 所示是永磁交流伺服电动机工作原理简图，图中只画了一对永磁转子。当同步电动机的定子绕组接通交流电流后，产生一个旋转磁场，该旋转磁场以同步转速 n_s 逆时针方向旋转。根据磁极的同性相斥，异性相吸的原理，定子旋转磁极与转子的永磁磁极互相吸引，带动转子一起同步旋转。当转子加上负载转矩，转子磁极轴线将落后定子磁场轴线一个 θ 角。当负载转矩增加时，θ 角也随之增大，当负载转矩减小时，θ 角也减小。只要不超过一定限度，转子始终跟着定子的旋转磁场以恒定的同步转速 n_s 旋转。当负载转矩超过一定的限度，则电动机就会失步，即不再按同步转速运行甚至最后会停转。这个最大限度的转矩称为最大同步转矩。因此，使用永磁式同步电动机时，负载转矩不能大于最大同步转矩。

C 永磁同步伺服电动机的性能

(1) 转矩-速度工作曲线。如图 3-15 所示，在连续工作区内，速度和转矩的任意组合都可长时间连续工作，但连续工作区的划分受到电动机工作温度的限制。在断续工作区内，电动机只允许短时间工作或周期间歇工作，断续工作区的极限一般受到电动机供电电压的限制。

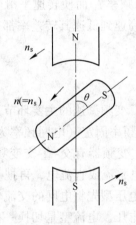

图 3-14 永磁交流伺服电动机的工作原理图

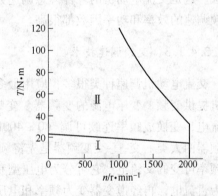

图 3-15 永磁同步电动机工作曲线

Ⅰ—连续工作区；Ⅱ—断续工作区

交流伺服电动机的机械特性比直流伺服电动机的机械特性要硬，其直线更接近水平线。另外，断续工作区范围更大，尤其在高速区，这有利于提高电动机的加、减速能力。

(2) 高可靠性。用电子逆变器取代了直流电动机的换向器和电刷，工作寿命由轴承决定。因无换向器及电刷，省去了此项目的保养和维修。

(3) 主要损耗在定子绕组与铁芯上，故散热容易。而直流电动机主要损耗在转子上，散热困难。

(4) 转子惯量小，其结构允许高速工作。

(5) 体积小，质量小。

3.4.1.2 交流伺服电动机调速原理

由电动机学基本原理可知，交流电动机的同步转速 n_0(r/min) 为：

$$n_0 = \frac{60f_1}{P} \qquad\qquad (3\text{-}11)$$

异步电动机的转速 $n(\mathrm{r/min})$ 为

$$n = \frac{60f_1}{P}(1 - S) = n_0(1 - S) \qquad\qquad (3\text{-}12)$$

式中　f_1——定子供电频率，Hz；

　　　P——电动机定子绕组磁极对数；

　　　S——转差率。

由式(3-11)和式(3-12)可见，要改变电动机转速，可采用以下几种方法。

(1) 改变磁极对数 P 调速：这是一种有级的调速方法。它通过对定子绕组接线的切换以改变磁极对数调速。

(2) 改变转差率调速：这实际上是对异步电动机转差功率的处理而获得的调速方法。改变转差率的常用方法有降低定子电压调速、电磁转差离合器调速、线绕式异步电动机转子串电阻调速或串级调速等。

(3) 变频调速：变频调速是平滑改变定子供电电压频率 f_1 而使转速平滑变化的调速方法。这是交流电动机的一种理想调速方法。电动机从高速到低速其转差率都很小，因而变频调速的效率和功率因数都很高。

3.4.1.3　变频调速技术

交流电动机调速种类很多，应用最多的是变频调速。变频调速的主要环节是为交流电动机提供变频、变压电源的变频器。变频器的功用是将频率固定（电网频率为 50Hz）的交流电，变换成频率连续可调（0～400Hz）的交流电。变频器有交-直-交变频器与交-交变频器两大类。交-直-交变频器是先将频率固定的交流电整流成直流电，再把直流电逆变成频率可变的交流电。它可分为电压型和电流型两类。电压型先将电网的交流电经整流器变为直流电，再经逆变器变为频率和电压都可变的交流电压。电流型是切换一串方波，方波电流供电，用于大功率。交-交变频器不经过中间环节，把频率固定的交流电直接变换成频率连续可调的交流电。因只需一次电能转换，效率高，工作可靠，但是频率的变化范围有限。交-直-交变频器，虽需两次电能的变换，但频率变化范围不受限制。目前对于中小功率电动机，用得最多的是电压型交-直-交变频器，如 SPWM 变频器。

SPWM 变频器，即正弦波 PWM 变频器，它是 PWM 型变频器调制方法的一种，属于交-直-交静止变频装置。它先将 50Hz 交流电经整流变压器变到所需电压后，经二极管整流和电容滤波，形成恒定直流电压，再送入 6 个大功率晶体管构成的逆变器主电路，输出三相频率和电压均可调整的等效于正弦波的脉宽调制波（SPWM 波），即可拖动三相异步电动机运转。

图 3-16 所示为 SPWM 变频器控制电路图。正弦波发生器接收经过电压、电流反馈调节的信号，输出一个具有与输入信号相对应频率和幅值的正弦波信号，此信号为调制信号。三角波发生器输出的三角波信号称为载波信号。调制信号与载波信号相比较，输出的信号作为逆变器功率管的输入信号。

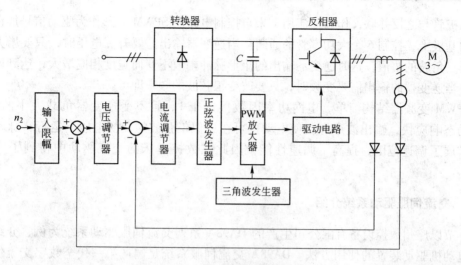

图 3-16　SPWM 变频器控制电路图

当 SPWM 的控制信号为幅值和频率均可调的正弦波，载波信号为三角波，输出的信号是幅值与频率均可调的等幅不等宽的脉冲序列，其等效于正弦波的脉宽调制波，如图 3-17 所示。

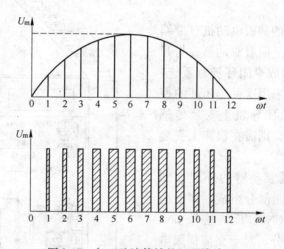

图 3-17　与正弦波等效的矩形脉冲列

图 3-18 所示为双极型 SPWM 的通用主回路。$VT_1 \sim VT_6$ 为 6 个大功率晶体管，并各有

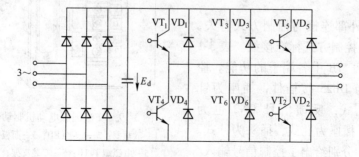

图 3-18　双极型 SPWM 通用主回路

一个二极管与之反并联，作为续流用。来自控制电路的 SPWM 波形作为驱动信号加在各功率管的基极上，控制 6 个大功率管的通断。当逆变器输出需要升高电压时，只要增大正弦波相对三角波的幅值，这时逆变器输出的矩形脉冲幅值不变而宽度相应增大，达到调压的目的。当逆变器的输出需要变频时，只要改变正弦波的频率即可。

SPWM 变频器结构简单，电网功率因数接近于 1，且不受逆变器负载大小的影响，系统动态响应快，输出波形好，使电动机可在近似正弦波的交变电压下运行，脉动转矩小，扩展了调速范围，提高了调速性能，因此在数控机床的交流驱动中得到了广泛的应用。

3.4.2　交流伺服驱动系统介绍

本节以广州数控设备有限公司生产的 DA98A 系列交流伺服驱动系统为例，介绍交流伺服电动机驱动装置的使用方法。DA98A 交流伺服系统是国产第一代全数字交流伺服系统。它采用美国 TI 公司最新数字信号处理器 DSP（TMS320F2407A）、大规模可编程门阵列（CPLD）和 MITSUBISHI 智能化功率模块（IPM），具有集成度高、体积小、保护完善、可靠性好等优点。它采用最优 PID 算法完成 PWM 控制，性能已达到国外同类产品的水平。

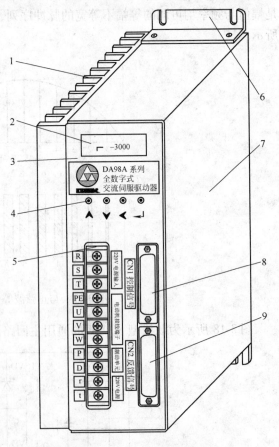

DA98A 交流系统的伺服电动机自带编码器，位置信号反馈至伺服驱动器，与开环位置控制器一起构成半闭环控制系统。目前许多数控机床均采用这种半闭环的控制方式，而无需在机床导轨上安装传感器。若需全闭环控制，则需在机床上安装光栅等传感器。

交流伺服电动机驱动器的外观如图 3-19 所示，其面板由四部分组成，即电源端子 TB、控制信号 CN1、反馈信号 CN2 以及工作状态显示部分。对于交流伺服电动机的用户来说，应重点掌握这几部分的含义及与电动机的连接方式，下面重点介绍这些内容。

驱动器的外部连接与控制方式有关，图 3-20 为位置控制方式标准接线。表 3-1 给出了电源端子 TB 中各端子的功能。控制信号 CN1 为 DB25 接插件，插座为针式，插头为孔式；反馈信号 CN2 也为 DB25 接插件，插座为孔式，插头为针式。表 3-2 和表 3-3 分别给出了控制信号输入/输出端子 CN1 各脚号的意义及编码器信号

图 3-19　交流伺服电动机驱动器外形图

1—散热器；2—6 位 LED；3—面板；4—按键；
5—电源端子 TB；6—安装支架；7—机箱；
8—信号端子 CN1；9—反馈端子 CN2

输入/输出端子 CN2 各脚号的意义。其具体接线的方式可参见标准接线图 3-20。

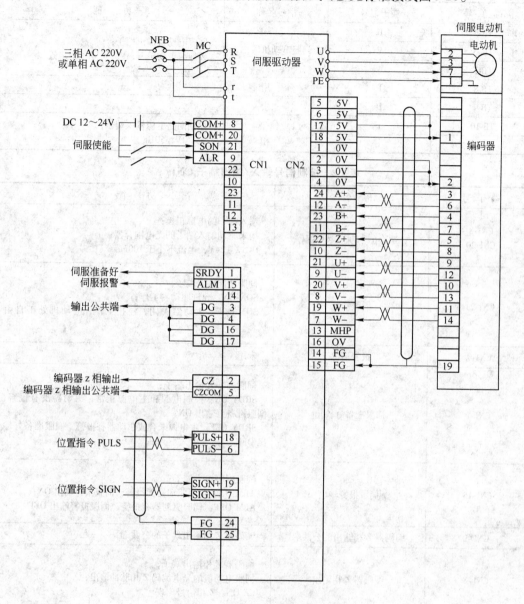

图 3-20 位置控制方式标准接线

表 3-1 电源端子 TB

端子号	端子记号	信号名称	功能
TB-1	R	主回路电源 单相或三相	主回路电源输入端子； ≈220V，50Hz； 注意：不要同电动机输出端子 U、V、W 连接
TB-2	S		
TB-3	T		
TB-4	PE	系统接地	接地端子； 接地电阻小于 100Ω； 伺服电动机输出和电源输入公共一点接地

续表 3-1

端 子 号	端子记号	信号名称	功　　能
TB-5	U	伺服电动机输出	伺服电动机输出端子；必须与电动机 U、V、W 端子对应连接
TB-6	V		
TB-7	W		
TB-8	P	备　用	
TB-9	D	备　用	
TB-10	r	控制电源单相	控制回路电源输入端子；≈220V，50Hz
TB-11	t		

表 3-2　控制信号输入/输出端子 CN1

端 子 号	信号名称	功　　能
CN1-8 CN1-20	输入端子的电源正极	输入端子的电源正极；用来驱动输入端子的光电耦合器；DC12～24V，电流不小于 100mA
CN1-21	伺服使能	伺服使能输入端子；SON ON：允许驱动器工作；SON OFF：驱动器关闭，停止工作，电动机处于自由状态
CN1-9	报警清除	未用
CN1-1	伺服准备好输出	伺服准备好输出端子；SRDY ON：控制电源和主电源正常，驱动器没有报警，伺服准备好输出 ON；SRDY OFF：主电源未合或驱动器有报警，伺服准备好输出 OFF
CN1-15	伺服报警输出	伺服报警输出端子；ALM ON：伺服驱动器无报警，伺服报警输出 ON；ALM OFF：伺服驱动器有报警，伺服报警输出 OFF
CN1-5	编码器 Z 相输出的公共端	编码器 Z 相输出端子的公共端
CN1-2	编码器 Z 相输出	编码器 Z 相输出端子；伺服电动机的光电编码 Z 相脉冲输出；CZ ON：Z 相信号出现
CN1-3 CN1-4 CN1-16 CN1-17	输出端子的公共端	控制信号输出端子（除 CZ 外）的地线公共端
CN1-18 CN1-6	指令脉冲，PLUS 输入	外部指令脉冲输入端子
CN1-19 CN1-7	指令脉冲，SIGN 输入	
CN1-24 CN1-25	屏蔽地线	屏蔽地线端子

表 3-3 编码器信号输入/输出端子 CN2

端子号	信号名称	功　能
CN2-5 CN2-6 CN2-17 CN2-18	电源输出 +	伺服电动机光电编码器用 +5V 电源； 电缆长度较长时，应使用多根芯线并联
CN2-1 CN2-2 CN2-3 CN2-4 CN2-16	电源输出 −	
CN2-24	编码器 A + 输入	与伺服电动机光电编码器 A + 相连接
CN2-12	编码器 A − 输入	与伺服电动机光电编码器 A − 相连接
CN2-23	编码器 B + 输入	与伺服电动机光电编码器 B + 相连接
CN2-11	编码器 B − 输入	与伺服电动机光电编码器 B − 相连接
CN2-22	编码器 Z + 输入	与伺服电动机光电编码器 Z + 相连接
CN2-10	编码器 Z − 输入	与伺服电动机光电编码器 Z − 相连接
CN2-21	编码器 U + 输入	与伺服电动机光电编码器 U + 相连接
CN2-9	编码器 U − 输入	与伺服电动机光电编码器 U − 相连接
CN2-20	编码器 V + 输入	与伺服电动机光电编码器 V + 相连接
CN2-8	编码器 V − 输入	与伺服电动机光电编码器 V − 相连接

表 3-2 中一些信号的说明如下。

（1）伺服使能信号 SON(CN1-21)。伺服使能输入端子，当允许驱动器工作时，SON 的状态显示为 ON；当驱动器关闭，SON 的状态显示为 OFF，这时驱动器停止工作，电动机处于自由状态。需要注意两点：

1）从 SON OFF 打到 SON ON 前，电动机必须是静止的。

2）打到 SON ON 后，至少要等待 50ms 再输入命令。

（2）伺服准备好输出信号 SRDY(CN1-1)。伺服准备好输出端子，当控制电源和主电源正常时，驱动器没有报警，伺服准备好输出 ON；当主电源未合或驱动器有报警，伺服准备好输出 OFF。

（3）伺服报警输出信号 ALM(CN1-15)。伺服报警输出端子，当伺服驱动器无报警，伺服报警输出 ON；当伺服驱动器有报警，伺服报警输出 OFF。

（4）编码器 Z 相输出信号 CZ(CN1-2)。编码器 Z 相输出端子，表示伺服电动机的光电编码 Z 相脉冲输出。当 Z 相信号出现时，CZ 输出 ON。

一些厂家的交流伺服驱动器（如 Panasonic 的全数字式交流伺服驱动器）还带有 RS-232C 串行接口，通过该接口可将计算机与交流伺服驱动器相连，并且由计算机对交流伺服驱动器进行控制和操作。用户可以通过计算机对所连的交流伺服驱动器进行参数设置和修改，也可以通过计算机的 CRT 来监视交流伺服驱动器的工作状况。

3.5 位置检测装置

3.5.1 概述

位置检测装置是数控机床的重要组成部分。在闭环系统中，它的主要作用是检测位移量，并将发出的反馈信号和数控装置发出的指令信号相比较，若有偏差，经放大后控制执行部件，使其向消除偏差的方向运动直至偏差等于零。闭环控制的数控机床的加工精度主要取决于检测系统的精度。因此，精密检测装置是高精度数控机床的重要保证。一般来说，数控机床上使用的检测装置应满足以下要求：

（1）准确性好，工作可靠，能长期保持精度。

（2）满足速度、精度和机床工作行程的要求。

（3）可靠性好，抗干扰性强，适应机床工作环境的要求。

（4）使用、维护和安装方便，成本低。

通常，数控机床检测装置的分辨率一般为 $0.0001 \sim 0.01\text{mm/m}$，测量精度为 $\pm 0.001 \sim 0.01\text{mm/m}$，能满足机床工作台以 $1 \sim 10\text{m/min}$ 的速度运行。不同类型数控机床对检测装置的精度和适应的速度要求是不同的，对大型机床以满足速度要求为主，对中、小型机床和高精度机床以满足精度要求为主。

表 3-4 是目前数控机床中常用的位置检测装置的分类。

表 3-4 位置检测装置的分类

类 型	数 字 式		模 拟 式	
	增量式	绝对式	增量式	绝对式
回转型	圆光栅	编码器	旋转变压器、圆形磁栅、圆感应同步器	多极旋转变压器
直线型	长光栅、激光干涉仪	编码尺	直线感应同步器、磁栅、容栅	绝对值式磁尺

3.5.2 旋转变压器

旋转变压器是一种角度测量装置，它是一种小型交流电动机。其结构简单，动作灵敏，对环境无特殊要求，维护方便，输出信号幅度大，抗干扰强，工作可靠，广泛应用于数控机床上。

3.5.2.1 旋转变压器的结构

旋转变压器在结构上和两相线绕式异步电动机相似，由定子和转子组成。定子绕组为变压器的原边，转子绕组为变压器的副边。定子绕组通过固定在壳体上的接线柱直接引出。转子绕组有两种不同的引出方式。根据转子绕组两种不同的引出方式，旋转变压器分有刷式和无刷式两种结构。

图 3-21 是有刷旋转变压器。它的转子绕组通过滑

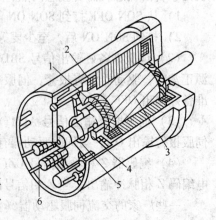

图 3-21 有刷式旋转变压器
1—转子绕组；2—定子绕组；3—转子；
4—整流子；5—电刷；6—接线柱

环和电刷直接引出，其特点是结构简单，体积小，但因电刷与滑环为机械滑动接触，所以可靠性差，寿命也较短。

图 3-22 是无刷式旋转变压器。它没有电刷和滑环，而是由两大部分组成：即旋转变压器本体和附加变压器。附加变压器的原、副边铁芯及其线圈均为环形，分别固定于转子轴和壳体上，径向留有一定的间隙。旋转变压器本体的转子绕组与附加变压器的原边线圈连在一起，在附加变压器原边线圈中的电信号，即转子绕组中的电信号，通过电磁耦合，经附加变压器副边线圈间接地送出去。这种结构避免了有刷旋转变压器电刷与

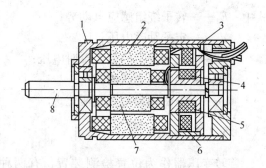

图 3-22 无刷式旋转变压器
1—壳体；2—旋转变压器本体定子；3—附加变压器定子；
4—附加变压器原边线圈；5—附加变压器转子线轴；
6—附加变压器次边线圈；7—旋转变压器
本体转子；8—转子轴

滑环之间的不良接触造成的影响，提高了可靠性和使用寿命长，但其体积、质量和成本均有所增加。

3.5.2.2 旋转变压器的工作原理

旋转变压器是根据互感原理工作的。它的结构保证了其定子和转子之间的磁通呈正（余）弦规律。定子绕组加上励磁电压，通过电磁耦合，转子绕组产生感应电动势。如图 3-23 所示，其所产生的感应电动势的大小取决于定子和转子两个绕组轴线在空间的相对位置。二者平行时，磁通几乎全部穿过转子绕组的横截面，转子绕组产生的感应电动势最大；二者垂直时，转子绕组产生的感应电动势为零。感应电动势随着转子偏转的角度呈正（余）弦变化：

$$E_2 = nu_1\cos\theta = nU_m\sin\omega t\cos\theta \tag{3-13}$$

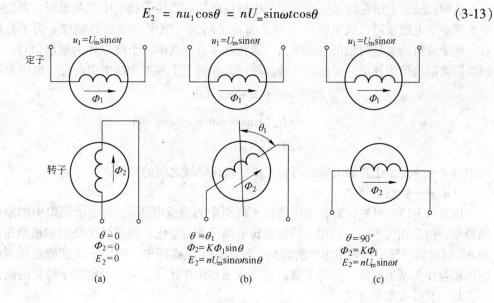

图 3-23 旋转变压器的工作原理

式中　E_2——转子绕组感应电动势；

$\quad\quad u_1$——定子励磁电压；

$\quad\quad U_m$——定子绕组的最大瞬时电压；

$\quad\quad \theta$——两绕组之间的夹角；

$\quad\quad n$——电磁耦合系数变压比。

3.5.2.3　旋转变压器的应用

旋转变压器作为位置检测装置，有两种工作方式：鉴相式工作方式和鉴幅式工作方式。

A　鉴相式工作方式

在鉴相式工作方式下，旋转变压器定子的两相正向绕组（正弦绕组 S 和余弦绕组 C）分别加上幅值相同、频率相同、相位相差90°的正弦交流电压（见图3-24），即

$$u_s = U_m \sin\omega t$$
$$u_c = U_m \cos\omega t \quad\quad\quad (3\text{-}14)$$

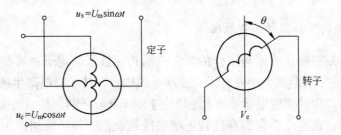

图 3-24　旋转变压器定子两相激磁绕组

这两相励磁电压在转子绕组中会产生感应电压。当转子绕组中接负载时，其绕组中会有正弦感应电流通过，从而会造成定子和转子间的气隙中合成磁通畸变。为了克服该缺点，转子绕组通常是两相正向绕组，二者相互垂直。其中一个绕组作为输出信号，另一个绕组接高阻抗作为补偿。根据线性叠加原理，在转子上的工作绕组中的感应电压为：

$$E_2 = nu_s\cos\theta - nu_c\sin\theta$$
$$= nU_m(\sin\omega t\cos\theta - \cos\omega t\sin\theta)$$
$$= nU_m\sin(\omega t - \theta) \quad\quad\quad (3\text{-}15)$$

式中　θ——定子正弦绕组轴线与转子工作绕组轴线之间的夹角；

$\quad\quad \omega$——励磁角频率。

由式（3-15）可见，旋转变压器转子绕组中的感应电压 E_2 与定子绕组中的励磁电压同频率，但是相位不同，其相位严格随转子偏角 θ 而变化。测量转子绕组输出电压的相位角 θ，即可测得转子相对于定子的转角位置。在实际应用中，把定子正弦绕组励磁的交流电压相位作为基准相位，与转子绕组输出电压相位作比较，从而确定转子转角的位置。

B　鉴幅式工作方式

在鉴幅式工作方式中，旋转变压器定子的两相正向绕组（正弦绕组 S 和余弦绕组 C）

分别加上频率相同、相位相同、幅值分别按正弦和余弦变化的交流电压，即

$$u_s = U_m \sin\theta_电 \sin\omega t$$

$$u_c = U_m \cos\theta_电 \sin\omega t \tag{3-16}$$

式中，$U_m \sin\theta_电$、$U_m \cos\theta_电$ 分别为定子二绕组励磁信号的幅值。定子励磁电压在转子中感应出的电势不但与转子和定子的相对位置有关，还与励磁的幅值有关。

根据线性叠加原理，在转子上的工作绕组中的感应电压为：

$$E_2 = nu_s \cos\theta_机 - nu_c \sin\theta_机$$

$$= nU_m \sin\omega t(\sin\theta_电 \cos\theta_机 - \cos\theta_电 \sin\theta_机) \tag{3-17}$$

$$= nU_m \sin(\theta_电 - \theta_机)\sin\omega t$$

式中 $\theta_机$——定子正弦绕组轴线与转子工作绕组轴线之间的夹角；

$\theta_电$——电气角；

ω——励磁角频率。

当 $\theta_机 = \theta_电$ 时，表示定子绕组合成磁通 Φ 与转子绕组平行，即没有磁力线穿过转子绕组线圈，因此感应电压为 0。当磁通 Φ 垂直于转子线圈平面时，即 $\theta_机 - \theta_电 = \pm90°$ 时，转子绕组中感应电压最大。在实际应用中，根据转子误差电压的大小，不断修正定子励磁信号 $\theta_电$（即励磁幅值），使其跟踪 $\theta_机$ 的变化。

由式（3-17）可知，感应电压 E_2 是以 ω 为角频率的交变信号，其幅值为 $U_m \sin(\theta_机 - \theta_电)$。若电气角 $\theta_电$ 已知，那么只要测出 E_2 的幅值，便可以间接地求出 $\theta_机$ 的值，即可以测出被测角位移的大小。当感应电压的幅值为 0 时，说明电气角的大小就是被测角位移的大小。旋转变压器在鉴幅工作方式时，不断调整 $\theta_电$，让感应电压的幅值为 0，用 $\theta_电$ 代替对 $\theta_机$ 的测量，$\theta_电$ 可通过具体电子线路测得。

3.5.3 感应同步器

3.5.3.1 感应同步器的结构

感应同步器是一种电磁感应式的高精度位移检测装置，由旋转变压器演变而来。感应同步器按运动方式分旋转式和直线式两种。旋转式用于测量角度位移信号，直线式用于测量直线位移信号。两者的工作原理相同。

直线感应同步器由定尺和滑尺两部分组成。定尺与滑尺之间有均匀的气隙，在定尺表面制有连续式单相绕组，绕组节距为 P。滑尺表面制有分段式两相正交绕组（正弦绕组和余弦绕组）。它们相对于定尺绕组在空间错开 1/4 节距（$P/4$），定尺和滑尺的结构示意图如图 3-25 所示。

由于直线式感应同步器一般都用在机床上，为使线膨胀系数一致，定尺和滑尺的基板采用钢板或铸铁制成，经精密的照相腐蚀工艺制成印刷绕组，再在尺子的表面上涂一层保护层。滑尺的表面有时还贴上一层带绝缘的铝箔，以防静电感应。

3.5.3.2 感应同步器的工作原理

感应同步器的工作原理与旋转变压器基本一致。工作时，当在滑尺两个绕组中的任一

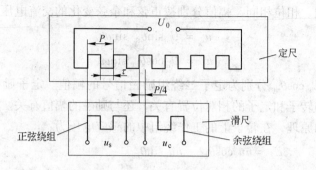

图 3-25　定尺和滑尺绕组示意图

绕组加上励磁电压时，由于电磁感应，在定尺绕组中会感应出相同频率的感应电压，通过对感应电压的测量，可以精确测出位移量。

图 3-26 所示为滑尺在不同的位置时定尺上的感应电压。当定尺与滑尺重合时，如图中的 a 点，此时的感应电压最大。当滑尺相对于定尺平行移动后，其感应电压逐渐变小。在错开 1/4 节距的 b 点，感应电压为零；再继续移至 1/2 节距的 c 点时，感应电压幅值与 a 点相同，但极性相反；在 3/4 节距的 d 点又变为零；当移动到一个节距的 e 点时，电压幅值与 a 点相同。这样，滑尺在移动一个节距的过程中，感应电压变化了一个余弦波形。由此可见，在励磁绕组中加上一定的交变励磁电压，感应绕组中会感应出相同频率的感应电压，其幅值大小随着滑尺移动作余弦规律变化。滑尺移动一个节距，感应电压变化一个周期。感应同步器就是利用感应电压的变化进行位置检测的。

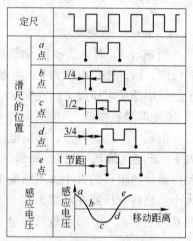

图 3-26　感应同步器的工作原理

3.5.3.3　感应同步器的检测电路

感应同步器作为位置测量装置在数控机床上有两种工作方式：鉴相式和鉴幅式。

（1）鉴相式。在这种工作方式下，给滑尺的正弦绕组和余弦绕组分别通以幅值、频率相同，而相位相差 90° 的交流电压，即

$$\begin{cases} u_s = U_m \sin\omega t \\ u_c = U_m \cos\omega t \end{cases} \tag{3-18}$$

励磁信号将在空间产生一个以 ω 为频率移动的行波。磁场切割定尺导片，并在其中感应出电动势，该电势随着定尺与滑尺相对位置的不同而产生超前或滞后的相位差 θ。根据线性叠加原理，在定尺上的工作绕组中的感应电压为：

$$U_0 = nu_s \cos\theta - nu_c \sin\theta$$

$$= nU_m(\sin\omega t\cos\theta - \cos\omega t\sin\theta)$$

$$= nU_m \sin(\omega t - \theta) \tag{3-19}$$

式中 ω——励磁角频率；

n——电磁耦合系数；

θ——滑尺绕组相对于定尺绕组的空间相位角，$\theta = \dfrac{2\pi x}{P}$，其中 x 为定尺对滑尺的位移。

可见，在一个节距内 θ 与 x 是一一对应的，通过测量定尺感应电压的相位 θ，可以测量定尺对滑尺的位移 x。数控机床的闭环系统采用鉴相式系统时，指令信号的相位角 θ_1 由数控装置发出，由 θ 和 θ_1 的差值控制数控机床的伺服驱动机构。当定尺和滑尺之间产生相对运动，则定尺上的感应电压的相位发生变化，其值为 θ。当 $\theta \neq \theta_1$ 时，机床伺服系统带动机床工作台移动。当滑尺与定尺的相对位置达到指令要求值时，即 $\theta = \theta_1$，工作台停止移动。

（2）鉴幅式。在这种工作方式下，给滑尺的正弦绕组和余弦绕组分别通以频率、相位相同，但幅值不同的交流电压，并根据定尺上感应电压的幅值变化来测定滑尺和定尺之间的相对位移量。

加在滑尺正、余弦绕组上励磁电压幅值的大小，应分别与要求工作台移动的 x_1（与位移相应的相位角为 θ_1）成正、余弦关系，即

$$\begin{cases} u_s = U_m \sin\theta_1 \sin\omega t \\ u_c = U_m \cos\theta_1 \sin\omega t \end{cases} \tag{3-20}$$

正弦绕组单独供电时，有：

$$\begin{cases} u_s = U_m \sin\theta_1 \sin\omega t \\ u_c = 0 \end{cases}$$

当滑尺移动时，定尺上的感应电压 U_0 随滑尺移动距离 x（相应的位移角 θ）而变化。设滑尺正弦绕组与定尺绕组重合时 $x = 0$（即 $\theta = 0$），若滑尺从 $x = 0$ 开始移动，则在定尺上的感应电压为：

$$U_0' = KU_m \sin\theta_1 \sin\omega t \cos\theta \tag{3-21}$$

式中 K——感应同步器原、副边绕组的电压变换常数。

余弦绕组单独供电时，有：

$$\begin{cases} u_s = 0 \\ u_c = U_m \cos\theta_1 \cos\omega t \end{cases}$$

若滑尺从 $x = 0$ 开始移动，则在定尺上的感应电压为：

$$U_0'' = -KU_m \sin\theta_1 \sin\omega t \sin\theta \tag{3-22}$$

当正弦与余弦同时供电时，根据叠加原理，在定尺上工作绕组中的感应电压为：

$$U_0 = U_0' + U_0''$$

$$= KU_m \sin\theta_1 \sin\omega t \cos\theta - KU_m \cos\theta_1 \sin\omega t \sin\theta \tag{3-23}$$

$$= KU_m \sin\omega t \sin(\theta_1 - \theta)$$

由式（3-23）可知，定尺上感应电压的幅值随指令给定的位移 x_1（θ_1）与工作台实际位移

量 $x(\theta)$ 的差值的正弦规律变化。数控机床的闭环系统采用鉴幅式系统时，当工作台位移值未达到指令要求值时，即 $x \neq x_1$（$\theta \neq \theta_1$），定尺上感应电压 $U_2 \neq 0$。该电压经检波放大，控制伺服驱动机构，带动机床工作台移动。当工作台移动至 $x = x_1$（$\theta \neq \theta_1$）时，定尺上感应电压 $U_2 = 0$，误差信号消失，工作台停止移动。定尺上感应电压 U_2 同时输出至相敏放大器，与来自相位补偿器的标准正弦信号进行比较，以控制工作台运动的方向。

3.5.3.4　感应同步器的特点

感应同步器的特点有：

（1）精度高。感应同步器直接对机床工作台的位移进行测量，中间不经过任何机械转换装置，测量精度只受本身精度限制。另外，定尺的节距误差有平均补偿作用，定尺本身的精度能做得很高，其精度可以达到 ±0.001mm，重复精度可达 0.002mm。

（2）工作可靠，抗干扰能力强。在感应同步器绕组的每个周期内，测量信号与绝对位置有一一对应的单值关系，不受干扰的影响。

（3）维护简单，寿命长。感应同步器定尺与滑尺之间不直接接触，因而没有磨损，所以寿命长。在机床上安装简单，使用时需要加防护罩，防止切屑进入定尺和滑尺之间划伤导片以及防止灰尘、油雾的影响。

（4）测量距离长。可以根据测量长度需要，将多块定尺拼接成所需要的长度，即可测量长距离位移，机床移动基本上不受限制，适合于大、中型数控机床。

（5）工艺性好，成本较低，便于复制和成批生产。

3.5.3.5　感应同步器安装和使用的注意事项

在安装和使用感应同步器时，应注意以下几点：

（1）感应同步器在安装时必须保持两尺平行、两平面的间隙约为 0.25mm，倾斜度小于 0.5°，装配面波纹度在 0.01~0.025mm 以内。滑尺移动时，晃动的间隙及不平行度误差的变化小于 0.1mm。

（2）感应同步器大多装在容易被切屑及切屑液浸入的地方，所以必须加以防护，否则切屑夹在间隙内，会使定尺和滑尺绕组刮伤或短路，使装置发生误动作及损坏。

（3）同步回路中的阻抗和励磁电压不对称以及励磁电流失真度超过 2%，将对检测精度产生很大的影响，因此在调整系统时，应加以注意。

（4）由于感应同步器感应电势低、阻抗低，所以应加强屏蔽以防止干扰。

3.5.4　旋转编码器

旋转编码器是一种旋转式脉冲发生器，能把机械转角变成电脉冲，是数控机床上使用很广泛的位置检测装置。经过变换电路旋转编码器也可以作为速度检测装置，用于检测速度。旋转编码器可分为增量式与绝对式两类。

3.5.4.1　增量式旋转编码器

A　增量式旋转编码器的分类与结构

增量式旋转编码器分光电式、接触式和电磁感应式 3 种类型。从精度和可靠性方面来

讲，光电式旋转编码器优于其他两种，数控机床
上主要使用光电式旋转编码器。它的型号用脉冲
数/转（P/r）来区分，数控机床上常用的旋转编
码器有 2000P/r、2500P/r、3000P/r 等型号，现在
已有每转发 10 万个脉冲的脉冲编码器。

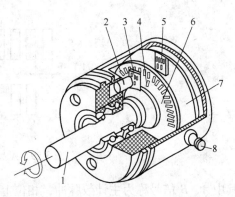

　　光电式旋转编码器的结构如图 3-27 所示。光
电式旋转编码器由带聚光镜的发光二极管
（LED）、光栅板、光电码盘、光敏元件及信号处
理电路组成。其中，光电码盘是在一块玻璃圆盘
上镀上一层不透光的金属薄膜，然后在上面制成
圆周等距的透光和不透光相间的条纹。光栅板上
具有和光电码盘相同的透光条纹。

图 3-27　光电式旋转编码器结构

1—转轴；2—发光二极管；3—光栅板；
4—零标志；5—光敏元件；6—码盘；
7—印制电路板；8—电源及信号连接座

　　B　光电式旋转编码器的工作原理

　　当光电码盘旋转时，光线通过光栅板和光电
码盘产生明暗相间的变化，由光敏元件接收，光敏元件将光电信号转换成电脉冲信号，光
电式旋转编码器的工作原理示意图如图 3-28 所示。图中 m 为整数个节距。

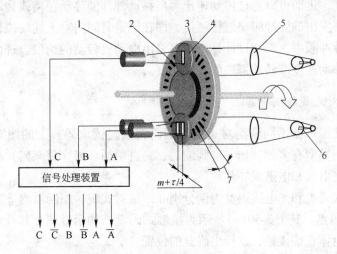

图 3-28　光电式旋转编码器工作原理示意图

1—光敏元件；2—透光狭缝；3—码盘基片；4—光栅板；

5—透镜；6—光源；7—节距 τ

　　光电编码器的测量精度取决于它所能分辨的最小角度，与光电码盘圆周的条纹数有
关，即分辨角为

$$\alpha = \frac{360°}{条纹数} \tag{3-24}$$

　　光电编码器的光栅板上有 3 组条纹 A、B 及 C，如图 3-29 所示。A 组和 B 组的条纹彼
此错开 1/4 节距，当光电码盘转动时，光敏元件接收两组条纹相对应产生的光信号，并转
化为交替变化的电信号 A、B（近似于正弦波）和 C。该信号经过放大和整形后变成方波。

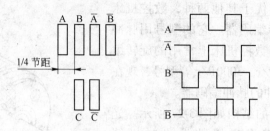

图 3-29　A、B 及 C 条纹位置及信号

其中 A、B 信号称为主计数脉冲，相位上彼此相差 90°。若 A 相超前于 B 相，对应电动机作正向旋转；若 B 相超前于 A 相，对应电动机作反相旋转。另外，在光电码盘里圈里还有一条透光条纹 C，用于产生每转信号，作为测量基准。每转信号是指光电码盘每转一圈产生一个脉冲，该脉冲称为一转信号或零标志脉冲。

光电编码器可用于位置和速度测量。当进行位置和速度测量时，A 和 $\bar{A}$、B 和 $\bar{B}$ 共 4 个方波被引入位置控制回路，经辨向和乘以倍率后，变成代表位移的测量脉冲。用计数器记下脉冲的个数，将这一数量乘以脉冲当量（转角/脉冲）就可测出圆盘转过的角度，即电动机转过的角度，进而可以通过传动速比算出移动部件的移动距离或转动部件转动的角度。通过对编码器发出的脉冲频率进行测量，即在给定时间内对上述的位移测量脉冲进行计数，从而知道脉冲频率，再通过计算，便可算出电动机转动的速度，进而通过传动速比算出移动部件的移动速度或转动部件的转动速度。

3.5.4.2　绝对式旋转编码器

与增量式旋转编码器不同，绝对式旋转编码器通过读取码盘上的图案来表示轴的位置。编码盘的编码类型有多种，如二进制编码、二进制循环码（格莱码）等。码盘的读取方式有接触式、光电式和电磁式等几种。

下面以接触式码盘和光电式码盘为例分别介绍绝对式旋转编码器测量原理。

（1）接触式码盘。其中 3-30（a）所示为接触式码盘结构示意图。其特点是敏感元件电刷与码盘上的导电体直接接触，以检出码盘的位置。

图 3-30（b）所示为 4 位 BCD 码盘。它是在一个不导电基体上做出许多金属区使其导

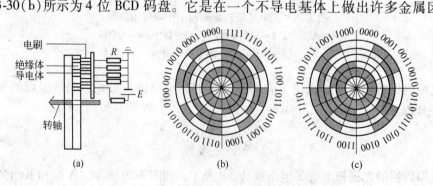

图 3-30　接触式码盘

（a）结构简图；（b）4 位 BCD 码盘；（c）4 位格莱码盘

电, 其中涂黑部分为导电区, 用 1 表示, 其他部分为绝缘区, 用 0 表示。这样, 在每一个径向上, 都有由 1、0 组成的二进制代码。码盘码道的圈数就是二进制的位数, 且高位在内, 低位在外。由此可以推断出, 若是 n 位二进制码盘, 就有 n 圈码道, 且圆周均为 $2n$ 等分, 即共有 $2n$ 个数来表示其不同位置, 所能分辨的角度为

$$\alpha = \frac{360^\circ}{2^n} \tag{3-25}$$

显然, 位数 n 越大, 所能分辨的角度越小, 测量精度就越大。

图 3-30(c) 所示为 4 位格莱码盘, 其特点是任意两个相邻数码只有一位是变化的, 可消除非单值性误差。

(2) 光电式码盘。光电式码盘与接触式码盘结构相似, 只是其中的黑白区域不是表示导电区和绝缘区, 而是表示透光区和不透光区。其中黑的区域指不透光区, 用 0 表示, 白的区域指透光区, 用 1 表示。因此, 在任意角度都有 1 和 0 组成的二进制代码。另外, 在每一码道上都有一组光敏元件, 这样, 不论码盘转到哪一角度位置, 与之对应的光敏元件受光的输出为 1, 不受光的输出为 0, 由此组成 n 位二进制编码。图 3-31 所示为 8 码道绝对式光电式码盘示意图。

绝对式旋转编码器的特点是:

(1) 可以直接读出角度坐标的绝对值。

(2) 没有积累误差。

(3) 电源切除后位置信息不会丢失。

(4) 允许的最高旋转速度比增量式编码器高。

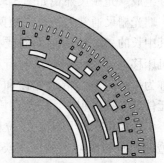

图 3-31 绝对式光电式码盘(1/4)

但是, 为了提高读数精度和分辨率, 必须提高通道数 (即二进制位数), 这就使绝对式旋转编码器的构造变得复杂, 价格较贵。

3.5.4.3 编码器在数控机床中的应用

编码器在数控机床中的应用主要有:

(1) 位移测量。在数控机床中编码器和伺服电动机同轴连接或连接在滚珠丝杠末端用于工作台和刀架的直线位移测量。在数控回转工作台中, 通过在回转轴末端安装编码器, 可直接测量回转工作台的角位移。

(2) 主轴控制。当数控车床主轴安装有编码器后, 则该主轴具有 C 轴插补功能, 可实现主轴旋转与 Z 坐标轴进给的同步控制, 即可加工螺纹; 恒线速度切削控制, 即随着刀具的径向进给及切削直径的逐渐减小或增大, 通过提高或降低主轴转速, 保持切削线速度不变; 主轴定向控制等。

(3) 测速。光电编码器输出脉冲的频率与其转速成正比, 因此, 光电编码器可代替测速电动机的模拟测速而成为数字测速装置。

(4) 编码器应用于交流伺服电动机控制中, 用于转子位置检测, 提供速度反馈信号、位置反馈信号。

(5) 零脉冲用于回参考点控制。

3.5.5　光栅

在高精度的数控机床上，可以使用光栅作为位置检测装置，将机械位移转换为数字脉冲，反馈给 CNC 装置，实现闭环控制。由于激光技术的发展，光栅制作精度得到很大的提高，现在光栅精度可达微米级，再通过细分电路可以做到 0.1μm 甚至更高的分辨率。

根据形状，光栅可分为圆光栅和长光栅。长光栅也称光栅尺，主要用于测量直线位移；圆光栅主要用于测量角位移。

3.5.5.1　光栅尺

光栅尺是一种高精度的直线位移传感器，是数控机床闭环控制系统中用得较多的测量装置。它由光源、聚光镜、标尺光栅（长光栅）、指示光栅（短光栅）和硅光电池等光敏元件组成。光栅尺外观如图 3-32 所示。

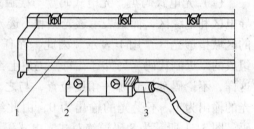

图 3-32　光栅尺外观示意图
1—光栅尺；2—扫描头；3—电缆

光栅尺通常为一长一短两块光栅配套使用。其中长的一块称为主光栅或标尺光栅，安装在机床移动部件上，要求与行程等长；短的一块称为指示光栅，指示光栅和光源、透镜、光敏元件装在扫描头中，安装在机床固定部件上。

数控机床中用于直线位移检测的光栅尺有透射光栅和反射光栅两大类，如图 3-33 所示。在玻璃表面上制成透明与不透明间隔相等的线纹，称透射光栅；在金属的镜面上制成全反射与漫反射间隔相等的线纹，称为反射光栅。

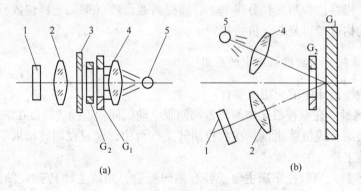

图 3-33　光栅尺种类
（a）透射光栅；（b）反射光栅
1—光敏元件；2，4—透镜；3—狭缝；5—光源；G₁—标尺光栅；G₂—指示光栅

透射光栅的特点是：光源可以采用垂直入射，光敏元件可直接接收光信号，因此信号幅度大，扫描头结构简单，光栅的线密度可以做得很高，即每毫米上的线纹数多。常见的透射光栅线密度为 50 条/mm、100 条/mm、200 条/mm。其缺点是玻璃易破裂，线膨胀系数与机床金属部件不一致，影响测量精度。

反射光栅的特点是：标尺光栅的线膨胀系数易做到与机床材料一致；安装在机床上所需要的面积小，调整也很方便；易于接长或制成整根标尺光栅；不易碰碎；适应于大位移测量的场所。其缺点是为了使反射后的莫尔条纹反差较大，每毫米内线纹不宜过多。目前常用的反射光栅线密度为 4 条/mm、10 条/mm、25 条/mm、40 条/mm、50 条/mm。

3.5.5.2 光栅的工作特点和原理

下面以透射光栅为例介绍光栅尺的工作原理。透射光栅尺上相邻两条光栅线纹间的距离称为栅距或节距 W。线密度是指每毫米长度上的线纹数，用 k 表示。栅距与线密度互为倒数，即 $W = 1/k$。安装时，要求标尺光栅和指示光栅相互平行，它们之间有 $0.05 \sim 0.1\mathrm{mm}$ 的间隙，并且其线纹相互偏斜一个很小的角度 θ，两光栅线纹相交，形成透光和不透光的菱形条纹。在相交处出现的黑色条纹，称为莫尔条纹。莫尔条纹的传播方向与光栅线纹大致垂直。两条莫尔条纹间的距离称为纹距 B，因偏斜角度 θ 很小，所以有近似公式

$$B = W/\theta \tag{3-26}$$

式中，B、W 的单位为 mm；θ 的单位为 rad。

当工作台正向或反向移动一个栅距 W 时，莫尔条纹向上或向下移动一个纹距 B，如图 3-34 所示。莫尔条纹经狭缝和透镜由光敏元件接收，产生电信号。

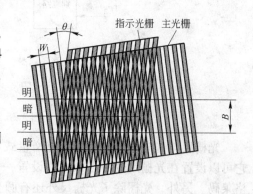

图 3-34 光栅尺的工作原理

光栅尺的莫尔条纹具有以下特点：

（1）起放大作用。因为 θ 角度非常小，因此莫尔条纹的纹距 B 要比栅距大得多，如 $k = 100$ 条/mm，则 $W = 0.01\mathrm{mm}$。如果调整 $\theta = 0.001\mathrm{rad}$，则 $B = 10\mathrm{mm}$。这样，虽然光栅尺栅距很小，但莫尔条纹却清晰可见，便于测量。

（2）莫尔条纹的移动与栅距成比例。当标尺光栅移动时，莫尔条纹就沿着垂直于光栅尺运动的方向移动，并且光栅尺每移动一个栅距 W，莫尔条纹就准确地移动一个纹距 B，因此只要测量出莫尔条纹的数目，就可以知道光栅尺移动了多少个栅距，而栅距是制造光栅尺时确定的，因此工作台的移动距离就可以计算出来。例如，一光栅尺 $k = 100$ 条/mm，测得由莫尔条纹产生的脉冲为 1000 个，则安装有该光栅尺的工作台移动了 $0.01\mathrm{mm}/$条 $\times 1000$ 个 $= 10\mathrm{mm}$。

（3）均化误差作用。莫尔条纹是由若干光栅线纹干涉形成的，这样栅距之间的相邻误差被平均化了，消除了栅距不均匀造成的误差。

另外，当标尺光栅随工作台运动方向改变时，莫尔条纹的移动方向也发生改变。标尺光栅右移时，莫尔条纹向上移动，标尺光栅左移时，莫尔条纹向下移动。由此可见，为了判别光栅尺移动的方向，必须沿着莫尔条纹移动的方向安装两组彼此相距 $B/4$ 的光敏元件 A 和 B，如图 3-35 所示。这样布置光栅尺中的光敏元件，可使莫尔条纹经光敏元件转换的电信号相位差 90°，光敏元件输出信号采用 A、$\overline{A}$ 和 B、$\overline{B}$ 差动输出，便于传输的抗干扰。差动输出信号经处理后，获得 P_A 和 P_B 信号。P_A、P_B 的超前和滞后经方向判别电路处理得到以高、低电平表示的方向信号，高、低电平信号分别表示光栅尺移动的两个方向，如图 3-36 所示。

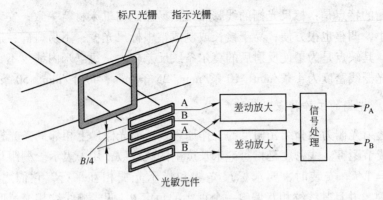

图 3-35　测量电路

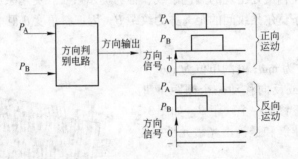

图 3-36　移动方向判别

　　光栅尺与光电编码器相同，有增量式和绝对式之分。增量式光栅也设有零标志脉冲，它可以设置在光栅尺的中点，可以设置一个或多个。绝对式光栅尺输出二进制 BCD 码或格莱码。另外，光栅除了光栅尺外还有圆光栅，用于角位移的测量。圆光栅的组成和原理与光栅尺相同。

　　光栅尺输出有两种：一种是正弦波信号，一种是方波信号。正弦波输出有电流型和电压型，对正弦波输出信号需经差动放大、整形后得到脉冲信号。为了提高光栅尺检测装置的精度，可以提高刻线精度和增加刻线密度。但刻线密度达到200条/mm以上的细光栅尺刻线制造较困难，成本也高。因此通常采用倍频处理来提高光栅尺的分辨精度。例如，原光栅线密度为50条/mm，经5倍频处理后，相当于线密度提高到250条/mm。图3-37所示为 HEIDENHAIN 光栅尺电流型输出信号经5倍频处理后的信号波形。

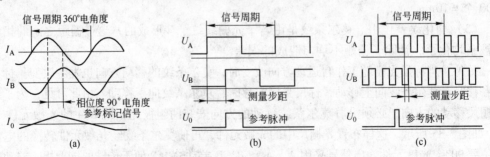

图 3-37　信号处理波形

（a）正弦测量信号波形；（b）整形后的测量信号波形；（c）5倍频处理后的测量信号波形

光栅的主要特点有：

（1）有很高的检测精度。随着激光技术的发展，光栅制作技术得到很大提高。现在光栅的精度可达微米级，再经细分电路可以达到 $0.1\mu m$，甚至更高的分辨率。

（2）响应速度较快，可实现动态测量，易于实现检测及数据处理的自动化控制。

（3）对使用环境要求高，怕油污、灰尘及振动。

（4）由于标尺光栅一般较长，故安装、维护困难，成本高。

3.5.6 磁栅

磁栅又称磁尺，是近年研制出来的一种新型位移检测元件，它是用电磁信号来计磁波数目的检测方法，可用于直线和转角的测量。其优点是精度高、复制简单、安装方便，在油污、粉尘较多的场合使用有较好的稳定性。因此，磁栅在数控机床、精密机床和各种测量机上得到广泛应用。

3.5.6.1 磁栅的结构

磁栅是由磁性标尺、拾磁磁头和检测电路组成，其结构如图 3-38 所示。它是利用拾磁原理进行工作的。首先，用录磁磁头将一定周期变化的方波、正弦波或电脉冲信号录制在磁性标尺上作为测量基准。检测时，用拾磁磁头将磁性标尺上的磁信号转化成电信号，再送到检

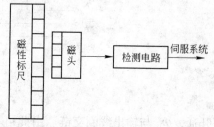

图 3-38 磁栅的结构

测电路中，把磁头相对于磁性标尺的位移量显示出来，并传输给数控系统。

（1）磁尺。磁性标尺分为磁性标尺基体和磁性膜。磁性标尺的基体由非导磁性材料（如玻璃、不锈钢、铜等）制成。磁性膜是一层硬磁性材料（如 Ni-Co-P 或 Fe-Co 合金），用涂敷、化学沉积或电镀的方法均匀地附在磁性标尺上。磁性膜的厚度为 $10\sim20\mu m$，其上录有相等节距、周期变化的磁信号。磁信号的节距一般有 0.05mm、0.1mm、0.2mm、1mm 等几种。为了提高磁性标尺的寿命，一般在磁性膜上均匀涂上一层 $1\sim2\mu m$ 的耐磨塑料保护层。

按磁性标尺基体的形状，磁栅可以分为平面实体型磁栅、带状磁栅、线状磁栅和回转型磁栅。前 3 种磁栅用于直线位移的测量，后一种用于角度测量。

（2）拾磁磁头。拾磁磁头是一种磁电转换器件，它将磁性标尺上的磁信号检测出来，并转换成电信号输送给检测电路。根据数控机床的要求，为了在低速运动和静止时也能进行位置检测，磁尺上采用的磁头与普通录音机上的磁头不同。普通录音机上的磁头输出电压幅值与磁通的变化率成正比，属于速度响应型磁头，而磁尺上采用的是磁通响应型磁头。它不仅在磁头与磁性标尺之间有一定相对速度时能拾取信号，而且在它们相对静止时也能拾取信号。其结构如图 3-39 所示。该磁头有两组绕组，即绕在磁路截面尺寸较小的横臂上的励磁绕组和绕在磁路截面较大的竖杆上拾磁绕组。当对励磁绕组施加励磁电流 $i_a = i_0\sin\omega_0 t$ 时，在 i_a 的瞬时值大于某一数值以后，横臂上的铁芯材料饱和，这时磁阻很大，磁路被阻断，磁性标尺的磁通 Φ_0 不能通过磁头闭合，输出线圈不与 Φ_0 交链。当在 i_a 的瞬时值小于某一数值时，i_a 所产生的磁通也随之降低。两横臂中磁阻也降低到很小，磁

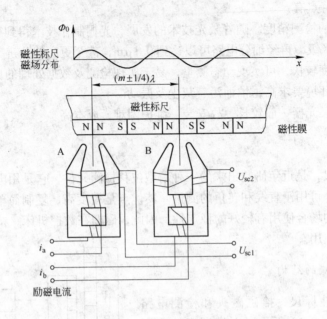

图 3-39　磁通响应型磁头

路开通，Φ_0 与输出线圈交链。由此可见，励磁线圈的作用相当于磁开关。为了辨别磁头的移动方向，在结构上布置了距离为 $(m+1/4)\lambda$ 的两组磁头（式中，m 为整数，λ 为磁性标尺节距）。根据两组磁头上的电信号输出的超前或滞后，可以判别磁头相对于磁性标尺的移动方向。

3.5.6.2　磁栅的工作原理

励磁电流在一个周期内两次过零，两次出现峰值，相应的磁开关通断各两次。磁路在由通到断的时间内，输出线圈中的交链磁通量由 $\Phi_0 \to 0$；磁路在由断到通的时间内，输出线圈中交链磁通量由 $0 \to \Phi_0$。Φ_0 是由磁性标尺中的磁信号决定的，由此可见，输出线圈输出的是一个调幅信号。

$$U_{sc} = U_m \cos\left(\frac{2\pi x}{\lambda}\right)\sin\omega t \tag{3-27}$$

式中　U_{sc}——输出线圈中输出感应电压；

　　　U_m——输出电势的峰值；

　　　λ——磁性标尺节距；

　　　x——选定某一 N 极作为位移零点，x 为磁头对磁性标尺的位移量；

　　　ω——输出线圈感应电压的幅值，它比励磁电流 i_a 的频率 ω_0 高一倍。

由式（3-27）可见，磁头输出信号的幅值是位移 x 的函数。只要测出 U_{sc} 过零的次数，就可以知道 x 的大小。

使用单个磁头的输出信号小，而且对磁性标尺上的磁化信号的节距和波形要求也比较高。实际使用时，将几十个磁头用一定的方式串联，构成多间隙磁头使用，如图 3-40 所示。为了辨别磁头的移动方向，通常采用间距为$(m+1/4)\lambda$的两组磁头（$\lambda=1,2,3,\cdots$），并使两组磁头的励磁电流相位相差45°，这样两组磁头输出的电势信号相位相差90°。根据两个磁头输出信号的超前和滞后，可确定磁尺的移动方向。

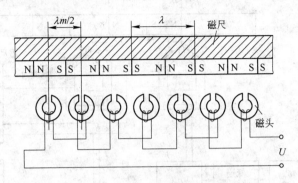

图3-40 多间隙磁头

第一组磁头输出的信号如果是

$$U_{sc1} = U_m \cos\left(\frac{2\pi x}{\lambda}\right)\sin\omega t \tag{3-28}$$

则第二组磁头输出的信号必然是

$$U_{sc2} = U_m \sin\left(\frac{2\pi x}{\lambda}\right)\sin\omega t \tag{3-29}$$

3.5.6.3 检测电路

磁栅检测是模拟量测量，它必须和检测电路配合才能进行检测。磁栅的检测电路包括：磁头激磁电路、拾取信号放大、滤波及辨向电路、细分内插电路、显示及控制电路等各部分。

根据检测方法的不同，检测电路可分为鉴幅型和鉴相型两种。鉴幅型检测比较简单，但分辨率受到录磁节距的限制，若要提高分辨率就必须采用较复杂的倍频电路，所以不常采用。鉴相型检测的精度可以大大高于录磁节距，并可以通过内插脉冲频率以提高系统的分辨率，所以鉴相型检测应用较多。相位检测方框图如图3-41所示。

可将图中一组磁头的励磁信号移相90°得到输出电压为：

$$U_{sc1} = U_m \cos\left(\frac{2\pi x}{\lambda}\right)\sin\omega t \tag{3-30}$$

$$U_{sc2} = U_m \sin\left(\frac{2\pi x}{\lambda}\right)\cos\omega t \tag{3-31}$$

在求和电路中相加，则得到磁头总输出电压为：

$$U = U_m \sin\left(\frac{2\pi x}{\lambda} + \omega t\right) \tag{3-32}$$

由式(3-32)可知，磁性标尺输出电压随磁头相对于磁性标尺的相对位移量x的变化而变化，根据输出电压的相位变化，可以测量磁栅的位移量。从鉴相检测系统框图3-40可

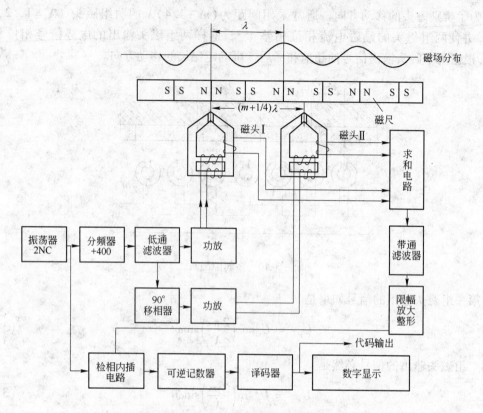

图 3-41　磁尺鉴相检测系统框图

以看出，振荡器送出的信号经分频器、低通滤波器得到较好的正弦波信号，一路经 90° 移相后功率放大至磁头 II 的励磁绕组，另一路经功率放大至磁头 I 的励磁绕组。将两磁头的输出信号送入求和电路中相加，并经带通滤波、限幅、放大整形得到与位置量有关的信号。该信号送入鉴相内插电路中进行内插细分，得到分辨率为预先设定单位的计数信号。计数信号送入可逆计数器，即可进行系统控制和数字显示。

　　磁性标尺制造工艺比较简单，录磁、去磁都比较方便。若采用激光录磁，可得到很高的精度。可直接在机床上录制磁性标尺，不需要安装、调整工作，避免了安装误差，从而可得到更高的精度。磁性标尺还可以制作得较长，用于大型机床。目前数控机床的快速移动速度已达到 24m/min，而磁尺作为测量元件难以跟上这样高的反应速度，因此其应用受到限制。

思考与训练

【思考与练习】

3-1　什么是数控伺服系统，主要有哪些性能指标？什么是开环和闭环伺服系统，各自有哪些特点？闭环和半闭环伺服系统的区别是什么，各自有何特点？

3-2　简述步进电动机的工作原理。

3-3　步进电动机的矩角特性指的是什么？用图线说明。

3-4　反应式步进电动机的步距角大小与哪些因素有关？如何控制步进电动机的输出角位移量和转速？

3-5　简述直流伺服电动机的调速原理。它有几种调速方法？

3-6　交流伺服电动机的调速原理是什么？它有几种调速方法？

3-7　交流伺服电动机的调速原理是什么，实际应用中是如何实现的？SPWM 型变频器的工作原理是什么，有何特点？

3-8　数控检测装置有何作用，可按哪些方式分类？

3-9　试述绝对值编码器和光电式脉冲编码器的工作原理。

3-10　莫尔条纹具有哪些特征？

3-11　简述光栅的工作原理，写出 W 和 B 与 θ 的关系。简述莫尔条纹的特点及变化规律。

3-12　已知一光栅尺的栅距为 0.02mm，标尺光栅与指示光栅间的夹角为 0.057°，求莫尔条纹的宽度。

3-13　试述感应同步器的工作原理。

3-14　有一采用三相六拍驱动方式的步进电动机，其转子有 80 个齿，经丝杠螺母副驱动工作台作直线运动，丝杠的导程为 5mm，工作台移动的最大速度为 30mm/s，求：

（1）步进电动机的步距角；

（2）工作台的脉冲当量；

（3）步进电动机的最高工作频率。

3-15　如图 3-42 所示，一台反应式步进电动机，通过一对减速齿轮、滚珠丝杠副带动工作台移动。步进电动机转子有 48 个齿，采用五相十拍通电方式；并设定步进电动机每走一步，工作台移动 5μm。当丝杠导程 $L_0 = 4$mm，齿轮 1 的齿数选定为 $Z_1 = 21$ 时，试求：

（1）此步进电动机的步距角；

（2）齿轮 2 的齿数 Z_2。

（3）当工作台最大移动速度为 60mm/s 时，步进电动机的最大运行频率为多少？

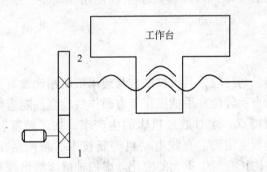

图 3-42　步进电机传动示意图

【技能训练】

3-1　请对传统卧式车床 C6140 进行数控改造。改造后机床性能达到：脉冲当量为 0.01mm，控制联动轴数为 2 轴。任务要求：

（1）为该改造项目选择电动机；

（2）为该项目选择检测装置；

（3）绘制出传动简图。

模块 4　数控机床的机械结构

知识目标
◇　掌握数控机床主传动系统、进给传动系统的机械结构特点；
◇　熟悉数控机床的主轴部件、滚珠丝杠螺母副、导轨、自动换刀装置的结构；
◇　了解数控回转工作台、分度工作台等主要辅助装置的机械结构。

技能目标
◇　能认识数控机床的主体结构和作用；
◇　能认识数控机床的主轴部件、滚珠丝杠螺母副、导轨等机床部件的结构；
◇　能解释滚珠丝杠螺母副的工作原理、支承方式、预紧方法。

数控机床的机械结构与普通机床相比有相似之处，但其工艺特点对数控机床的机械结构提出了更高的要求，在一些部件上比普通机床更加复杂，机电一体结合得更紧密。只有掌握数控机床的机械结构的特点和作用，才能更好地使用数控机床，才能更好地调整、维护和维修机床。本模块的学习，可以提高学生在使用、调整、维护数控机床方面的工作能力。

4.1　概述

在数控机床发展的最初阶段，其机械结构与通用机床相比没有多大的变化，只是在自动变速、刀架、工作台自动转位和手柄操作等方面作些改变。随着数控技术的发展，考虑到它的控制方式和使用特点，才对数控机床的生产率、加工精度和寿命提出了更高的要求。特别是近年来，随着电主轴、直线电动机等新技术、新产品在数控机床上的推广使用，数控机床的机械结构正在发生重大的变化。虚拟轴机床的出现和实用化，使传统的机械结构面临着更严峻的挑战。

4.1.1　数控机床机械结构的组成

数控机床的机械结构主要由以下几部分组成：

（1）机床基础部件。其主要作用是支承机床的主要部件，并使它们在静止或运动中保持相对正确位置，如图 4-1 中床身 1、滑座 2、工作台 3、主柱 7、轨道 9～11。其中工作台可根据数控指令实现圆周进给运动或分度运动，以适应某些零件的曲面加工和分度要求。另外，为了提高生产率，缩短辅助时间，有的机床还设置了两个或两个以上的工作台。

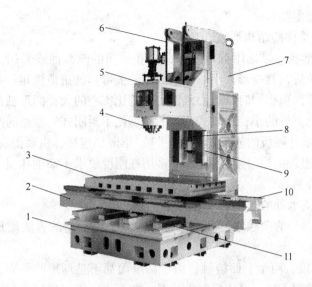

图 4-1　立式镗铣床

1—床身；2—滑座；3—工作台；4—主轴；5—主轴箱；6—平衡重钢绳；7—主柱；
8—滚珠丝杠；9—Z 向轨道；10—X 向轨道；11—Y 向轨道

（2）主传动系统。其功用是将驱动装置的运动及动力传递给执行件，以实现主切削运动。主传动系统多采用无级变速或分段变速方式，可利用程序控制主轴的变向和变速。主传动系统还有较高的功率、较强的刚度和较宽的调速范围。如图 4-1 中的主轴箱 5 中，便是主传动系统，它包括电动机、传动件、主轴（执行件）等。

（3）进给传动系统。其主要功用是将伺服驱动装置的运动和动力传给执行件（工作台和刀架），以实现进给切削运动。进给传动系统广泛采用无间隙滚珠丝杠传动、无间隙齿轮传动，以及滚动导轨、贴塑导轨或静压导轨来减少运动副的摩擦力，提高传动精度。如图 4-1 中的滚珠丝杠 8 便是进给传动系统中的关键部件。

（4）实现某些辅助动作和辅助功能的系统和装置，如液压、气动、润滑、冷却等系统及排屑、防护装置和刀架、自动换刀装置。

4.1.2　数控机床机械结构的特点

数控机床的功能要求和设计要求与普通机床有较大的差异。数控机床的结构特点可以归纳为如下几方面：具有大切削功率；高的静、动刚度和良好的抗振性能；较高的几何精度、传动精度、定位精度和热稳定性；具有实现辅助操作自动化的结构部件。

（1）高的静、动刚度。机床刚度是指机床抵抗由切削力和其他力引起的变形的能力。有标准规定数控机床的刚度应比类似的普通机床高 50%。机床在加工过程中，承受的力有运动部件和工件的自重、切削力、驱动力、加减速所引起的惯性力、摩擦阻力等。机床的各个部件在这些力的作用下，将产生变形。例如固定连接表面或运动啮合表面的接触变形，各个支承部件的整体弯曲和扭转变形（自身变形），以及某些支承部件的局部变形等。这些变形都会直接或间接地引起刀具和工件之间的相对位移，从而产生工件的加工误差，甚至使机床产生振动，影响机床切削过程的正常进行。

　　提高刚度的措施主要有：

　　1）合理选择支承件的结构形式。

　　① 支承件截面形状尽量选用抗弯的方截面和抗扭的圆截面或采用封闭型床身。构件承受弯曲和扭转载荷后，其变形大小取决于截面的抗弯和抗扭惯性矩，抗弯和抗扭惯性矩大的其刚度大。当截面积相同时，空心截面的刚度比实心的大；圆形截面的抗扭刚度比方形的大，抗弯刚度比方形的小；封闭式截面的刚度比不封闭式的截面的刚度大很多。

　　② 合理布置支承件隔板的筋条。例如："T"形隔板连接，主要提高水平面抗弯刚度，对提高垂直面抗弯刚度和抗扭刚度不显著，多用在刚度要求不高的床身上；斜向拉筋，床身刚度最高，排屑容易。

　　③ 增加导轨与支承件的连接部分的刚度。

　　④ 增加机床各部件的接触刚度和承载能力，如采用刮研的方法增加单位面积上的接触点。

　　2）提高接触刚度。两个平面接触，由于两个面都不是理想的平面，而是有一定的宏观不平度，又由于微观不平，真正接触的只是一些高点，因而实际接触面积小于名义接触面积，如图 4-2（a）所示。接触刚度不是一个固定值，即平均压强 p 与变形 δ 的关系是非线性的，如图 4-2（b）所示。接触刚度与接触面之间的压强有关。当压强很小时，两个面之间只有少数高点接触，接触刚度较低；压强较大时，这些高点产生了变形，实际接触面扩大了，接触刚度也提高了。考虑到非线性，接触刚度 K_j 应准确地定义为：

$$K_j = \frac{\mathrm{d}p}{\mathrm{d}\delta} = \frac{\Delta p}{\Delta \delta} \tag{4-1}$$

式中　　p——平均压强；

　　　　δ——变形量。

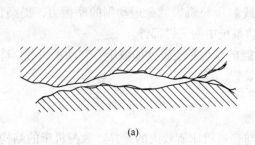 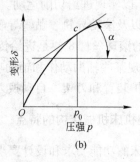

（a）　　　　　　　　　　　　　（b）

图 4-2　接触刚度

　　为了提高接触面的接触刚度可采取如下措施：

　　① 提高固定接触面之间的接触刚度。预先施加一个载荷（如拧紧固定螺钉），使接触面在受外载荷之前已有一个预施压强 p_0，如图 4-2（b）所示。所施加的预载应远大于外载荷，这样由于外载荷而引起接触面之间的压强变化就不大。

　　② 提高接触表面质量。接触表面的粗糙度和宏观不平度、材料的硬度对接触刚度的影响很大。

　　③ 减少自身局部变形的影响。支承件的自身局部刚度对接触压强的分布是有影响的，

如图 4-3 所示。在集中载荷的作用下，如果自身刚度和局部刚度较高，则接触压强的分布是基本均匀的，如图 4-3（a）所示，因此接触刚度也较高。如果自身刚度或局部刚度不足，则在集中载荷的作用下，构件将产生变形，使得接触压强分布不均，如图 4-3（b）所示，从而使接触变形分布也不均，降低了接触刚度。

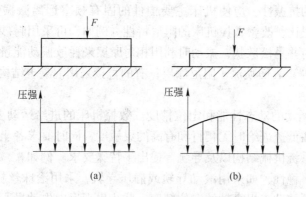

图 4-3　接触刚度

　　3）采用补偿变形的措施。如果能够测出着力点的相对变形大小和方向，或者预知构件的变形规律，就可以采取相应的措施来补偿变形以消除它的影响，其结果相当于提高了机床的刚度。大型数控龙门铣床，当主轴部件移到横梁的中部时，横梁的弯曲变形最大。如果将横梁导轨做成"拱形"，即中部凸起的抛物线形，可以使变形得到补偿。也可以用加平衡重的办法，减小横梁因主轴箱自重而产生的变形。落地镗床主轴套筒伸出时的自重下垂、卧式铣床主轴滑枕伸出时的自重下垂，均可采用加平衡重的办法减小或消除。
　　4）合理选用构件的材料。
　　① 床身、立柱等支承件采用钢板或型钢焊接以增加刚度、减轻重量、提高抗振性。
　　② 采用封砂床身结构：在铸件中不清除砂芯，在焊接件中灌注混凝土或砂增加摩擦阻力。
　　③ 采用混凝土、树脂混凝土或人造花岗岩作支承件的材料。
　　（2）热变形小。由于数控机床的主轴转速、进给速度远远高于普通机床，所以由摩擦热、切削热等热源引起的热变形问题更为严重；同时数控机床要求连续工作下保证加工工件的高精度，因而机床的热变形问题尤其应该重视。
　　减小热变形的措施主要有：
　　1）减少发热。将热源从主机中分离出去，例如，主运动采用直流或交流调速电动机进行无级调速；减少传动轴和传动齿轮数量以及减少主传动箱内的发热量；采用低摩擦系数的导轨（如滚动导轨、静压导轨）和轴承（如滚动轴承）。
　　2）控制温升。主要通过散热和冷却方法，如采用对机床发热部位散热、强制冷却，以及采用大流量切削液带走切削热等措施来控制机床的温升。
　　3）改善机床结构。例如，采用对称原则设计数控机床结构；使机床主轴的热变形发生在刀具切入的垂直方向上；采用排屑系统；将热源置于易散热的位置。
　　4）进行热变形补偿。一些高精度数控机床，如高精度数控磨床，还带有热变形自动补偿装置，对热变形量进行自动补偿，以提高加工精度。

（3）高抗振性。机床的抗振性是指机床工作时，抵抗由交变载荷以及冲击载荷所引起的振动的能力。常用动刚度作为衡量抗振性的指标。机床的动刚度越低，则抗振性差，工作时机床容易产生振动。这不仅直接影响加工精度和表面质量，同时还限制生产率的提高。因此，对数控机床提出了高抗振性的要求。

为了提高机床的抗振性，应使机床主要构件的固有频率远离激振力频率，避开共振区。提高构件的阻尼比，改善数控机床的阻尼特性。例如，可采用封砂床身结构，即铸造时的泥芯留在铸件内并呈松散状，振动时利用相对摩擦来耗散振动能量；有的数控机床的构件（床身、立柱等）表面喷涂了阻尼涂层；有的直接采用混凝土结构的床身提高床身阻尼比。

（4）提高进给运动的动态性能和定位精度。数控机床的进给运动要求平稳、无振动，动态响应性能好，在低速进给时无爬行和有高的灵敏度，同时要求各坐标轴有高的定位精度。因此，对进给系统机械结构以及导轨等提出了特殊要求。例如，减小运动副的摩擦系数，来提高运动的平稳性，如采用滚动导轨或静压导轨，采用滚珠丝杠来代替滑动丝杠。另外采用无间隙齿轮传动来提高轴的定位精度，防止出现反向失动量。

4.2　数控机床主传动系统

数控机床主传动系统是指驱动主轴运动的系统，主传动部分是数控机床的重要组成部分之一。在数控机床上，主轴夹持工件或刀具旋转，直接参加表面成型运动。主轴部件的刚度、精度、抗振性和热变形直接影响加工零件的精度和表面质量。主运动的转速高低及范围、传动功率大小和动力特性，决定了数控机床的切削效率和加工工艺能力。

4.2.1　主传动系统要求

与普通机床一样，数控机床也必须通过变速才能使主轴获得不同的转速，以适应不同的加工要求。在变速的同时，还要求传递一定的功率和足够的转矩来满足切削的需要。作为高度自动化的设备，数控机床对主传动系统的基本要求如下：

（1）足够的转速范围。为了能达到最佳的切削效果，数控机床一般都应在最佳的切削条件下工作，因此，主轴一般都要求能实现无级变速。

（2）足够的功率和扭矩。数控机床主轴系统必须具有足够高的转速和足够大的功率，以适应高速、高效的加工需求。

（3）噪声低、运行平稳。为了降低噪声、减轻发热、减少振动，主传动系统应简化结构，减少传动件。

（4）在加工中心上，还必须具有安装刀具和刀具交换所需的自动夹紧装置以及主轴定向准停装置，以保证刀具和主轴、刀库、机械手的正确啮合。

（5）各零部件应具有足够的精度、强度、刚度和抗振性。

（6）为了扩展机床的功能，实现对 C 轴位置（主轴回转角度）的控制，主轴还需要安装位置检测装置，以便实现对主轴位置的控制。

4.2.2　主轴传动方式

数控机床的主运动要求有较大的调速范围，以保证加工时能选用合理的切削用量，从而获得最佳的生产率、加工精度和表面质量。数控机床的变速是按照控制指令自动进行的，因此变速机构必须适应自动操作的要求，故大多数数控机床采用无级变速系统。

数控机床主传动主要有以下几种配置方式。

（1）带有变速齿轮的主传动（见图4-4a）。

1）传动方式：通过少数几对齿轮减速，扩大了输出扭矩，以满足主轴对输出扭矩特性的要求。

2）应用范围：这是大、中型数控机床采用较多的一种方式。一部分小型数控机床也采用此种传动方式，以获得强力切削时所需要的扭矩。

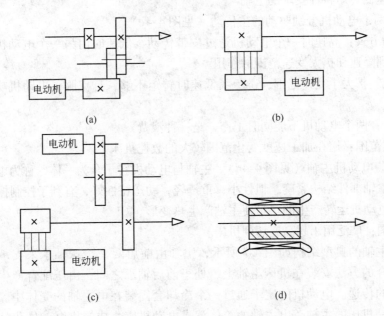

图4-4 主轴电动机图

(a) 齿轮变速；(b) 带传动；(c) 两个电动机分别驱动；(d) 内装电动机主轴传动结构

（2）通过皮带传动的主传动（见图4-4b）。

1）传动方式：数控机床主轴带传动变速，常用多楔带和同步带。

多楔带又称复合三角带，其横向断面呈多个楔形，如图4-5所示。传递动力主要靠强力层。强力层中有多根钢丝绳或涤纶绳，具有较小伸长率、较大的抗拉强度和抗弯疲劳强度。带的基底及缓冲楔部分采用橡胶或聚氨酯。

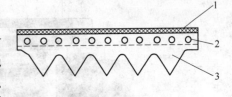

图4-5 多楔带

1—面胶；2—强力胶；3—缓冲层

同步带又称为同步齿形带，按齿形不同可分为梯形齿同步带和圆弧齿同步带两种，如图4-6所示。其中梯形齿多用在转速不高或小功率动力传动中，而圆弧齿多用在数控加工中心等要求较高的数控机床主运动传动系统中。

2）应用范围：主要应用在小型数控机床上，可以避免齿轮传动引起的振动和噪声。

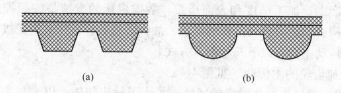

图 4-6　同步带

（a）梯形齿同步带；（b）圆弧齿同步带

它适用于高速低转矩特性要求的主轴。

（3）用两个电动机分别驱动的主传动（见图 4-4c）。

1）传动方式：高速时一个电动机通过皮带传动，低速时由另一个电动机通过齿轮传动，齿轮起到降速和扩大变速范围的作用。

2）优点：扩大了变速范围，避免了低速时转矩不够，且克服了电动机功率不能充分利用的问题。

3）缺点：两个电动机不能同时工作，是一种浪费。

4）应用范围：用在加工速度变化范围较大的数控机床上。

（4）内装电动机主轴（见图 4-4d）。主轴与电动机转子合为一体，称为电主轴。

优点：主轴部件结构紧凑，惯性小，重量轻，动态特性好，有利于控制振动和噪声。

缺点：电动机运转产生的热量使主轴产生热变形。

应用范围：广泛用于超高速切削机床。

高速电主轴的典型结构如图 4-7 所示，主轴由前后两套滚珠轴承来支承。电动机的转子用压配合的方法安装在机床主轴上，处于前后轴承之间，由压配合产生的摩擦力来实现大转矩的传递。电动机的定子通过一个冷却套固装在电主轴的壳体中。这样，电动机的转子就是机床的主轴，电主轴的箱体就是电动机座，成为机电一体化的一种新型主轴系统。主轴的转速用电动机的变频调速与矢量控制装置来改变。在主轴的后部安装有测速、测角传感器。主轴前端外伸部分可设有内锥孔和端面，用来安装和固定加工中心可换的刀柄。

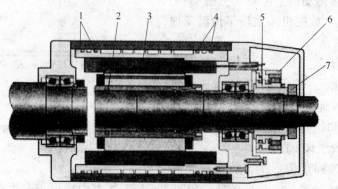

图 4-7　高速电主轴的典型结构

1，4—密封圈；2—转子；3—定子；5—旋转变压器转子；

6—旋转变压器定子；7—螺母

4.2.3　主轴准停装置

主轴准停功能又称为主轴定向功能，即当主轴停止时，控制其停于固定的位置，这是自动换刀所必需的功能。

（1）纯电气准停。现代数控机床一般采用电气式主轴准停装置，只要数控系统发出指令信号，主轴就可以准确地定向。图4-8所示为JCS-018加工中心主轴电气准停装置的原理。在带动主轴旋转的多楔带轮1的端面上装有一个厚垫片4，垫片4上装有一个体积很小的永久磁铁3，在主轴箱体对应主轴准停的位置上装有磁传感器2。当机床需要停车换刀时，数控装置发出主轴停转指令，主轴电动机立即降速，在主轴以最低转速慢转几圈、永久磁铁3对准磁传感器2时，磁传感器2发出准停信号，该信号经放大后，由定向电路控制主轴电动机停在规定的定向位置上，同时限位开关发出信号，表示准停已完成。

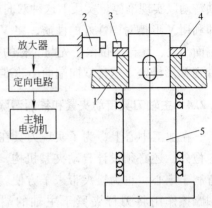

图4-8　JCS-018加工中心主轴电气准停装置
1—多楔带轮；2—磁传感器；3—永久磁铁；
4—垫片；5—主轴

电气式主轴准停装置定向控制的特点是：不需要机械部件，精度和刚度高，定向时间短，可靠性高，靠简单的强电顺序进行控制。

（2）V形槽轮定位盘准停装置。在主轴上固定一个V形槽定位盘，使V形槽与主轴上的端面键保持所需要的相对位置关系，如图4-9所示。其准停过程是：发出准停指令后，选定主轴的某一固定低转速，无触点行程开关发出信号使主电动机停转并断开主传动链，主轴以及与之相连的传动件由于惯性继续空转，无触点行程开关的信号同时使定位销伸出并接触定位盘，当主轴上定位盘的V形槽与定位销对正，定位销插入V形槽中使主轴准停。无触点行程开关的接近体应能在圆周方向上进行调整，使V形槽与接近体之间的夹角 α 的大小，能保证定位销伸出并接触定位盘后，在主轴停转之前，恰好落入定位盘的V形槽内，减小甚至消除定位准停时的冲击力。

（3）端面螺旋凸轮准停装置。如图4-10所示，在主轴1上固定有一定位滚子2，主轴

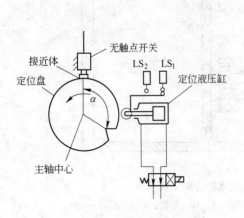

图4-9　槽轮定位盘准停装置

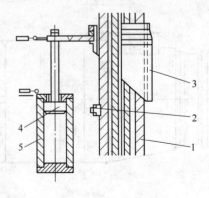

图4-10　凸轮准停装置
1—主轴；2—定位滚子；3—端面凸轮；
4—活塞杆；5—液压缸

上空套有一个双向端面凸轮 3，该凸轮和液压缸 5 中的活塞杆 4 相连接。当活塞带动端面凸轮 3 向下移动时（不转动），通过拨动定位滚子 2 并带动主轴转动，当定位滚子落入端面凸轮的 V 形槽内，便完成了主轴准停。因为是双向端面凸轮，所以能从两个方向拨动主轴转动以实现准停。实质上这种双向端面凸轮与前述的 V 形槽定位具有相同的定位原理，即利用 V 形槽对中性好的性质，将 V 形槽的斜面沿圆周对称缠绕圆柱，便成为这种双向端面凸轮，无论定位滚子先与对称的哪一条凸轮轮廓接触，均能将定位滚子（连同主轴）带到 V 形槽底。这种双向端面凸轮准停机构，动作迅速可靠，但是凸轮制造较复杂。

4.2.4　主轴刀具自动夹紧和铁屑清除装置

在加工中心上，为了实现刀具在主轴上的自动装卸，除了要保证刀具在主轴上正确定位外，还必须设计自动夹紧机构，如图 4-11 所示。刀杆采用 7∶24 的大锥度锥柄，既有利于定心，也为松夹带来了方便。当锥柄的尾端轴颈被拉紧的同时，通过锥柄的定心和摩擦作用将刀杆夹紧于主轴的端部。在碟形弹簧 8 的作用下，拉杆 7 始终保持约 10kN 的拉力，并通过拉杆右端的钢球 6 将刀杆的尾部轴颈拉紧。换刀时首先将压力油通入主轴尾部的液压缸左腔，液压缸活塞 1 推动拉杆 7 向右移动，将刀柄松开，同时使碟形弹簧 8 压紧。拉杆 7 的右移使右端的钢球 6 位于套筒的喇叭口处，消除了刀杆上的拉力。当拉杆继续右移时，喷气嘴的端部把刀具顶松，使机械手可方便地取出刀杆。机械手将应换刀具装入后，电磁换向阀动作使压力油通入液压缸右腔，液压缸活塞 1 向左退回原位，碟形弹簧复原又将刀杆拉紧。螺旋弹簧 2 使液压缸活塞 1 在液压缸右腔无压

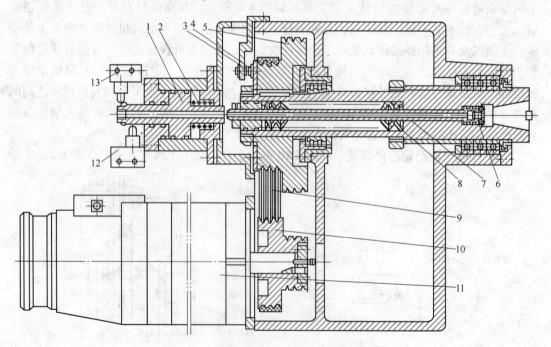

图 4-11　加工中心主轴的准停、夹紧机构

1—活塞；2—弹簧；3—磁传感器；4—永久磁铁；5，10—带轮；6—钢球；7—拉杆；
8—碟形弹簧；9—V 带；11—电动机；12，13—弹簧限位开关

力时也始终退在最左端。当活塞处于左右两个极限位置时，相应限位行程开关 12、13 发出松开和夹紧的信号。

自动清除主轴孔内的灰尘和切屑也是换刀过程中的一个重要问题。如果主轴锥孔中落入切屑、灰尘或其他污物，在拉紧刀杆时，主轴锥孔表面和刀杆的锥柄就会被划伤，甚至会使刀杆发生偏斜，破坏刀杆的正确定位，影响零件的加工精度。为了保持主轴锥孔的清洁，常采用的方法是使用压缩空气吹屑。在图 4-11 中，活塞 1 的中心部钻有压缩空气通道，当活塞向右移动时，压缩空气经过活塞由主轴孔内的空气嘴喷出，将锥孔清理干净。为了提高吹屑效率，喷气小孔要有合理的喷射角度，并均匀布置。

4.3 数控机床进给传动系统

数控机床进给传动系统承担了数控机床各直线坐标轴、回转坐标轴的定位和切削进给。进给系统的传动精度、灵敏度和稳定性直接影响被加工工件的最后轮廓精度和加工精度。

4.3.1 进给传动系统要求

为确保数控机床进给系统的传动精度和工作平稳性等，在设计机械传动装置时，应满足如下要求：

(1) 高的传动精度与定位精度。数控机床进给传动装置的传动精度和定位精度对零件的加工精度起着关键性的作用，对采用步进电动机驱动的开环控制系统尤其如此。无论是点位、直线控制系统，还是轮廓控制系统，传动精度和定位精度都是表征数控机床性能的主要指标。设计中，通过在进给传动链中加入减速齿轮以减小脉冲当量，预紧传动滚珠丝杠，消除齿轮、蜗轮等传动件的间隙等办法，可达到提高传动精度和定位精度的目的。由此可见，机床本身的精度，尤其是伺服传动链和伺服传动机构的精度，是影响工作精度的主要因素。

(2) 宽的进给调速范围。伺服进给系统在承担全部工作负载的条件下，应具有很宽的调速范围，以适应各种工件材料、尺寸和刀具等变化的需要，工作进给速度范围可达 3~6000mm/min。为了完成精密定位，伺服系统的低速趋近速度达 0.1mm/min；为了缩短辅助时间，提高加工效率，快速移动速度应高达 15m/min。在多坐标联动的数控机床上，合成速度维持常数，是保证表面粗糙度要求的重要条件；为保证较高的轮廓精度，各坐标方向的运动速度也要配合适当。这是对数控系统和伺服进给系统提出的共同要求。

(3) 响应速度要快。快速响应特性是指进给系统对指令输入信号的响应速度及瞬态过程结束的迅速程度，即跟踪指令信号的响应要快；定位速度和轮廓切削进给速度要满足要求；工作台应能在规定的速度范围内灵敏而精确地跟踪指令，进行单步或连续移动，在运行时不出现丢步或多步现象。进给系统响应速度的大小不仅影响机床的加工效率，而且影响加工精度。设计中应使机床工作台及其传动机构的刚度、间隙、摩擦以及转动惯量尽可能达到最佳值，以提高进给系统的快速响应特性。

(4) 无间隙传动。进给系统的传动间隙一般指反向间隙，即反向死区误差，它存在于整个传动链的各传动副中，直接影响数控机床的加工精度。因此，应尽量消除传动间隙，减小反向死区误差。设计中可采用消除间隙的联轴节及有消除间隙措施的传动副等方法来消除传动间隙。

（5）稳定性好、寿命长。稳定性是伺服进给系统能够正常工作的最基本的条件，特别是在低速进给情况下不产生爬行，并能适应外加负载的变化而不发生共振。稳定性与系统的惯性、刚性、阻尼及增益等都有关系，适当选择各项参数，并能达到最佳的工作性能，是伺服系统设计的目标。进给系统的寿命主要指其保持数控机床传动精度和定位精度的时间长短，及各传动部件保持其原来制造精度的能力。设计中各传动部件应选择合适的材料及合理的加工工艺与热处理方法，对于滚珠丝杠和传动齿轮，必须具有一定的耐磨性和适宜的润滑方式，以延长其寿命。

（6）使用维护方便。数控机床属高精度自动控制机床，主要用于单件、中小批量、高精度及复杂件的生产加工，机床的开机率相应比较高，因此，进给系统的结构设计应便于维护和保养，最大限度地减小维修工作量，以提高机床的利用率。

4.3.2　齿轮传动副

4.3.2.1　齿轮传动副的任务、要求

齿轮传动装置主要由齿轮传动副组成，其任务是传递伺服电动机输出的转矩和转速，并使伺服电动机与负载（工作台）之间的转矩和转动惯量相匹配，使伺服电动机的高速低转矩输出变为负载所要求的低速高转矩。

对传动装置总的要求是传动精度高、稳定性好和灵敏度高（或响应速度快）。在设计齿轮传动装置时，应从有利于提高这 3 个指标来提出设计要求。对于开环控制系统而言，传动误差直接影响数控设备的工作精度，因而应尽可能地缩短传动链、消除传动间隙，以提高传动精度和刚度。对于闭环控制系统，齿轮传动装置完全在闭环回路中，给系统增加了惯性环节，其性能参数将直接影响整个系统的稳定性。无论是开环还是闭环控制，齿轮传动装置都将影响整个系统的灵敏度，从这个角度考虑应注意减小摩擦、减小转动惯量，以提高传动装置的加速度。

4.3.2.2　消除间隙的齿轮传动机构

在数控设备的进给驱动系统中，考虑到惯量、转矩或脉冲当量的要求，有时要在电动机和丝杠之间加入齿轮传动副。而齿轮等传动副存在的间隙，会使进给运动反向滞后于指令信号，造成反向死区而影响其传动精度和系统的稳定性。因此，必须消除齿轮副的间隙。

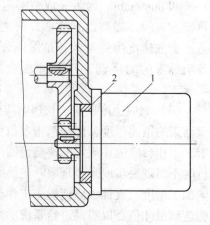

（1）直齿圆柱齿轮传动副。

1）偏心套调整法。图 4-12 所示是最简单的利用偏心套消除间隙的结构。电动机 1 通过偏心套 2 装到壳体上。通过转动偏心套就可调节两啮合齿轮的中心距，从而消除齿侧间隙。

图 4-12　偏心套消除间隙结构图
1—电动机；2—偏心套

2）轴向垫片调整法。图 4-13 所示是利用轴线垫片消除间隙的结构。两个啮合齿轮 1、2 的节圆直径沿齿宽方向制成稍有锥度，使其齿厚在轴向稍有变化，装配时只需改变垫片 3 的厚度，使两齿轮在轴向上相对移动，即可消除间隙。

3）双齿轮错齿调整法。图 4-14 所示是双齿轮错齿消除间隙结构，两个相同齿数的薄片齿轮 1、2 与另外一个宽齿轮啮合。可做相对回转运动的齿轮 1、2 套装在一起。每个薄片齿轮上分别开有周向圆弧槽，并在槽内压有装弹簧的短圆柱 3，在弹簧 4 的作用下使齿轮 1、2 错位，分别与宽齿轮的齿槽左右侧贴紧，从而消除齿侧间隙。

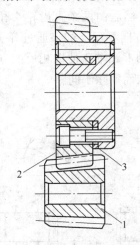

图 4-13　垫片消除间隙结构

1，2—齿轮；3—垫片

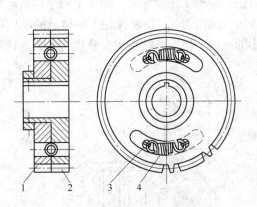

图 4-14　双齿轮错齿消除间隙结构

1，2—齿轮；3—短圆柱；4—拉簧

（2）斜齿圆柱齿轮传动副。

1）轴向垫片调整法。图 4-15 所示为斜齿轮垫片消除间隙的结构。宽齿轮同时与两个相同齿数的薄片齿轮啮合。装配时在两薄片齿轮间装入已知厚度为 t 的垫片 1，使两薄片齿轮分别与宽齿轮的左、右齿面贴紧，从而消除间隙。

2）轴向压簧调整法。图 4-16 所示为斜齿轮轴向压簧消隙结构。该结构消隙原理与轴向垫片调整法相似，所不同的是它是利用齿轮 2 右面的弹簧压力使两个薄片齿轮的左右齿

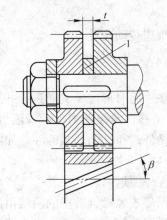

图 4-15　轴向垫片消除间隙结构

1—垫片

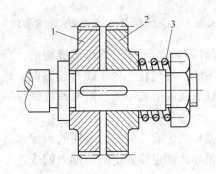

图 4-16　斜齿轮轴向压簧消隙结构

1，2—齿轮；3—弹簧

面分别与宽齿轮的左右齿面贴紧，以消除齿侧间隙。弹簧 3 的压力可利用螺母来调整。

（3）锥齿轮传动副。锥齿轮同圆柱齿轮一样可用上述类似的方法消除齿侧间隙。图 4-17 所示结构主要由两个啮合的锥齿轮 1 和 2 组成，其中在锥齿轮 1 的传动轴上装有压簧 3。锥齿轮 1 在弹簧力的作用下沿轴向移动，从而达到消除齿侧间隙的目的。

（4）齿轮齿条传动副。大型数控机床通常采用齿轮齿条来实现进给运动。进给力不大时，可以采用类似于圆柱齿轮传动中的双薄片齿轮结构，通过错齿的方法来消除间隙。当进给力较大时，通常采用双齿轮的传动结构，图 4-18 是这种消除间隙方法的原理图。进给运动由轴 2 输入，通过两对斜齿轮运动传给轴 1 和轴 3，然后由两个直齿轮 4 和 5 去传动齿条，带动工作台移动。轴 2 上两个斜齿轮的螺旋线的方向相反。如果通过弹簧在轴 2 上作用一轴向力 F，使斜齿轮产生微量的轴向移动，这时轴 1 和轴 3 便以相反的方向转过微小的角度，使直齿轮 4 和 5 分别与齿条的两齿面贴紧，从而消除了间隙。

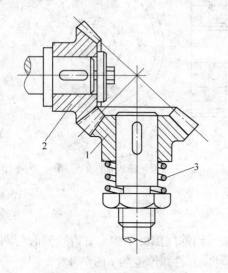

图 4-17　锥齿轮消隙结构图
1，2—锥齿轮；3—弹簧

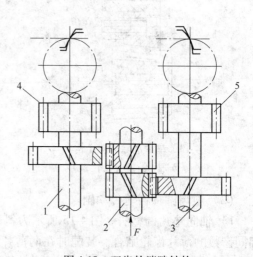

图 4-18　双齿轮消隙结构
1～3—轴；4，5—直齿轮

4.3.3　滚珠丝杠螺母副

滚珠丝杠螺母副是回转运动与直线运动相互转换的理想传动装置。

4.3.3.1　滚珠丝杠螺母副的工作原理

在丝杠和螺母上加工有弧形螺旋槽，当把它们套装在一起时形成螺旋通道，并且滚道内填满滚珠。当丝杠相对于螺母旋转时，两者发生轴向位移，而滚珠则可沿着滚道流动。按照滚珠返回的方式不同，滚珠丝杠螺母副可以分为内循环式和外循环式两种，如图 4-19 所示。

内循环式带有反向器，返回的滚珠经过反向器和丝杠外圆返回。

外循环式螺母旋转槽的两端由回珠管连接起来，外循环式螺母旋转槽的两端由回珠管连接起来，将滚珠从螺母的滚道末端导出，并使滚珠通过回珠管中空管道，又将滚珠导回螺母滚道的始端，滚珠可以作周而复始的循环运动。回珠管在滚道的两端还能起到挡珠的

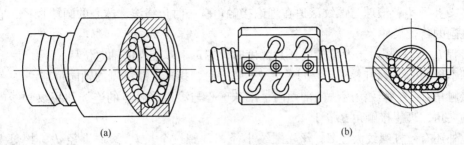

图 4-19　滚珠丝杠螺母副的工作原理

（a）内循环；（b）外循环

作用，用以避免滚珠沿滚道滑出。

4.3.3.2　滚珠丝杠螺母副的特点

在传动时，滚珠与丝杠、螺母之间基本上是滚动摩擦，所以具有下述特点：

（1）传动效率高，摩擦损失小。滚珠丝杠副的传动效率 $\eta = 0.92 \sim 0.96$，比常规的丝杠螺母副提高 $3 \sim 4$ 倍。因此，功率消耗只相当于常规的丝杠螺母副的 $1/4 \sim 1/3$。

（2）给予适当预紧，可消除丝杠和螺母的螺纹间隙，反向时就可以消除空行程死区，定位精度高，刚度好。

（3）运动平稳，无爬行现象，传动精度高。

（4）运动具有可逆性，可以从旋转运动转换为直线运动，也可以从直线运动转换为旋转运动，即丝杠和螺母都可以作为主动件。

（5）磨损小，使用寿命长。

（6）制造工艺复杂。滚珠丝杠和螺母等元件的加工精度要求高，表面粗糙度也要求高，故制造成本高。

（7）不能自锁。特别是对于垂直丝杠，由于自重惯力的作用，下降时当传动切断后，不能立刻停止运动，故常需添加制动装置。

4.3.3.3　滚珠丝杠副的参数

滚珠丝杠副的参数如图 4-20 所示。

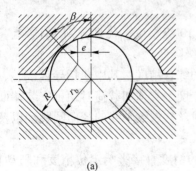
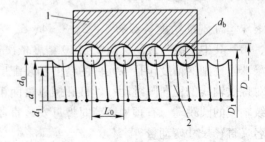

（a）　　　　　　　　　　　　　　　（b）

图 4-20　滚珠丝杠螺母副基本参数

1—滚珠螺母；2—滚珠丝杠

名义直径 d_0：滚珠与螺纹滚道在理论接触角状态时包络滚珠球心的圆柱直径，它是滚珠丝杠副的特征尺寸。

导程 L：丝杠相对于螺母旋转任意弧度时，螺母上基准点的轴向位移。

基本导程 L_0：丝杠相对于螺母旋转 2π 弧度时，螺母上基准点的轴向位移。

接触角 β：在螺纹滚道法向剖面内，滚珠球心与滚道接触点的连线和螺纹轴线的垂直线间的夹角，理想接触角 β 等于 $45°$。

此外还有丝杠螺纹大径 d、丝杠螺纹小径 d_1、螺纹全长 l、滚珠直径 d_b、螺母螺纹大径 D、螺母螺纹小径 D_1、滚道圆弧偏心距 e 以及滚道圆弧半径 R 等参数。

导程的大小是根据机床的加工精度要求确定的。精度要求高时，应将导程取小些，这样在一定的轴向力作用下，丝杠上的摩擦阻力较小。为了使滚珠丝杠副具有一定的承载能力，导程不能太小。导程取小了，就势必将滚珠直径 d_b 取小，滚珠丝杠副的承载能力亦随之减小。若丝杠副的名义直径 d_0 不变，导程小，则螺旋升角 λ 也小，传动效率 η 也变小。因此导程的数值在满足机床加工精度的条件下，应尽可能取大些。

名义直径 d_0 与承载能力直接有关，有的资料推荐滚珠丝杠副的名义直径 d_0 应大于丝杠工作长度的 1/30。

数控机床常用的进给丝杠，名义直径 $d_0 = \phi30 \sim \phi80\text{mm}$。

滚珠直径 d_b 应根据轴承厂提供的尺寸选用。滚珠直径 d_b 大，则承载能力也大，但在导程已确定的情况下，滚珠直径 d_b 受到丝杠相邻两螺纹间的凸起部分宽度限制。在一般情况下，滚珠直径 $d_b \approx 0.6L_0$。

设滚珠的工作圈数为 j 和滚珠总数为 N，由试验结果可知，在每一个循环回路中，各圈滚珠所受的轴向负载不均匀。第一圈滚珠承受总负载的 50% 左右，第二圈约承受 30%；第三圈约为 20%。因此，滚珠丝杠副中的每个循环回路的滚珠工作圈数取为 $j = 2.5 \sim 3.5$ 圈，工作圈数大于 3.5 无实际意义。

滚珠的总数 N，有关资料介绍不要超过 150 个。若设计计算时超过规定的最大值，则滚珠因流通不畅容易产生堵塞现象。若出现此种情况，可从单回路式改为双回路式或加大滚珠丝杠的名义直径 d_0 或加大滚珠直径 d_b 来解决。反之，若工作滚珠的总数 N 太少，将使得每个滚珠的负载加大，引起过大的弹性变形。

4.3.3.4　滚珠丝杠副的精度

滚珠丝杠副的精度等级有 1、2、3、4、5、7、10 级精度，代号分别为 1、2、3、4、5、7、10。其中 1 级为最高，从 2 到 10 精度依次逐级降低。

滚珠丝杠副的精度包括各元件的精度和装配后的综合精度，其中包括导程误差、丝杠大径对螺纹轴线的径向圆跳动、丝杠和螺母表面粗糙度、有预加载荷时螺母安装端面对丝杠螺纹轴线的圆跳动、有预加载荷时螺母安装直径对丝杠螺纹轴线的径向圆跳动以及滚珠丝杠名义直径尺寸变动量等。

在开环数控机床和其他精密机床中，滚珠丝杠的精度直接影响定位精度和随动精度。对于闭环系统的数控机床，丝杠的制造误差使得它在工作时负载分布不均匀，从而降低承载能力和接触刚度，并使预紧力和驱动力矩不稳定。因此，传动精度始终是滚珠丝杠最重要的质量指标。

4.3.3.5　滚珠丝杠螺母副的支承方式

丝杠两端的支承和螺母座的刚性，以及它们与机床之间的连接刚性，对进给系统的传动精度有很大的影响。下面介绍滚珠丝杠螺母副的几种主要方式。

（1）一端装止推轴承（固定-自由式，见图 4-21a）。这种方式的特点是承载能力小，轴向刚度低，仅适用于短丝杠。

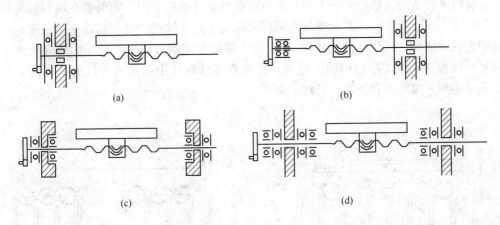

图 4-21　滚珠丝杠在机床上的支承形式

（2）一端装止推轴承，另一端装深沟球轴承（固定-支承式，见图 4-21b）。这种方式的特点是轴向刚度较小，丝杠有伸缩余地，结构复杂，仅适用于长丝杠。

（3）两端装止推轴承（见图 4-21c）。这种方式的特点是将止推轴承装在滚珠丝杠两端，并施加预紧拉力。这有助于提高传动刚度，但对热伸长较敏感。

（4）两端装双重止推轴承及深沟球轴承（固定-固定式，见图 4-21d）。这种方式的特点是传动刚度高，结构和安装工艺复杂，适用于长丝杠或高转速、高刚度、高精度的丝杠。

4.3.3.6　滚珠丝杠螺母副间隙的调整

滚珠丝杠的传动间隙是轴向间隙。为了保证反向传动精度和轴向精度，必须消除轴向间隙。消除间隙的方法常采用双螺母结构，即利用两个螺母的相对轴向位移，使两个滚珠螺母中的滚珠分别贴紧在螺旋滚道的两个相反的侧面上，从而消除间隙。

常用的双螺母丝杠消除间隙的方法有：

（1）双螺母垫片预紧方式结构。这种结构是通过调整垫片的厚度使左右螺母产生轴向位移，产生将双螺母向从中间向两边撑开，或向中间压紧，从而使钢球分别与左、右螺母内侧滚道或外侧滚道压紧，以达到调整间隙和预紧的目地，如图 4-22 所示。

（2）双螺母螺纹预紧方式结构。这种结构是用键限制螺母在螺母座内的转动。调整时，拧动圆螺母将

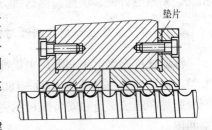

图 4-22　双螺母垫片预紧方式结构

双螺母中的右螺母沿轴向向右移动一定距离，产生的效果是将双螺母向从中间向两边撑开，从而使钢球分别与左、右螺母内侧滚道压紧，无论向哪个方向移动，均能保证无间隙传动，如图4-23所示。

（3）双螺母齿差预紧方式结构。如图4-24所示，在两个外齿螺母1和2的凸缘上，设计有圆柱外齿，外齿螺母1和2的齿数相差一个齿，它们分别与内齿圈3、4啮合。当需要调整两螺母间的距离时，拧动内齿圈3和4分别向相同的方向转过一个或多个齿。由于外齿螺母1和2的齿数相差一个齿，两外齿螺母每转动一个齿，则两者在圆周的转角差为（$360°/z_1 - 360°/z_2$），即两个螺母在圆周方向发生相互转动，且相互转动的角度与同向转动的齿数成正比，具体计算见式(4-2)。两个螺母在圆周方向发生相互的转动会产生与上述垫片调整预紧方式产生相同的效果，即将双螺母向从中间向两边撑开，或向中间压紧，从而达到调整间隙和预紧的目地。

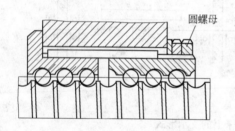

图4-23　双螺母螺纹预紧方式结构

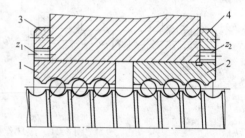

图4-24　双螺母齿差预紧方式结构
1，2—外齿螺母；3，4—内齿圈

双螺母齿差预紧的间隙消除量 Δ 可用下式简便地计算出

$$\Delta = \frac{nt}{z_1 z_2} \tag{4-2}$$

式中　　n——螺母在同一方向转过的齿数；

　　　　t——滚珠丝杠的导程；

　　z_1，z_2——齿轮的齿数。

如取 $z_1 = 99$、$z_2 = 100$、$t = 10\text{mm}$，则两个螺母同向旋转一个齿的相对轴向位移为：

$$\Delta = \frac{nt}{z_1 z_2} = \frac{1 \times 10}{99 \times 100} \approx 0.001(\text{mm})$$

可见，该调整机构可以实现微量调整，无需拆卸便能进行，与上述双螺母垫片调整法相比，调整更方便、快捷。但这种方式的结构复杂，制造难度较大。

4.3.3.7　滚珠丝杠副的润滑与密封

滚珠丝杠副也可用润滑剂来提高耐磨性及传动效率。润滑剂可分为润滑油及润滑脂两大类。润滑油为一般机油或90～180号透平油或140号主轴油。润滑脂可采用锂基油脂。润滑脂加在螺纹滚道和安装螺母的壳体空间内，而润滑油则经过壳体上的油孔注入螺母的空间内。

滚珠丝杠副常用防尘密封圈和防护罩。

（1）密封圈。密封圈装在滚珠螺母的两端。接触式的弹性密封圈用耐油橡皮或尼龙等材料制成，其内孔制成与丝杠螺纹滚道相配合的形状。接触式密封圈的防尘效果好，但因有接触压力，摩擦力矩略有增加。

非接触式的密封圈用聚氯乙烯等塑料制成，其内孔形状与丝杠螺纹滚道相反，并略有间隙，非接触式密封圈又称迷宫式密封圈。

（2）防护罩。防护罩连接在滚珠丝杠的支承座及滚珠螺母的端部，能防止尘土及硬性杂质等进入滚珠丝杠。防护罩的形式有锥形套管、伸缩套管。防护罩的材料必须具有防腐蚀及耐油的性能。如有用折叠式（手风琴式）的塑料或人造革防护罩，也有用螺旋式弹簧钢带制成的防护罩。

4.3.4 双导程蜗杆蜗轮副

数控机床上当要实现回转进给运动或大减速比的传动要求时，常采用蜗杆蜗轮副。蜗杆蜗轮副的啮合侧隙，对传动、定位精度影响大，因此，消除其侧隙就成为设计中的关键问题。为了消除传动侧隙，可采用双导程蜗杆蜗轮副。

4.3.4.1 双导程蜗杆的结构与工作原理

双导程蜗杆与普通蜗杆的区别是：双导程蜗杆齿的左、右两侧面具有不同的导程，而同一侧的导程不变。因此，该蜗杆的齿厚从蜗杆的一端向另一端均匀地逐渐增厚或减薄。

双导程蜗杆如图 4-25 所示，图中 $L_左$、$L_右$ 分别为蜗杆齿左侧面、右侧面导程，s 为齿厚，c 为槽宽。

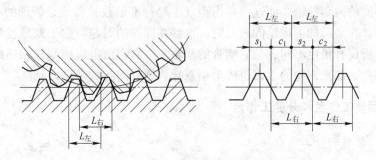

图 4-25　双导程蜗杆齿形

$$s_1 = L_左 - c_1$$
$$s_2 = L_右 - c_1$$

若 $L_右 > L_左$，则 $s_2 > s_1$。

同理，$s_3 > s_2$。

……

因此有：　　　　　$s_n > s_{n-1} > \cdots > s_3 > s_2 > s_1$

所以双导程蜗杆又称变齿厚蜗杆，故可用轴向移动蜗杆的方法来消除或调整蜗轮蜗杆之间的啮合间隙。

双导程蜗杆副的啮合原理与一般的蜗杆副啮合原理相同，蜗杆的轴截面仍相当于基本齿条，蜗轮则相当于同它啮合的齿轮。蜗杆齿左、右侧面具有不同的齿距，即齿的左、右两侧面具有不同的模数 $m(m = L/\pi)$。但因为同一侧的齿距相同，故没有破坏啮合条件，当轴向移动蜗杆后，也能保证良好的啮合。

4.3.4.2　双导程蜗杆蜗轮副的特点

双导程蜗杆蜗轮副在具有回转进给运动或分度运动的数控机床上应用广泛，是因为其具有突出优点：

（1）啮合间隙可调整得很小。根据实际经验，侧隙调整可以小至 $0.01 \sim 0.015\text{mm}$。而普通蜗轮副一般只能达到 $0.03 \sim 0.08\text{mm}$，如果再小，就容易产生咬死现象。因此双导程蜗轮副能在较小的侧隙下工作，这对提高数控转台的分度精度非常有利。

（2）普通蜗轮副是以蜗杆沿蜗轮做径向移动来调整啮合侧隙的，因而改变了传动副的中心距。从啮合原理角度看，这是很不合理的。因为改变中心距会引起齿面接触情况变差，甚至加剧它们的磨损，不利于保持蜗轮副的精度。而双导程蜗轮副是用蜗杆轴向移动来调整啮合侧隙的，不会改变传动副的中心距，可以避免上述缺点。

（3）双导程蜗杆是用修磨调整环来控制调整量的，调整准确，方便可靠；而普通蜗轮副的径向调整量较难掌握，调整时也容易产生蜗杆轴线歪斜。

（4）双导程蜗轮副的蜗杆支承直接做在支座上，只需保证支承中心线与蜗轮中截面重合，中心距公差可略微放宽，装配时，用调整环来获得合适的啮合侧隙，这是普通蜗轮副无法办到的。

双导程蜗杆的缺点是：蜗杆加工比较麻烦，在车削和磨削蜗杆左、右齿面时，螺纹传动链要选配不同的两套挂轮。而这两种齿距（不是标准模数）往往是烦琐的小数，精确配算挂轮很费时。在制造加工蜗轮的滚刀时，也存在同样的问题。由于双导程蜗杆左右齿面的齿距不同，螺旋升角也不同，与它啮合的蜗轮左、右齿面也应同蜗杆相适应，才能保证正确啮合，因此，加工蜗轮的滚刀也应根据双导程蜗杆的参数来设计制造。

4.3.5　数控回转工作台和分度工作台

4.3.5.1　数控回转工作台

数控回转工作台是数控铣床、数控镗床、加工中心等数控机床不可缺少的重要部件。数控回转工作台的主要功能有两个：一是实现工作台的进给分度运动，即在非切削时，装有工件的工作台在整个圆周（360°范围内）进行分度旋转；二是实现工作台圆周方向的进给运动，即在进行切削时，与 X、Y、Z 这 3 个坐标轴进行联动，加工复杂的空间曲面。

如图 4-26 所示给出了自动换刀数控卧式镗铣床的数控工作台。该数控回转台由传动系统、间隙消除装置及蜗轮夹紧装置等组成。它由伺服电动机 1 驱动，经齿轮 2 和 4 带动蜗杆 9、蜗轮 10 使工作台回转。通过调整偏心套 3 来消除齿轮 2 和 4 的啮合侧隙。为了消除轴和套的配合间隙，通过楔形拉紧圆柱销 5 来连接齿轮 4 与蜗杆 9。工作台静止时，必须处于锁紧状态。为此，在蜗轮底部装有 8 对夹紧块 12 及 13，并在底座上均布着 8 个小液压缸 14。液压缸 14 的上腔通入液压油，使活塞向下运动，通过钢球 17 撑开夹紧块 12 及 13，将蜗轮夹紧。当工作台需要回转时，数控系统发出指令，液压缸 14 上腔的油流回

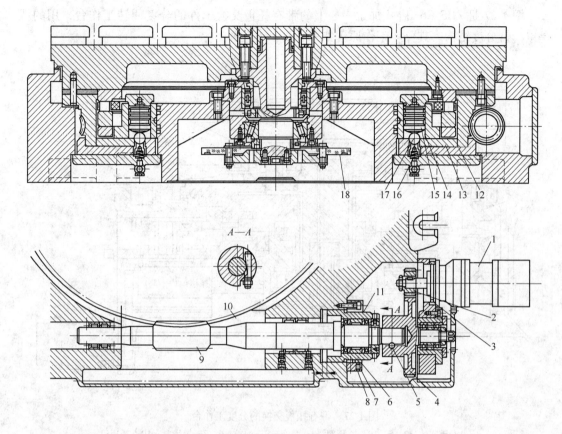

图 4-26　数控回转工作台

1—驱动电动机；2，4—齿轮；3—偏心套；5—楔形拉紧圆柱销；6—压块；7—螺母；8—锁紧螺钉；9—蜗杆；
10—蜗轮；11—调整套；12，13—夹紧块；14—夹紧液压缸；15—活塞；16—弹簧；17—钢球；18—光栅

油箱，钢球 17 在弹簧 16 的作用下向上抬起，夹紧块 12 和 13 松开蜗轮，这时蜗轮和回转工作台可按照控制系统的指令做回转运动。该数控工作台可作任意角度的回转和分度，由光栅 18 进行读数控制。

4.3.5.2　分度工作台

数控机床的分度工作台与回转工作台的区别在于它根据加工要求将工件回转至所需的角度，以达到加工不同面的目的。它不能实现圆周进给运动，故结构上与回转工作台有所区别。

分度工作台主要有两种形式：定位销式分度工作台和鼠齿盘式分度工作台。定位销式分度工作台的定位分度主要靠工作台的定位销和定位孔实现，分度的角度取决于定位孔在圆周上分布的数量，由于其分度角度的限制及定位精度低等原因，很少用于现代数控机床和加工中心上。鼠齿盘式分度工作台是利用一对上下啮合的齿盘的相对旋转来实现工作台的分度，分度的角度范围依据齿盘的齿数而定。其优点是定位刚度好，重复定位精度高，分度精度可达 ±0.5″~3″，且结构简单；缺点是鼠齿盘的制造精度要求很高。目前鼠齿盘式工作台已经广泛应用于各类加工中心上。

　　图 4-27 是 ZHS-K63 卧式加工中心上的带有托板交换工件的分度回转工作台,用的就是鼠齿盘分度结构。其分度工作原理如下:

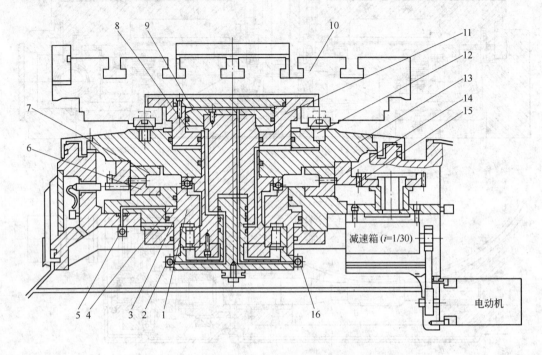

图 4-27　带有托板交换的分度工作台

1—活塞体；2，5，16—液压阀；3，4，8，9—油腔；6，7—鼠齿盘；10—托板；
11—液压缸；12—定位销；13—工作台体；14—齿圈；15—齿轮

　　当回转工作台不转位时,上齿盘 7 和下齿盘 6 总是啮合在一起。当控制系统给出分度指令后,电磁铁控制换向阀运动(图中未画出),使压力油进入油腔 3,从而使活塞体 1 向上移动,并通过滚珠轴承带动整个工作台体 13 向上移动。工作台体 13 的上移使得鼠齿盘 6 与 7 脱开,装在工作台体 13 上的齿圈 14 与驱动齿轮 15 保持啮合状态。电动机通过皮带和一个降速比 $i=1/30$ 的减速箱带动齿轮 15 和齿圈 14 转动。当控制系统给出转动指令时,驱动电动机旋转并带动上齿盘 7 旋转进行分度。当转过所需角度后,驱动电动机停止,压力油通过液压阀 5 进入油腔 4,迫使活塞体 1 向下移动并带动整个工作台体 13 下移,使上下齿盘相啮合,从而完成了工作台的分度回转。

　　驱动齿轮 15 上装有剪断销(图中未画出),如果分度工作台发生超载或碰撞等现象,剪断销将自动切断,从而避免了机械部分的损坏。

　　分度工作台根据编程命令可以正转,也可以反转,由于该齿盘有 360 个齿,故最小分度单位为 1°。

　　分度工作台上的两个托板是用来交换工件的,如图 4-28 所示。托板规格为 ϕ630mm。图 4-27 中托板 10 台面上有 T 形槽,其左边沿凸起零件为定位块,用来作为定位挡边。托板台面利用 T 形槽可安装夹具和零件。托板本身靠四个精磨的圆锥定位销 12(见图 4-27)在分度工作台上定位,由液压夹紧。托板的交换过程如下:

如图 4-27 所示，当需要更换托板时，控制系统发出指令，使分度工作台返回零位。此时液压阀 16 接通，压力油进入油腔 9，使得液压缸 11 向上移动，托板则脱开定位销 12。当托板被顶起后，图 4-28 中的交换液压缸 1 带动齿条 2 向左移动，从而带动与其相啮合的齿轮旋转，并使整个托板装置旋转。当托板沿着滑动轨道旋转 180°时，完成整个托板交换过程。当新的托板到达分度工作台上面时，空气阀（图中未示）接通，压缩空气经管路从托板定位销 12（见图 4-27）中间吹出，清除托板定位销孔中的杂物。同时，图 4-27 中的电磁液压阀 2 接通，压力油进入油腔 8，迫使液压缸 11 向下移动，并带动托板夹紧在 4 个定位销 12 中，完成整个托板的交换过程。

托板夹紧和松开一般不单独操作，而是在托板交换时自动进行。图 4-28 所示的是二托板交换装置，作为选件也有四托板交换装置。

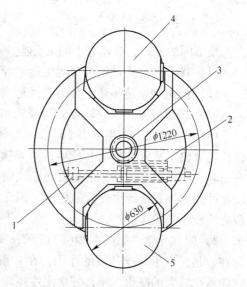

图 4-28　托板交换装置
1—液压缸；2—齿条；3—圆柱齿轮；
4—托板 1；5—托板 2

4.3.6　导轨

导轨质量对机床的刚度、加工精度和使用寿命都有很大的影响，作为机床进给系统的重要环节，数控机床的导轨比普通机床的导轨要求更高。现代数控机床采用的导轨主要有塑料滑动导轨、滚动导轨和静压导轨。

4.3.6.1　对导轨的基本要求

数控机床对导轨的基本要求有以下几点：

（1）导向精度高。导向精度主要是指运动部件沿导轨运动时的直线度或圆度。影响导向精度的主要因素有导轨的几何精度、导轨的接触精度、导轨的结构形式、动导轨及支承导轨的刚度和热变形与装配质量、动压导轨和静压导轨之间油膜的刚度。

（2）足够的刚度。导轨刚度是指导轨在动静载荷下抵抗变形的能力。导轨要有足够的刚度，以保证其在静载荷作用下不产生过大的变形，从而保证各部件间的相对位置和导向精度。

（3）良好的摩擦特性。导轨要有良好的摩擦特性，以减小导轨磨损。如导轨摩擦特性差，在动导轨沿支承导轨面长期运行后，会引起较为严重的导轨不均匀磨损，破坏导轨的导向精度，从而影响机床的加工精度。导轨的磨损形式可归结为硬粒磨损、咬合和热焊、疲劳和压溃等几种形式。

（4）低速运动的平稳性。在低速运动时，作为运动部件的动导轨易产生爬行现象。进给运动的爬行会降低工件精度，故要求导轨低速运动平稳，不产生爬行，这对高精度机床尤其重要。

（5）结构简单、工艺性好。导轨要制造和维修方便，在使用时便于调整和维护。

4.3.6.2　导轨的基本类型

按不同的方式，导轨有不同的分类。

（1）按工作性质导轨可分为主运动导轨、进给运动导轨。

（2）按运动轨迹导轨可分为直线运动导轨和圆周导轨。

（3）按承载方式，导轨可分为开式和闭式两种。

1）开式导轨：如图 4-29（a）所示，动导轨在运动件自身重量及外载荷 F 的作用下，保持动导轨不从床身导轨上分离，动导轨只是放在床身导轨上，在 c、d 两处导轨面贴合在一起。由于没有构件提供约束动导轨向上移动的自由度，如受到向上的倾翻力矩，动导轨便可能被挑起或产生较大的振动，因而开式导轨一般用于承受垂直向下载荷的机床或颠覆力矩较小的机床。

2）闭式导轨：如图 4-29（b）所示，动导轨安放在床身导轨上，在 e、f 两处导轨面贴合在一起，由于 l、z 压板的作用，在 g 和 h 面处提供约束动导轨向上移动的自由度，所以它能承受较大的颠覆力矩，导轨刚度也较大。

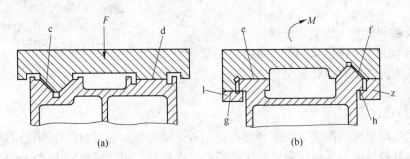

图 4-29　开式与闭式导轨

（a）开式；（b）闭式

c，f—V 形导轨；d，e—矩形导轨；g，h—把合面；l，z—压板

（4）导轨按摩擦性质可分为滑动导轨和滚动导轨。

滑动导轨按其表面摩擦形式可分为液体静压导轨、液体动压导轨和混合摩擦导轨。

1）液体静压导轨。两导轨面间有一层静压油膜，其摩擦性质属于纯液体摩擦，多用于进给运动导轨。

2）液体动压导轨。当导轨面之间相对滑动速度达到一定值时，液体的动压效应使导轨面间形成压力油膜，把导轨面隔开。这种导轨属于纯液体摩擦，多用于主运动导轨。

3）混合摩擦导轨。这种导轨在导向面间有一定的动压效应，但相对滑动速度还不足以形成完全的压力油楔，导轨面大部分仍处于直接接触，介于液体摩擦和干摩擦之间的状态。大部分进给运动导轨属于此类型。

滚动导轨是两导轨面之间为滚动摩擦，导轨间采用滚珠、滚柱或滚针等为滚动体，目前，在进给运动中得到较大应用。

4.3.6.3　数控机床常用导轨的工艺和特点

（1）滚动导轨。滚动导轨是在导轨工作面间放入滚珠、滚柱或滚针等滚动体，使导轨面间成为滚动摩擦，从而使滚动导轨的摩擦因数小，动、静摩擦因数差别小。其启动阻力小，能微量准确移动，低速运动平稳，无爬行，因而运动灵活，定位精度高。通过预紧可以提高刚度和抗振性，承受较大的冲击和振动，寿命长，是适合数控机床进给系统应用的比较理想的导轨元件。

常用的滚动导轨有滚动导轨块和直线滚动导轨两种，如图4-30所示。

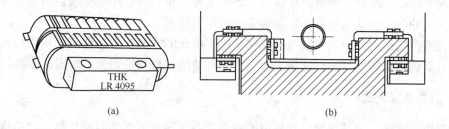

图4-30　滚动导轨块
（a）单元滚动块；（b）滚动导轨块在加工中心上的应用

（2）塑料滑动导轨。塑料滑动导轨具有摩擦因数低，动、静摩擦因数差值小，减振性好，阻尼性好，耐磨性好，有自润滑作用，结构简单、维修方便、成本低等特点。目前，数控机床所采用的塑料滑动导轨有铸铁对塑料滑动导轨和镶钢对塑料滑动导轨。塑料滑动导轨常安装在导轨副的运动导轨上，与之相配的金属导轨采用铸铁或钢质材料。塑料滑动导轨分为贴塑导轨和注塑导轨。

1）贴塑导轨。贴塑导轨是在导轨滑动面上贴一层抗磨的塑料软带，与之相配的导轨滑动面经淬火和磨削加工。软带以聚四氟乙烯为材料，添加合金粉和氧化物制成。塑料软带可切成任意大小和形状，用黏接剂黏接在导轨基面上，如图4-31所示。由于这类导轨用黏接方法，因此称为贴塑导轨。

2）注塑导轨。导轨注塑或抗氧化涂层的材料是基体环氧树脂和二硫化钼中加入增塑剂，混合成的液状或膏状为一组分，固化剂为另一组分的塑料涂层。这种涂料附着力强，具有良好的可加工性，可经过车、铣、

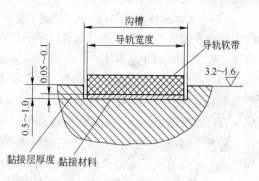

图4-31　塑料滑动导轨

刨、磨削加工，也有良好的摩擦特性和耐磨性，而且固化时体积不收缩，尺寸稳定。特别是可以在调整好固定导轨和运动导轨间的相关位置精度后注入涂料，节省许多加工工时，尤其适用于重型机床和不能用导轨软带的复杂配合型面。

（3）液体静压导轨。液体静压导轨是将具有一定压力的油液，经节流器输送到导轨面上的油腔中，形成承载油膜，将相互接触的导轨表面隔开，实现液体摩擦。这种导轨的摩擦因数小（一般为0.001～0.005），机械效率高，能长期保持导轨的导向精度。承载油膜有良好的吸振性，低速时不易产生爬行，所以在机床上得到日益广泛的应用。这种导轨的缺点是结构复杂，且需配置一套专门的供油系统，制造成本较高。

4.4　数控机床自动换刀装置

为了进一步提高生产效率、改进产品质量及改善劳动条件，数控机床正朝着一台机床在一次装夹中完成多道工序加工的方向发展。为此，在数控机床上必须具备自动换刀装置。自动换刀装置应该满足换刀时间短，刀具重复定位精度高，刀具储存数量足够，结构紧凑，便于制造、维修、调整，有防屑、防尘装置，布局应合理等要求；同时也应具有较好的刚性，冲击、振动及噪声小，运转安全可靠等特点。

各类数控机床的自动换刀装置的结构取决于机床的类型、工艺范围、使用刀具种类和数量。目前数控机床使用的自动换刀装置主要有转塔式自动换刀和刀库式自动换刀两种。

4.4.1　刀具选择方式

根据换刀指令，刀具交换装置从刀库中挑选各工序所需刀具的操作称为自动选刀。常用的选刀方式主要有顺序选刀和任意选刀两种。任意选刀又分为刀具编码选刀、刀座编码选刀和记忆式选刀3种。

（1）顺序选刀方式。顺序选刀是在加工之前，将刀具按预定的加工工艺先后顺序依次插入刀库的刀座中，加工时按顺序选刀。用过的刀具放回原来的刀座内，也可以按加工顺序放入下一个刀座内。但加工不同的工件时必须重新调整刀具顺序，因而操作十分烦琐；而且同一工件、不同工序加工时，刀具也不能重复使用，这样就增加了刀具的数量和刀库的容量，降低了刀具和刀库的利用率。此外，装刀时必须十分谨慎，如果不按顺序装刀，将会产生严重的后果。由于该方式不需要刀具识别装置，因而驱动控制简单，工作可靠。因此，此种方式适合加工批量较大、工件品种数量较少的中、小型自动换刀数控机床。

（2）刀具编码选刀方式。刀具编码选刀方式是采用一种特殊的刀柄结构，对每把刀具按照二进制原理进行编码。换刀时通过编码识别装置在刀库中识别所需的刀具。这样就可以将刀具存放于刀库的任意刀座中，并且刀具可以在不同的工序中重复使用，刀库的容量减小，用过的刀具也不一定放回原刀座中，避免了因刀具存放顺序的差错而造成事故，同时也缩短了刀库的运转时间，简化了自动换刀控制线路。但由于要求每把刀具上都带有专用编码系统，刀具长度增加，制造困难，刚度降低，同时机械手和刀库结构也变得复杂。

（3）刀座编码选刀方式。刀座编码选刀方式是对刀库中的刀座进行编码，并将与刀座编码对应的刀具放入刀座中，换刀时根据刀座的编码进行选刀。由于这种编码方式取消了刀柄中的编码环，刀柄结构大为简化。刀座编码的识别原理与刀柄编码的识别原理相同，但由于取消了刀柄编码环，识别装置的结构不再受刀柄尺寸的限制，而且可以放在较适当的位置。这种方式的缺点是当操作者把刀具放入与刀座编码不符的刀座中时仍然会造成事故；同时，在自动换刀过程中必须将用过的刀具放回原来的刀座中，增加了换刀动作的复杂性。与顺序选刀方式相比，刀座编码选刀方式最突出的优点也是刀具在加工过程中可以重复使用。

（4）记忆式选刀方式。目前，绝大多数采用加工中心记忆式选刀方式。它取消了传统的编码环和识别装置，利用软件构制一个模拟刀库数据表，其长度和表内设置的数据与刀库的刀座数及刀具号对应，选刀时数控装置根据数据表中记录的目标刀具位置，控制刀库旋转，将选中的刀具送到取刀位置，用过的刀具可以任意存放，由软件记住其存放的位置，因此具有方便灵活的特点。这种方式主要由软件完成选刀，从而消除了由于识别装置的稳定性、可靠性所带来的选刀失误。

4.4.2 转塔式自动换刀装置

转塔式自动换刀装置可分为回转刀架式和转塔头式两种。回转刀架式用于各种数控车床和车削中心，转塔头式多用于数控钻床、镗床、铣床。

4.4.2.1 回转刀架换刀

数控车床的回转刀架是一种最简单的自动换刀装置。根据加工对象的不同，它可设计成四方刀架、六方刀架或圆盘式轴向装刀刀架等多种形式，相应地安装 4 把、6 把或更多的刀具，并按数控装置的指令回转、换刀。

回转刀架在结构上必须具有良好的强度和刚性，以承受粗加工时的切削抗力。由于车削精度在很大程度上取决于刀尖位置，对数控车床来说，加工过程中刀尖位置不能人工调整，因此，更有必要选择可靠的定位方案和合理的定位结构，以保证回转刀架在每次转位后，具有尽可能高的重复定位精度（一般为 0.005 ~ 0.01mm）。

在数控车床上，回转刀架和其上的刀具布置大致有单回转刀架、双回转刀架、双排回转刀架等结构形式。

图 4-32 所示为双回转刀架，可分别布置外圆和内孔刀具。其中上刀架 2 用于安装外圆车刀，主要加工工件外圆；下刀架 3 用于安装内孔车刀，主要加工工件内孔。

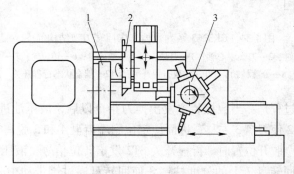

图 4-32 双回转刀架数控车床

1—主轴；2—上刀架；3—下刀架

图 4-33 所示为双排回转刀架，外圆类、内孔类刀具分别布置在刀架的一侧面，回转刀架的回转轴与主轴倾斜，每个刀位可装两把刀具，用于加工外圆和内孔。

数控车床回转刀架动作的要求是：刀架抬起、刀架转位、刀架定位和夹紧刀架。为完成上述动作要求，要有相应的机构来实现，下面就以CK3263 系列数控车床回转刀架（见图 4-33）为例说明其具体结构。

图 4-34 是 CK3263 系列数控车床回转刀架结构简图。刀架的升起、转位、夹紧等动作都是由

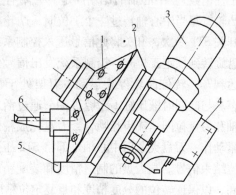

图 4-33 双回转刀架数控车床

1—刀具安装孔；2—转塔头；3—驱动电动机；
4—底座；5—外圆刀具；6—内孔刀具

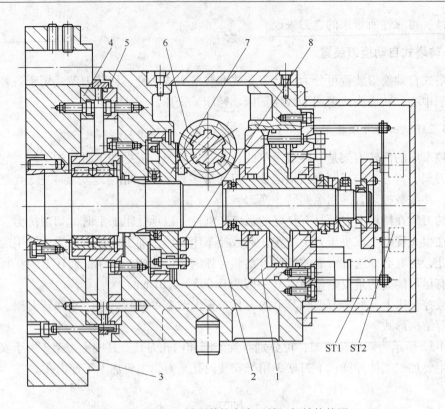

图 4-34　CK3263 系列数控车床回转刀架结构简图

1—液压缸；2—刀架中心轴；3—刀盘；4，5—端齿盘；6—转位轮；7—回转盘；

8—分度柱销；ST1—计数行程开关；ST2—啮合状态行程开关

液压驱动的。其工作过程是：当数控装置发出换刀指令以后，液压油进入液压缸 1 的右腔，通过活塞推动中心轴 2 使刀盘 3 左移，进而使定位副端齿盘 4 和 5 脱离啮合状态，为转位做好准备。齿盘处于完全脱开位置时，行程开关 ST2 发出转位信号，液压马达带动转位凸轮 6 旋转，凸轮依次推动回转盘 7 上的分度柱销 8 使回转盘通过键带动中心轴及刀盘做分度转动。凸轮每转过一周拨过一个柱销，使刀盘旋转一个工位（$1/n$ 周，n 为刀架工位数，也等于柱销数）。中心轴的尾端固定着一个有 n 个齿的凸轮，每当中心轴转过一个工位时，凸轮压合计数开关 ST1 一次，开关将此信号送入控制系统。当刀盘旋转到预定工位时，控制系统发出信号使液压马达刹车，转位凸轮停止运动，刀架处于预定位状态。与此同时液压缸 1 左腔进油，通过活塞将中心轴和刀盘拉回，端齿盘啮合，刀盘完成精定位和夹紧动作。刀盘夹紧后中心轴尾部将 ST2 压下发出转位结束信号。端齿盘的制造精度和装配精度要求较高，以保证转位的分度精度和重复定位精度。

　　刀盘转位驱动采用圆柱凸轮步进传动机构，其工作原理如图 4-35 所示。圆柱凸轮是在圆周面

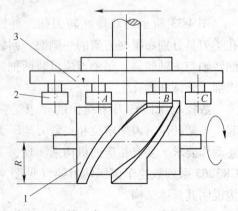

图 4-35　圆柱凸轮步进传动机构简图

1—凸轮；2—分度柱销；3—回转盘

上加工出一条两端有头的凸轮轮廓。从动回转盘端面有多个柱销，柱销数量与工位数相等。按图 3-35 所示方向旋转时，B 销先进入凸轮轮廓的曲线段，这时凸轮开始驱动回转盘转位，与此同时 A 销与凸轮轮廓脱开。当凸轮转过 180° 时，B 销接触的凸轮轮廓由曲线段过渡到直线段，同时与 B 销相邻的 C 销开始与凸轮的直线轮廓的另一侧面接触，凸轮继续转动，回转盘不动，刀架处于预定位状态。由于凸轮是一个两端开口的非闭合曲线轮廓，所以凸轮正反转时均可带动回转盘做正反方向的旋转。因此，这种刀架可通过控制系统中的逻辑电路来自动选择刀盘回转方向，以缩短转位时间，提高换刀速度。

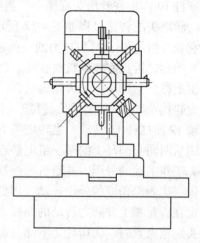

4.4.2.2 转塔头式换刀

使用旋转刀具的数控机床采用转塔转位更换主轴头，在转塔的各主轴头上根据加工的工序预先安装所用刀具，转塔依次转位，就可实现自动换刀。工作时只有位于加工位置的主轴头才与主运动接通，而其他处于不加工位置的主轴都与主运动脱开。图 4-36 是转塔式镗铣床外观图。

图 4-36 转塔式镗铣床外观图

图 4-37 所示为卧式八轴转塔头结构。转塔头内均布八根结构完全相同的刀具主轴。

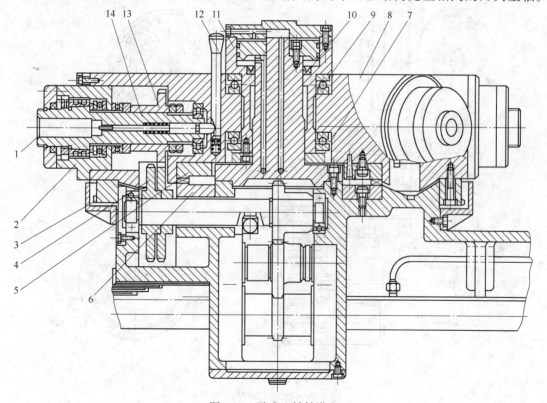

图 4-37 卧式八轴转塔头

1—主轴；2—前轴承座；3—大齿轮；4—滑移齿轮；5，6—齿盘；7，9—推力轴承；
8—转塔体；10—活塞杆；11—中心液压缸；12—操纵杆；13—齿轮；14—顶杆

前轴承座 2 连同主轴 1 作为一个组件整体装卸，便于调整主轴轴承的轴向和径向间隙。按压操纵杆 12，通过顶杆 14 卸下主轴孔内的刀具。由电动机经变速机构（图中未示出）、传动齿轮、滑移齿轮 4 到齿轮 13，带动主轴旋转。上齿盘 5 固定在转塔体 8 上，下齿盘 6 则固定在转塔底座上。转塔体 8 由两个推力球轴承 7、9 支承在中心液压缸 11 上，活塞和活塞杆 10 固定在转塔头底座上。当压力油进入油缸下腔时，转塔头即被压紧在底座上。

　　转塔头的转位过程如图 4-37 所示，首先由液压拨叉（图中未示出）移动滑移齿轮 4，使它脱开齿轮 13。然后压力油经固定活塞杆 10 中的孔进入中心液压缸 11 的上腔，使转塔体 8 抬起，齿盘 5 和齿盘 6 脱开。当图 4-38 中的转塔主体 1 抬起时，与其连在一起的大齿轮也上移，与轴 4 上的齿轮 3 啮合。当推动转塔头转位液压缸活塞移动时，活塞杆齿条 5 经齿轮传动轴 4，使转塔头转位。同时，轴 4 下端的小齿轮通过齿轮 8、棘爪 15、棘轮 14、小轴 12 使杠杆 11 转动。当转塔头下一个刀具主轴转到工作位置时，杠杆 11 端部的金属电刷从两同心圆环上的某一组电触点转动，与下一组电触点相接，这样就可识别和记忆转塔头工作主轴的号码，并给机床控制系统发出信号。活塞杆齿条 5 每次移动，只能使转塔头做一次固定角度的分度运动，因此只适于顺序换刀。当活塞杆齿条 5 到达行程终点时，固定在齿轮 8 上并随之转动的挡杆 7 按压微动开关 6，发出信号使转塔头体下降压紧，转塔头定位夹紧时，大齿轮 2 下降与齿轮 3 脱开，此时大齿轮 2 下端面使一微动开关发出信

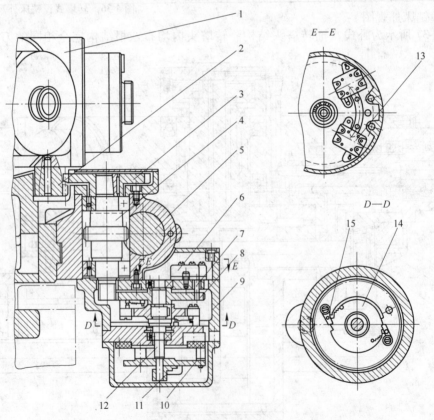

图 4-38　转塔头转位机构

1—转塔主体；2—大齿轮；3，8—齿轮；4—轴；5—活塞杆齿条；6，13—微动开关；
7—挡杆；9—壳体；10—盘；11—杠杆；12—小轴；14—棘轮；15—棘爪

号，使通向齿条油缸的油路换向，齿条活塞杆复位，这时齿轮 8 上的挡杆 7 按压微动开关 13，发出转塔头转位完毕的信号。液压拨叉重新将滑移齿轮 4 移到与齿轮 13 啮合位置，使在工作位置的刀具主轴接通主运动链。

转塔头式换刀方式的主要优点在于省去了自动松夹刀具、装拆刀具、夹紧刀具以及搬运刀具等一系列复杂操作，因而结构简单，换刀可靠性高，并且换刀时间短。但由于空间限制，主轴数目较少，并且主轴结构也不能设计得十分坚固，因此限制了机床的工艺能力，降低了主轴的刚度和承载能力。由于上述原因，转塔主轴头通常只适用于工序较少，精度要求不太高的数控机床，如数控钻床、数控钻镗床等。

4.4.3 刀库与机械手换刀

4.4.3.1 刀库

刀库是用来储存加工刀具及辅助工具的，它是自动换刀装置中最主要的部件之一。

A 刀库的类型

刀库按结构形式可分为圆盘式刀库、链式刀库、格子箱式刀库和直线式刀库。

（1）圆盘式刀库如图 4-39 所示，其结构简单，应用也较多。但因刀具采用单环排列，空间利用率低，所以，圆盘式刀库一般用于刀具容量较小的刀库。

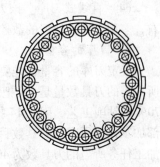

图 4-39 圆盘式刀库

（2）链式刀库如图 4-40 所示，适用于刀库容量较大的场合。链的形状可以根据机床的布局配置，也可将换刀位突出以利于换刀。当需要增加链式刀库的刀具容量时，只需增加链条的长度，在一定的范围内，无需变更刀库的线速度及惯量。一般刀具数量在 30～120 把时都采用链式刀库。

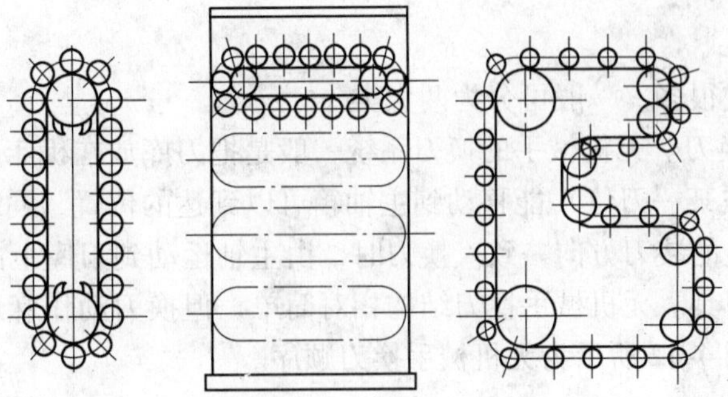

（a）　　　　　　　（b）　　　　　　　（c）

图 4-40 链式刀库
（a）单排链式；（b）多排链式；（c）加长链条的链式刀架

（3）格子箱式刀库。如图 4-41 所示，结构比较简单。格子箱式刀库一般容量比较大，刀库的空间利用率较高，但换刀时间较长，布局不灵活，通常将刀库安放在工作台上。该刀库应用较少，往往用于加工单元式加工中心。

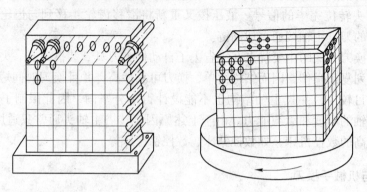

图 4-41　格子箱式刀库

（4）直线式刀库。该刀库将刀具沿直线一字排列，刀库容量小，一般在十几把刀左右，多用于自动换刀的数控车床，数控钻床也有采用。

B　刀库的容量

确定刀库的容量首先要考虑加工工艺的需要。对若干种工件进行分析表明，各种加工所必需的刀具数量是：4 把铣刀可完成工件 95% 左右的铣削工艺，10 把孔加工刀具可完成 70% 的钻削工艺，因此 14 把刀的容量就可完成 70% 以上工件的钻铣工艺。如果从完成全部加工任务所需的刀具数目统计，则 80% 的工件（中等尺寸、复杂程度一般）完成全部加工任务所需的刀具数为 40 种以下。所以对一般的中、小型立式加工中心，配有 14 ~ 40 把刀具的刀库就能够满足 70% ~95% 工件的加工需要。

4.4.3.2　刀具交换装置

数控机床的自动换刀装置中，实现刀库与机床主轴之间传递和装卸刀具的装置称为刀具交换装置。刀具的交换方式和刀库交换装置的具体结构及机床的生产效率和工作可靠性有着直接的影响。

A　刀具交换方式

刀具的交换方式很多，一般可分为两大类。

（1）无机械手换刀。无机械手的换刀系统一般是把刀库放在机床主轴可以运动到的位置，或整个刀库（或某一刀位）能移动到主轴箱可以到达的位置，同时，刀库中刀具的存放方向一般与主轴上的装刀方向一致。换刀时，由主轴运动到刀库上的换刀位置，利用主轴直接取走或放回刀具。无机械手换刀结构相对简单，但换刀动作麻烦，时间长，并且刀库的容量相对少。图 4-42 所示为无机械手换刀顺序。

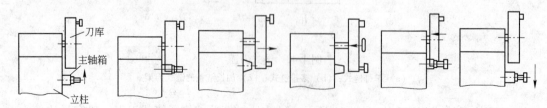

图 4-42　无机械手换刀顺序示意图

（2）机械手换刀。在加工中心中，机械手进行刀具交换的方式应用最为广泛，这是因为机械手换刀装置所需的换刀时间短，换刀动作灵活。机械手结构多样，从手臂的类型来看，有单臂机械手、双臂机械手等。双刀库机械手装置，其特点是两个刀库和两个单臂机械手进行工作，因而机械手的工作行程大为缩短，可有效地节省换刀时间。另外，还由于刀库分两处设立，故机床整体布局较为合理。

B　自动刀具交换步骤

下面以 BT50-24TOOL 圆盘式刀库为例，分析自动换刀装置的换刀步骤，如图 4-43 所示。

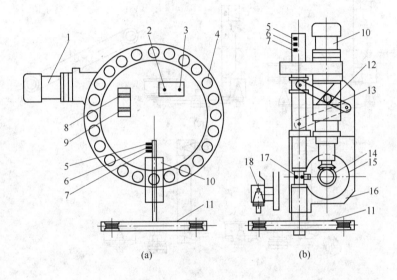

图 4-43　BT50-24TOOL 圆盘式刀库结构简图

（a）圆盘式刀库结构简图；（b）凸轮式换刀机械手简图

1—刀库旋转电动机；2—刀库刀位计数开关；3—刀库刀位复位开关；4—刀库的刀座；5—机械手换刀
电动机停止开关；6—机械手扣刀定位开关；7—机械手原点确认开关；8—倒刀气缸缩回定位开关；
9—回刀气缸伸出定位开关；10—机械手换刀电动机；11—机械手；12—圆柱凸轮；13—杠杆；
14—锥齿轮；15—凸轮滚子；16—主轴箱；17—十字轴；18—刀套

（1）程序执行到选刀指令 T 码时，刀库电动机 1 正转或反转。待刀库上所选的刀具转到换刀位置后，旋转刀库电动机立即停转，完成选刀定位控制，如图 4-44(a)所示。

（2）在 T 码执行后，倒刀电磁阀线圈获电，气缸推动选刀的刀杯向下翻转90°（倒下），到位后倒刀气缸缩回，定位开关（见图 4-43）8 发出信号，完成倒刀控制，同时是交换刀具的开始信号，如图 4-44(b)所示。

（3）程序中执行到交换刀具指令（交换刀具指令一般为 M06），首先主轴自动返回换刀点，且实现主轴准停，然后换刀电动机 10 旋转，通过锥齿轮 14、凸轮滚子 15、十字轴 17 带动机械手从原位逆时针旋转60°，进行机械手抓刀控制。当机械手扣刀定位开关 6 发出定位信号后，换刀电动机停转，主轴刀具夹紧装置自动松开，如图 4-44(c)所示。

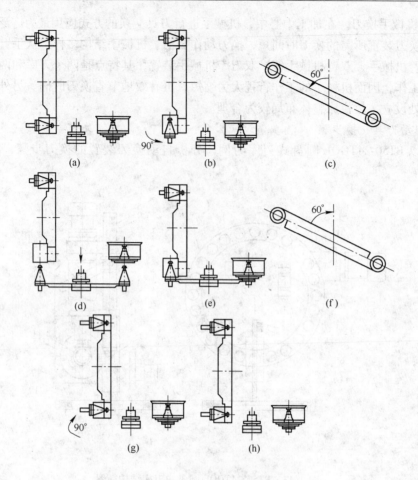

图 4-44　机械手换刀动作分解图
(a) 选新刀；(b) 倒刀；(c) 抓刀；(d) 拔刀；(e) 装刀；
(f) 机械手归位；(g) 倒刀；(h) 完成

　　(4) 主轴刀具松开后，换刀电动机运转，通过圆柱凸轮 12、杠杆 13 使机械手下降，进行拔刀控制。机械手完成拔刀后，换刀电动机停止开关 5 发出信号使电动机立即停止，如图 4-44(d) 所示。

　　(5) 当机械手完成拔刀控制后，换刀电动机 10 运转，通过锥齿轮 14、凸轮滚子 15、十字轴 17 带动机械手旋转 180°，使主轴刀具与刀库刀具交换位置。然后通过圆柱凸轮 12、杠杆 13 使机械手上升，把交换后的刀具插入主轴锥孔和刀库的刀套中。机械手完成插刀后，换刀电动机停止开关 5 发出信号使电动机立即停止。刀具插入主轴锥孔后，刀具的自动夹紧机构夹紧刀具，如图 4-44(e) 所示。

　　(6) 当主轴刀具夹紧后，换刀电动机 10 旋转，通过锥齿轮 14、凸轮滚子 15、十字轴 17 带动机械手顺时针转动 60°，回到机械手的原点位置，如图 4-44(f) 所示。

　　(7) 当机械手回到原位后，机械手原位到位开关 7 接通，回刀电磁阀线圈获电，气缸推动刀杯向上翻转 90°，为下一次选刀做准备。回刀气缸伸出定位开关 9 接通，完成整个换刀控制，如图 4-44(g)、(h) 所示。

思考与训练

【思考与练习】

4-1　数控机床主体结构具有哪些特点？

4-2　主传动系统有哪几种变速方式？

4-3　数控机床主轴的支承形式主要有哪几种，各自适用于何种场所？

4-4　加工中心主轴如何实现准停？

4-5　加工中心主轴内孔吹屑装置的作用是什么？

4-6　消除齿轮传动副间的传动间隙的方法有哪几种？

4-7　简述滚珠丝杠螺母副的工作原理。

4-8　试述滚珠丝杠双螺母预紧常用的几种结构形式。

4-9　塑料导轨、滚动导轨、静压导轨各有何特点？

4-10　常用的选刀方法主要有哪几种？

【技能训练】

4-1　通过 4 学时的现场教学，完成以下学习任务：

（1）认识数控机床的主体结构和作用。

（2）认识数控机床的主轴部件，滚珠丝杠螺母副、导轨、自动换刀装置以及回转工作台、分度工作台等主要辅助装置。

（3）了解滚珠丝杠螺母副的工作原理、支承方式、预紧方法。

（4）了解常用的选刀方式。

　　任务要求：完成学习报告，报告内容以上述学习任务为提纲，字数不少于 1200 字。

模块 5　数控机床的使用与维护

知识目标
◇　掌握数控机床的选用、安装调试的基本内容；
◇　掌握数控机床使用中的注意事项；
◇　掌握数控机床验收、维护保养与故障诊断的基本方法；
◇　熟悉数控机床常见故障的诊断步骤与基本思路；
◇　了解机床数控系统与伺服系统常见故障的处理方法。

技能目标
◇　能写出数控机床的选用、安装调试的原则；
◇　能作出数控机床的验收、维护保养方案；
◇　能对基本数控机床常见故障进行诊断和处理。

数控机床集微电子技术、计算机技术、自动控制技术及伺服驱动技术、精密机械技术于一体，是高度机电一体化的典型产品。它本身又是机电一体化的重要组成部分，是现代机床技术水平的重要标志。因此，如何更好地使用数控机床是一个很重要的问题。由于数控机床是一种价格昂贵的精密设备，因此，其维护更是不容忽视。本模块主要介绍数控机床的选用、安装调试、验收、维护保养、故障诊断与排除等内容。本模块的学习可以使学生更好地使用和维护机床，具备对数控机床常见故障的分析能力和处理能力。

5.1　数控机床的选用

5.1.1　数控机床选用的原则

选用数控机床需遵循的原则有以下几点：

（1）实用性。选用数控机床目的是解决生产中的问题，首要的是为了使用。实用性就是要使选中的数控机床最终能最佳程度地实现预定的目标。有了明确的目标，有针对性地选用机床，才能以合理的投入，获得最佳效果。现在数控机床的发展趋向由过去的万能性向功能专门化和品种多样化方向发展。因此，机床用户在选用设备时需要有明确的使用要求，有针对性地选择。

（2）经济性。经济性是指所选用的数控机床在满足加工要求的条件下，所支付的代价是最经济的或者是较为合理的。经济性往往是和实用性相联系的，机床选得实用，那么经济上也会合理。在这方面要注意的是不要以高代价换来功能过多而又不合用的较复杂的数控机床。因此，在选用数控机床中一定要量"力"而行。

（3）可操作性。用户选用的数控机床要与本企业的操作和维修水平相适应。选用了一台较复杂、功能齐全、较为先进的数控机床，如果没有适当的人去操作使用、没有熟悉的技工去维护修理，那么再好的机床也不可能用好，发挥不了应有的作用。

（4）稳定可靠性。这虽是指机床本身的质量，但却与选用有关。稳定可靠性高，既有数控系统的问题，也有机械部分的问题，尤其是数控系统（包括伺服驱动）部分。数控机床如果不能稳定可靠地工作，那就完全失去了意义。要保证数控机床工作时稳定可靠，在选用时，一定要选择正规品牌产品（包括主机、系统和配套件），因为这些产品技术上成熟、有一定生产批量和相当的用户。

5.1.2 数控机床选用的基本要点

选用数控机床的基本要点有以下几点：

（1）确定典型加工工件。选购数控机床首先必须确定用户所要加工的典型工件。每种机床的性能只适用于一定的使用范围，只有在满足工件的加工条件下，数控机床才能发挥最佳效果。用户应当确定哪些工件的哪些工序准备用数控机床来完成，然后采用成组技术把这些工件进行归类。确定比较满意的典型工件之后，再来选择适合加工的数控机床。

（2）数控机床规格的选择。数控机床最主要规格就是几个坐标轴的行程范围和主轴电动机功率。用户应当根据加工工件毛坯余量的大小、所需切削力、要求达到的加工精度以及刀具配置等因素综合考虑选择机床。

（3）机床精度的选择。机床精度等级的选择应根据典型零件关键部位加工精度的要求来定。机床按精度可分为普通型和精密型，每种机床的精度项目很多。

（4）数控系统的选择。数控系统的种类规格很多，为了能使数控系统与所需机床匹配，在选择数控系统时应遵循以下基本原则。

1）根据数控机床类型选择数控系统。一般来说，数控系统有适用于车、铣、镗、磨、冲压等类别，应有针对性地进行选择。

2）根据数控机床的设计指标选择数控系统。在可供选择的数控系统中，性能高低差别很大，价格也相差很大，不能片面地追求高水平、新系统，而应对性能和价格等作一个综合分析，选用合适的数控系统。

3）根据数控机床的性能选择数控系统。一个数控系统的功能很多，有基本功能和选择功能，数控系统生产厂对系统的定价往往是具备基本功能的系统很便宜，而具备选择功能的较贵。所以，对选择功能一定要根据机床性能需要来选择。

4）选择数控系统要考虑周全。选购时把需要的系统功能一次订全，不能遗漏，避免由于漏订而造成的损失。

（5）机床选择功能及附件的选择。在选购数控机床时，除认真考虑其具备的基本功能及基本件外，还应选用一些选择件、选择功能及附件。这些选择件、选择功能及附件选择的基本原则是：全面配置、长远综合考虑，以经济实用为目的。

（6）技术服务。数控机床要得到合理使用，发挥其技术和经济效益，必须要有好的技术服务。对新用户来说，最困难的不是设备，而是缺乏高素质的技术队伍。

5.2　数控机床的安装、调试和验收

安装、调试和验收是数控机床前期管理的重要环节。当机床运到工厂后，首先要进行安装、调试，并进行试运行，且精度验收合格后才能交付使用。对于小型数控机床，这项工作比较简单，机床到位固定好地脚螺栓后，就可以连接机床总电源线，调整机床水平。大中型数控机床的安装就比较复杂，因为大中型设备一般都是解体后分别装箱运输的，到用户指定地点后要进行组装和重新调试。现以需要组装的机床为例介绍数控机床的安装、调试过程。

5.2.1　数控机床的安装与调试

5.2.1.1　机床的初就位和组装

机床的初就位和组装工作，主要包括以下几个方面：

（1）按照机床厂对机床基础的具体要求，做好机床安装基础，并在基础上留出地脚螺栓的孔，以便机床到厂后及时就位安装。

（2）组织有关技术人员阅读和消化有关机床安装方面的资料，然后进行机床安装。机床组装前要把导轨和各滑动面、接触面上的防锈涂料清洗净，把机床各部件，如数控柜、电气柜、立柱、刀库、机械手等组装成整机。组装时必须使用原来的定位销、定位块等定位元件，以保证下一步精度调整的顺利进行。

（3）部件组装完成后就进行电缆、油管和气管的连接。机床说明书中有电气接线图和气、液压管路图，应根据这些图样资料将有关电缆和管道按标记——对号接好。连接时特别要注意清洁工作和可靠的接触及密封，接头一定要拧紧，否则试车时漏油漏水，给试机带来麻烦。油管、气管连接中要特别防止异物从接口中进入管路，造成整个液压、气压系统故障。电缆和管路连接完毕后，要做好各管线的就位固定，安装好防护罩壳，保证整齐的外观。

5.2.1.2　数控系统的连接和调整

数控系统的连接和调整主要有以下几个方面：

（1）外部电缆的连接。数控系统外部电缆的连接指数控装置与 MDI/CRT 单元、强电柜、机床操作面板、进给伺服电动机和主轴电动机动力线、反馈信号线的连接等，这些连接必须符合随机提供的连接手册的规定。最后还进行地线连接。数控机床地线的连接十分重要，良好的接地不仅对设备和人身的安全十分重要，同时能减少电气干扰，保证机床的正常运行。地线一般都采用辐射式接地法，即数控柜中的信号地、强电地、机床地等连接到公共接地点上，公共接地点再与大地相连。数控柜与强电柜之间的接地电缆要足够粗，截面积要在 5.5mm^2 以上。地线必须与大地接触良好，接地电阻一般要求小于 $4 \sim 7\Omega$。

（2）电源线的连接。数控系统电源线的连接，指数控柜电源变压器输入电缆的连接和伺服变压器绕组抽头的连接。对于进口的数控系统或数控机床更要注意，由于各国供电制式不尽一致，国外机床生产厂家为了适应各国不同的供电情况，无论是数控系统的电源变压器，还是伺服变压器都有多个抽头，必须根据我国供电的具体情况，正确地连接。

（3）输入电源电压、频率及相序的确认。我国供电制式是交流 380V，三相；交流 220V，单相，频率为 50Hz。有些国家的供电制式与我国不一样，不仅电压幅值不一样，而且频率也不一样。例如日本，交流三相的线电压是 200V，单相是 100V，频率是 60Hz。他们出口的设备为了满足各国不同的供电情况，一般都配有电源变压器。变压器上设有多个抽头供用户选择使用。电路板上设有 50/60Hz 频率转换开关。另外还要进行电源电压的波动范围的确认，检查本厂电源电压的波动范围是否在数控系统允许的范围之内。一般数控系统允许电压的波动范围为额定值的 85% ~ 110%，而欧美的一些系统要求更高。所以，对于进口的数控机床或数控系统一定要先看懂随机说明书，按说明书规定的方法连接。

目前数控机床的进给控制单元和主轴控制单元的供电电源，大都采用晶闸管控制元件，如果相序不对，接通电源，可能使进给控制单元的输入熔丝烧断，所以还需要对输入电源电压相序进行确认。各种数控系统内部都有直流稳压电源单元，为系统提供所需的 +5V、±15V、±24V 等直流电压。因此，在系统通电前应当用万用表检查其输出端是否有对地短路现象。如有短路必须查清短路的原因，并排除之后方可通电，否则会烧坏直流稳压单元。

（4）参数的设定和确认。数控机床的参数在数控机床的工作中占有重要作用，它完成数控系统与机床结构和机床各种功能的匹配，决定了数控机床的功能、控制精度等。数控机床的参数主要包括数控系统参数（NC 参数）、机床可编程控制器参数（PLC 参数）。设定参数的目的是当数控装置与机床相连接时，能使机床具有最佳的工作性能。即使是同一种数控系统，其参数设定也随机床而异。数控机床出厂时都随机附有一份参数表（有的还附有一份参数纸带或磁带）。参数表是一份很重要的技术资料，必须妥善保存，当进行机床维修，特别是当系统中的参数丢失或发生了错乱，需要重新恢复机床性能时，更是不可缺少的依据。

对于整机购进的数控机床，各种参数已在机床出厂前设定好，无需用户重新设定，但对照参数表进行一次核对还是必要的。显示已存入系统存储器的参数的方法，随各类数控系统而异，大多数可以通过按 MDI/CRT 单元上的"PARAM"（参数）键来进行。显示的参数内容应与机床安装调试完成后的参数一致，如果参数有不符的，可按照机床维修说明书提供的方法进行设定和修改。

如果所用的进给和主轴控制单元是数字式的，那么它的设定也都是用数字设定参数，而不用短路棒。此时，需根据随机所带的说明书一一予以确认。

（5）确认数控系统与机床间的接口。现代的数控系统一般都具有自诊断的功能，在 CRT 画面上可以显示出数控系统与机床接口以及数控系统内部的状态。在带有可编程控制器（PLC）时，可以反映出从 NC 到 PLC、从 PLC 到 MT（机床），以及从 MT 到 PLC、从 PLC 到 NC 的各种信号状态。至于各个信号的含义及相互逻辑关系，随每个 PLC 的梯形图（即顺序程序）而异。用户可根据机床厂提供的梯形图说明书（内含诊断地址表），通过自诊断画面确认数控系统与机床之间的接口信号状态是否正确。

完成上述步骤，可以认为数控系统已经调整完毕，机床具备了联机通电试车的条件。此时，可切断数控系统的电源，连接电动机的动力线，恢复报警设定，准备通电试车。

5.2.1.3 通电试车

通电试车要先做好通电前的准备工作。要按照机床说明书的要求，给机床润滑油箱、润滑点灌注规定的油液或油脂，清洗液压油箱及过滤器，灌足规定标号的液压油，接通气源等，再调整机床的水平。机床通电操作可以是一次同时接通各部分电源全面供电，也可以是各部分分别供电，然后再作总供电试验。对于大型设备，为了更加安全，应采取分别供电。通电后首先观察各部分有无异常、有无报警故障，通电正常后，应用手动方式检查一下各基本运动功能。如果以上试验没发现什么问题，说明设备基本正常，就可以进行机床几何精度的精调和试运行。

5.2.1.4　机床精度和功能的调试

对于小型数控机床，整体刚性好，对地基要求也不高，机床到位安装后就可接通电源，调整机床床身水平，随后就可通电试运行，进行检查验收。为了使机床工作稳定可靠，对大中型设备或加工中心，不仅需要调水平，还需对一些部件进行精确的调整。调整内容主要有以下几项：

（1）在已经固化的地基上用地脚螺栓和垫铁精调机床床身的水平，找正水平后移动床身上的各运动部件（立柱、溜板和工作台等），观察各坐标全行程内机床的水平变化情况，并相应调整机床几何精度使之在允差范围之内。在调整时，主要以调整垫铁为主，必要时可稍微改变导轨上的镶条和预紧滚轮等。一般来说，只要机床质量稳定，通过上述调整可将机床调整到出厂精度。

（2）调整机械手与主轴、刀库的相对位置。首先使机床自动运行到换刀位置，再用手动方式分步进行刀具交换动作，检查抓刀、装刀、拔刀等动作是否准确恰当。在调整中采用一个校对检验棒进行检测，有误差时可调整机械手的行程或移动机械手支座、刀库位置等，必要时也可以改变换刀基准点坐标值的设定（改变数控系统内的参数设定）。调整好以后要拧紧各调整螺钉，然后再进行多次换刀动作，最好用几把接近允许最大重量的刀柄，反复进行换刀试验，以达到动作准确无误，不撞击、不掉刀。

（3）带 APC 交换工作台的机床要把工作台运动到交换位置，调整托盘站与交换台面的相对位置，达到工作台自动交换时动作平稳、可靠、正确。然后在工作台面上装上 70% ~80% 的允许负载，进行多次自动交换动作，达到正确无误后紧固各有关螺钉。

（4）仔细检查数控系统和 PLC 装置中参数设定值是否符合随机资料中规定的数据，然后试验各主要操作功能、安全措施、常用指令执行情况等，如各种运动方式（手动、点动、自动方式等）、主轴换挡指令、各级转速指令等是否正确无误。

（5）检查辅助功能及附件的正常工作。例如，机床的照明灯、冷却防护罩和各种护板是否完整，冷却液箱中是否加满冷却液，试验喷管是否能正常喷出冷却液，在用冷却防护罩条件下冷却液是否外漏，排屑器能否正确工作，机床主轴箱的恒温油箱能否起作用等。

5.2.1.5　机床试运行

为了全面地检查机床功能及工作可靠性，数控机床在安装调试后，应在一定负载或空载下进行较长一段时间的自动运行考验。国家标准《金属切削机床通用技术条件》（GB/T 9061—2006）中规定，自动运行考验的时间数，控车床为 16h，加工中心为 32h，都要求连续运转。在自动运行期间，不应发生除操作失误引起以外的任何故障。如故障排除时间超过了规定时间，则应重新调整后再次从头进行运转考验。

5.2.2 数控机床的验收

在生产实际中，数控机床的验收是和安装、调试工作同步进行的。验收工作主要根据机床出厂合格证上规定的验收条件，及用户实际能提供的检测手段，测定机床合格证上的各项技术指标。具体简单介绍如下。

5.2.2.1 开箱检验及外观检查

数控机床到厂后，设备管理部门要及时组织有关人员开箱检验。参加检验的人员应包括设备管理人员、设备安装人员和设备采购人员等。如果有进口设备，还必须有进口商务代理、海关商检人员等。检验的主要内容包括：

（1）装箱单；

（2）核对应有的随机操作、维修说明书、图样资料、合格证等技术文件；

（3）按合同规定，对照装箱单清点附件、备件、工具的数量、规格及完好情况；

（4）检查主机、数控柜、操作台等有无明显的碰撞损伤、变形、受潮、锈蚀，并逐项如实填写"设备开箱验收登记卡"存档。

开箱验收时如果发现有缺件或型号不符或设备已遭受碰撞损伤、变形、受潮、锈蚀等严重影响设备质量的情况，应及时向有关部门反映、查询、取证或索赔。开箱验收虽然是一项清点工作，但也很重要，不能忽视。

机床外观检查是指用肉眼可以进行的各种检查。机床外观要求一般可按照通用机床有关标准，但数控机床是价格昂贵的高技术设备，对外观要求更高，对各防护罩、油漆质量、机床照明、切削处理、电缆电线和油、气管路的布线和固定等都有进一步的要求。

5.2.2.2 机床性能及数控功能的检验

A　机床性能的检验

机床性能主要包括主轴系统、进给系统、自动换刀系统、电气装置、安全装置、润滑装置、气液装置及附属装置等的性能。

机床性能的检验内容一般有十几项，不同类型的机床的检验项目有所不同。现以一台卧式加工中心为例说明一些主要的检验项目。

（1）主轴系统性能：机床主运动机构应从最低转速起逐级向高速运转，每级速度的运转时间不得少于2min。无级变速的机床，可做低、中、高速运转。在最高速度运转时，时间不得少于1h，使主轴轴承达到稳定温度，并在靠近主轴定心轴承处测量温度和温升，其温度不应超过60℃，温升不得超过30℃。在各级速度运转时运转应平稳，工作机构应正常、可靠。在空运转条件下，有级传动的各级主轴转速和进给量的实际偏差，不应超过标牌指示值的2%～6%；无级变速的主轴转速和进给量的实际偏差，不应超过标牌指示值的±10%。对主轴连续进行不少于5次的锁刀、松刀和吹气动作试验，动作应灵活、可靠、准确。用中速连续对主轴进行10次的正、反转的启动、停止（包括制动）和定向操作试验，动作应灵活、可靠。无级变速的主轴至少应在低、中、高的转速范围内，有级变速的主轴应在各级转速进行变速操作试验，动作应灵活、可靠。

（2）进给系统性能：对直线坐标、回转坐标上的运动部件，分别用低、中、高进给速度和快速进给进行空运转试验，其运动应平稳、可靠，高速无振动，低速无明显爬行现象。对各直线坐标、回转坐标上的运动部件，用中等进给速度连续进行各 10 次的正向、负向的启动、停止的操作试验，并选择适当的增量进给进行正向、负向的操作试验，动作应灵活、可靠、准确。对进给系统在低、中、高进给速度和快速移动速度范围内，进行不少于 10 种的变速操作试验，动作应灵活、可靠。

用数据输入方式或者 MDI 方式测定 G00 和 G01 下的各种进给速度，允差 ±5%。

(3) 自动换刀（ATC）系统性能：对刀库、机械手以任选方式进行换刀试验。刀库上刀具配置应包括设计规定的最大重量、最大长度和最大直径的刀具，换刀动作应灵活、准确，机械手的承载重量和换刀时间应符合设计规定。

(4) 机床噪声：按国标的规定测量整机的噪声，其噪声声压等级不应超过 80dB。

(5) 数控装置性能：对机床数字控制的各种指示灯、控制按钮、纸带阅读机、数据输入/输出设备和风扇等进行空运转试验，动作灵活、可靠。

(6) 安全装置性能：对机床的安全、保险、防护装置进行必要的试验，功能必须可靠，动作应灵活、准确。

(7) 气、液装置性能：对机床的液压、润滑、冷却系统进行试验，应密封可靠，冷却充分，润滑良好，动作灵活、可靠，各系统不得渗漏。

(8) 附属装置性能：对机床的附属装置进行试验，工作应灵活、可靠。

B　数控功能的检验

较先进的数控系统所具有的数控功能是很全的，但是用户不需要全部选择。有些功能可以根据用户的实际需要来选择，这部分功能称为选择功能。当然选择功能越多，数控系统的价格就越高。数控功能的验收要按照机床配备的操作说明书和订货合同的规定，用 MDI 方式或自动运行程序方式来检验数控系统的功能。

(1) 准备功能指令：检验快速移动指令、直线插补指令、圆弧插补指令、坐标系的选择、平面选择、暂停、刀具长度补偿、刀具半径补偿等功能。

(2) 操作功能：检验回原点、单段程序、程序段跳读、主轴和进给倍率调整、进给保持、紧急停止、主轴和冷却液的启动和停止等功能的准确性。

(3) CRT 显示功能：检验位置显示、程序显示、各菜单显示以及编辑修改等功能准确性。

数控功能检验的最好办法是编一个考机程序，让机床在空载下连续自动运行 24 ~ 32h，这个考机程序应包括以下几个方面。

(1) 主轴转动：主轴的最低、中间和最高转速以及主轴的正转、反转及停止等动作。

(2) 各坐标轴的运动：各轴的最低、中间和最高的进给速度以及快速定位速度，进给移动范围接近全行程，快速定位移动的距离应超过行程的一半。

(3) 自动交换刀库中 2/3 以上的刀具，而且所换的刀具都应装上重量在中等以上的刀柄。

(4) 用考机程序连续运行机床，检查机床各项运动、动作的平稳性和稳定性，并且要强调在规定的时间内不允许出现故障，否则要在修理后重新开始规定时间的考核，不允许分段进行累积到规定运行时间。

5.2.2.3 机床的精度验收

精度检测必须在地基完全稳定、地脚螺栓处于压紧状态下，并按照《金属切削机床精度检测通则》（GB/T 17421.1—1998）的有关条文安装调试好机床以后进行。精度验收的内容主要包括几何精度、定位精度和切削精度。

A 几何精度的检验

几何精度检验又称静态精度检验，是综合反映机床关键零部件经组装后的综合几何形状误差。数控机床的几何精度的检验工具和检验方法类似于普通机床，但检测要求更高。

目前，国内检测机床几何精度的常用检测工具有精密水平仪、精密方箱、直角尺、平尺、平行光管、千分表、测微仪、高精度检验棒等。检测工具的精度必须比所测的几何精度高一个等级，否则测量的结果将是不可信的。每项几何精度的具体检测方法可按照 GB/T 17421.1—1998、《数控卧式车床精度》（GB/T 16462—1996）等有关标准的要求进行，亦可按机床出厂时的几何精度检测项目要求进行。机床几何精度的检测必须在机床精调后依次完成，不允许调整一项检测一项，因为几何精度有些项目是相互关联、相互影响的。

普通卧式加工中心几何精度主要检验以下几项。

（1）X、Y、Z 坐标轴的相互垂直度。

（2）工作台面的平行度。

（3）X、Z 轴移动时工作台面的平行度。

（4）主轴回转轴线对工作台面的平行度。

（5）主轴在 Z 轴方向移动的直线度。

（6）X 轴移动时工作台边界与定位基准面的平行度。

（7）主轴轴向及孔径跳动。

（8）回转工作台精度。

具体的检测项目及方法见表 5-1。

表 5-1 卧式加工中心几何精度检测项目及方法

序号	检测内容	检测方法		允许误差/mm
1	主轴箱移动的直线度	（a 测点）XY 平面 Y 轴方向移动		0.01/500
		（b 测点）YZ 平面 Y 轴方向移动		
		ZX 面内 ZY 平面 Z 轴方向移动		0.01/500

续表 5-1

序号	检测内容		检测方法	允许误差/mm
2	工作台移动的直线度	（a 向测量）X 轴方向移动		0.04/1000
		（b 向测量）Z 轴方向移动		
		ZX 面内 X 轴方向移动		0.01/500
3	加工试件加工表面的直线度	X 轴方向移动		0.015/500
		Z 轴方向移动		0.015/500
4	X 轴移动工作台面的平行度			0.02/500
5	Z 轴移动工作台面的平行度			0.02/500
6	X 轴移动时工作台边界与定位器基准面的平行度			0.015/500

序号	检测内容		检测方法	允许误差/mm
7	各坐标轴之间的垂直度	X 轴和 Y 轴		0.015/300
		Y 轴和 Z 轴		0.015/300
		X 轴和 Z 轴		0.015/300
8	回转工作台表面的振动			0.02/500
9	主轴轴向跳动			0.005
10	主轴孔径向跳动	(a 测点) 靠主轴端		0.01
		(b 测点) 离主轴端 300mm 处		0.02
11	主轴中心线对工作台面的平行度	(a 测点) YZ 平面内		0.015/300
		(b 测点) XZ 平面内		

序号	检测内容		检测方法	允许误差/mm
12	回转工作台回转 90°的垂直度			0.01
13	回转工作台中心线到边界定位器基准面之间的距离精度	工作台尺寸 A		±0.02
		工作台尺寸 B		
14	交换工作台的重复交换定位精度	X 轴方向		0.01
		Y 轴方向		
		Z 轴方向		
15	各交换工作台的等高度			0.02
16	分度回转工作台的分度精度			10″

B　定位精度的检验

数控机床定位精度的验收可根据《数字控制机床位置精度的评定方法》(GB/T 17421.2—2000)进行。数控机床定位精度是指机床各坐标轴在数控装置控制下运动所能达到的位置精度。数控机床的定位精度又可以理解为机床的运动精度。定位精度主要检测以下内容:

(1) 各直线运动轴的定位精度和重复定位精度。

(2) 直线运动各轴机械原点的复归精度。

(3) 直线运动各轴的反向误差。

(4) 回转运动(回转工作台)的定位精度和重复定位精度。

(5) 回转运动的反向误差。

(6) 回转轴原点的复归精度。

测量直线运动的检测工具有：测微仪和成组块规、标准刻度尺、光学读数显微镜和双频激光干涉仪等。测量回转运动的检测工具有：360°精确分度的标准转台或角度多面体、高精度圆光栅及平行光管等。

（1）直线运动定位精度检测：直线运动定位精度一般都是在机床和工作台空载条件下进行。按国家标准和国际标准化组织的规定（ISO 标准），对数控机床的检测应以激光测量为准，如图 5-1（a）所示。在没有激光干涉仪的情况下，对于一般用户来说也可以用标准刻度尺，配以光学读数显微镜进行比较测量，如图 5-1（b）所示。注意，测量仪器精度必须比被测的精度要高 1~2 个等级。

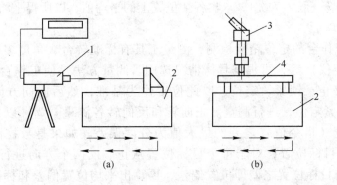

图 5-1 直线运动定位精度检测方法
（a）激光测量；（b）标准尺比较测量
1—激光测距仪；2—工作台；3—光学读数显微镜；4—标准刻度尺

为了反映出多次定位中的全部误差，ISO 标准规定每一个定位点按 5 次测量数据算平均值和散差 $\pm 3\sigma$，这时的定位精度曲线，是一个由各定位平均值连贯起来的一条曲线加上 $\pm 3\sigma$ 散差带构成的定位点散差带，如图 5-2 所示。图中横坐标表示测量行程长度，纵坐标表示定位误差的数据，用 δ 表示。

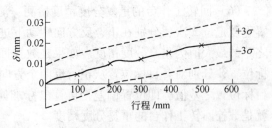

图 5-2 定位精度曲线图

（2）直线运动重复定位精度检测：所用的检测仪器与检测定位精度所用的相同。一般检测方法是在靠近各坐标行程中点及两端的任意 3 个位置进行测量，每个位置用快速移动定位，在相同条件下重复作 7 次定位，测出停止位置数值并求出读数最大差值。以 3 个位置中最大一个差值的 1/2，附上正负符号，作为该坐标的重复定位精度。重复定位精度是反映轴运动精度稳定性的最基本的指标。

（3）直线运动的原点返回精度：检测原点返回精度实质上是该坐标轴上一个特殊点的重复定位精度，因此它的检测方法完全与重复定位精度相同。

（4）直线运动的反向误差检测：直线运动的反向误差，也称失动量，它是该坐标轴进给传动链上驱动部件（如伺服电动机、伺服液压电动机和步进电动机等）的反向死区、各机械运动传动副的反向间隙和弹性变形等误差的综合反映。误差越大，则定位精度和重复定位精度也越差。反向误差的检测方法是在所测坐标轴的行程内，预先向正向或反向移动一个距离并以此停止位置为基准，再在同一方向给予一定移动指令值，使之移动一段距离，然后再往相反方向移动相同的距离，测量停止位置与基准位置之差，如图 5-3 所示。在靠近行程的中点及两端的 3 个位置分

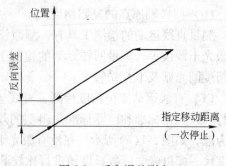

图 5-3　反向误差测定

别进行多次测定（一般为 7 次），求出各个位置上的平均值，以所得平均值中的最大值为反向误差值。

（5）回转工作台的定位精度检测：测量工具有标准转台、角度多面体、圆光栅及平行光管（准直仪）等，可根据具体情况选用。测量方法是使工作台正向（或反向）转一个角度并停止、锁紧、定位，以此位置作为基准，然后向同方向快速转动工作台，每隔 30° 锁紧定位，进行测量。正向转和反向转各测量一周，以各定位位置的实际转角与理论值（指令值）之差的最大值为分度误差。如果是数控回转工作台，应以每 30° 为一个目标位置，对于每个目标位置从正、反两个方向进行快速定位 7 次，实际达到位置与目标位置之差即位置偏差，再算出平均位置偏差和标准偏差，所有平均位置偏差与标准偏差的最大值的和与所有平均位置偏差与标准偏差的最小值的和之差值，就是数控回转工作台的定位精度误差。考虑到实际使用要求，一般对 0°、90°、180°、270° 等几个直角等分点做重点测量，要求这些点的精度较其他角度位置提高一个等级。

（6）回转工作台的重复分度精度检测：测量方法是在回转工作台的一周内任选 3 个位置重复定位 3 次，分别在正、反方向转动下进行检测。所有读数值中与相应位置的理论值之差的最大值为重复分度精度。如果是数控回转工作台，要以每 30° 为一个测量点作为目标位置，分别对各目标位置从正、反两个方向进行 5 次快速定位，测出实际到达的位置与目标位置之差值，即位置偏差，再算出标准偏差，各测量点的标准偏差中最大值的 6 倍，就是数控回转工作台的重复分度精度。

（7）回转工作台的原点复归精度检测：测量方法是从 7 个任意位置分别进行一次原点复归，测定其停止位置，以读出的最大差值作为原点复归精度。

C　切削精度的检验

机床的切削精度又称动态精度，是一项综合精度，它不仅反映了机床的几何精度和定位精度，同时还包括了试件的材料、环境温度、刀具性能以及切削条件等各种因素造成的误差和计量误差。切削试件时可参照 GB/T 17421.1—1998 规定的有关条文的要求进行，或按机床厂规定的条件，如试件材料、刀具技术要求、主轴转速、背吃刀量、进给速度、环境温度以及切削前的机床空运转时间等进行切削。切削精度检验可分单项加工精度检验和加工一个标准的综合性试件精度检验两种。

a　加工中心切削精度

表 5-2 为卧式加工中心切削精度检验内容。

表 5-2　卧式加工中心切削精度检测项目

序号	检测内容		检测方法	允许误差/mm
1	镗孔精度	圆　度		0.01
		圆柱度		0.01/100
2	端铣刀铣平面精度	平面度		0.01
		阶梯差		0.01
3	端铣刀铣侧面精度	垂直度		0.02/300
		平行度		0.02/300
4	镗孔孔距精度	X 轴方向		0.02
		Y 轴方向		0.02
		对角线方向		0.03
		孔径偏差		0.01
5	立铣刀铣削四周面精度	直线度		0.01/300
		平行度		0.02/300
		厚度差		0.03
		垂直度		0.02/300

续表 5-2

序号	检 测 内 容		检 测 方 法	允许误差/mm
6	两轴联动铣削直线精度	直线度	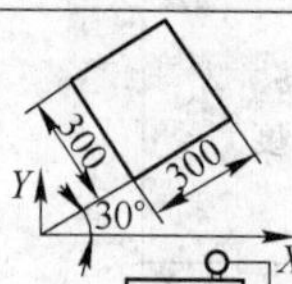	0.015/300
		平行度	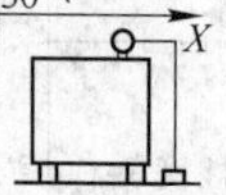	0.03/300
		垂直度	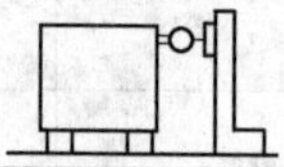	0.03/300
7	立铣刀铣削圆弧精度		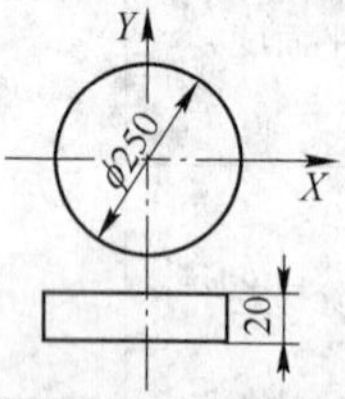	0.02

　　（1）镗孔精度。试件上的孔先粗镗一次，然后按单边余量小于 0.2mm 进行一次精镗，检测孔全长上各截面的圆度、圆柱度和表面粗糙度。这项指标主要用来考核机床主轴的运动精度及低速走刀时的平稳性。

　　（2）镗孔的同轴度。利用转台 180°分度，在对边各镗一个孔，检验两孔的同轴度。这项指标主要用来考核转台的分度精度及主轴对加工平面的垂直度。

　　（3）镗孔的孔距精度和孔径分散度。孔距精度反映了机床的定位精度及失动量在工件上的影响。孔径分散度直接受到精镗刀头材质的影响，为此，精镗刀头必须保证在加工 100 个孔以后的磨损量小于 0.01mm，用这样的刀头加工，其切削数据才能真实反映出机床的加工精度。

　　（4）直线铣削精度。使 X 轴和 Y 轴分别进给，用立铣刀侧刃精铣工件周边。该精度主要考核机床 X 向和 Y 向导轨运动几何精度。

　　（5）斜线铣削精度。用 G01 控制 X 轴和 Y 轴联动，用立铣刀侧刃精铣工件周边。该项精度主要考核机床的 X、Y 轴直线插补的运动品质。当两轴的直线插补功能或两轴伺服特性不一致时，便会使直线度、对边平行度等精度超差。有时即使几项精度不超差，但在加工面上出现很有规律的条纹，这种条纹在两直角边上呈现一边密、一边稀的状态，这是由于两轴联动时，其中某一轴进给速度不均匀造成的。

　　（6）圆弧铣削精度。用立铣刀侧刃精铣外圆表面，要求铣刀从外圆切向进刀，切向出刀，铣圆过程连续不中断。测量圆试件时，常发现如图 5-4（a）、（b）所示的两半圆错位的图形，这种情况一般都是由一坐标方向或两坐标方向的反向失动量引起的；出现斜椭圆，如图 5-4（c）、（d）所示，是由于两坐标的实际系统增益不一致造成的，尽管在控制系统上两坐标系统增益设置成完全一样，但由于机械部分结构、装配质量和负载情况等不同，也会造成实际系统增益的差异；圆周上出现锯齿形条纹，如图 5-4（e）所示，其原因是当两轴的插补功能或两轴伺服特性不一致时，两轴联动，其中某一轴进给速度不均匀造成的。

　　（7）过载重切削。切削负荷大于主轴功率 120%～150% 的情况，称为过载重切削。

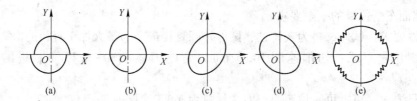

图5-4 圆弧铣削精度

在过载重切削条件下，要求机床应不变形，主轴运转正常。

要保证切削精度，就必须要求机床的几何精度和定位精度的实际误差要比允差小。例如某台加工中心的直线运动定位允差为 ±0.01/300mm、重复定位允差 ±0.007mm、失动量允差 0.015mm，但镗孔的孔距精度要求为 0.02/200mm，不考虑加工误差，在该坐标定位时，若在满足定位允差的条件下，只算失动量允差加重复定位允差（0.015mm + 0.014mm = 0.029mm），就已大于孔距允差 0.02mm。所以，机床的几何精度和定位精度合格，切削精度不一定合格。只有定位精度和重复定位精度的实际误差大大小于允差，才能保证切削精度合格。因此，当单项定位精度有个别项目不合时，可以以实际的切削精度为准。一般情况下，各项切削精度的实测误差值为允差值的50%，是比较好的。个别关键项目能在允差值的1/3左右，可以认为该机床的此项精度是相当理想的。对影响机床使用的关键项目，如果实测值超差，应视为不合格。

b 数控卧式车床的车削精度

对于数控卧式车床，单项加工精度有外圆车削、端面车削和螺纹切削。

（1）外圆车削。外圆车削试件如图5-5所示。

1）外圆车削检验的一般要求。

① 试件要求：采用45钢，试件长度取床身上最大车削直径的1/2，或最大车削长度的1/3，最长为500mm，直径不小于长度的1/4。

② 切削用量要求：切削速度100~150m/min，背吃刀量0.1~0.15mm，进给量不大于0.1mm/r。

③ 刀具要求：采用机夹可转位车刀，刀片材料YW3涂层刀具。

2）检验项目及精度要求。检验项目为精车外圆的精度：圆度（在试件固定端检验）、直径的一致性（试件同一轴向平面内直径的变化）。

精车后精度要求为：圆度小于0.007mm，直径的一致性在200mm的测量长度上小于0.03mm（机床加工直径不大于800mm时）。

（2）端面车削。精车端面的试件如图5-6所示。

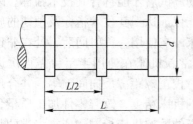

图5-5 外圆车削试件

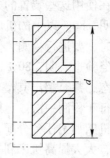

图5-6 端面车削试件

1）端面车削检验的一般要求。

①试件要求：试件材料为灰铸铁，试件外圆直径最小为最大加工直径的1/2。

②切削用量要求：切削速度 100m/min，背吃刀量 0.1～0.15mm，进给量不大于0.1mm/r。

③刀具要求：机夹可转位车刀，刀片材料为 YW3 涂层刀具。

2）检验项目及精度要求。检验项目为精车端面的平面度（加工直径小于 50mm 的棒料机床不检验此项）。精度要求在 300mm 直径上为 0.020mm，且只允许凹。

（3）螺纹切削。精车螺纹试验的试件如图 5-7 所示。

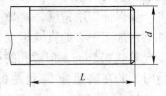

1）螺纹车削检验的一般要求为：螺纹长度要不小于两倍工件直径，且不得小于 75mm，一般取 80mm。螺纹直径接近 Z 轴丝杠的直径，螺距不超过 Z 轴丝杠螺距之半，可以使用顶尖。

2）检验项目及精度要求。检验项目为精车螺纹的螺距

图 5-7　螺纹切削试件

累积误差，精车 60°螺纹后，在任意 60mm 测量长度上允差为 0.02mm。

精度要求为：螺纹表面应光洁无凹陷及波纹（具备螺距误差补偿装置、间隙补偿装置的机床，应在使用这些装置的条件下进行试验）。

（4）综合试件切削。

1）综合试件切削检验的一般要求为：试件材料为 45 钢，有轴类和盘类零件，加工对象为阶台、圆锥、凸球、凹球、倒角及割槽等内容。综合车削试件如图 5-8 所示。

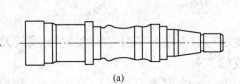
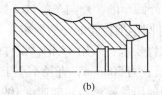

（a）　　　　　　　　　　　　　　　（b）

图 5-8　综合车削试件
（a）轴类零件；（b）套类零件

2）检验项目及精度要求。检验项目有圆度、直径尺寸精度及长度尺寸精度等。

精度要求为：尺寸精度的实测尺寸与指令值的差值能控制在说明书规定的范围内，形位精度的实测值能控制在测定机床的允许值范围（具备螺距误差补偿装置、间隙补偿装置的机床，应在使用这些装置的条件下进行试验）。

经验表明，80% 以上的机床在安装时必须在现场调试后才能符合其技术指标。因此在新机床验收时，要进行检测，使机床一开始安装就能保证达到其技术指标及预期的质量和效率。另外经验也表明，80% 已投入生产使用的机床，在使用一段时间后，处在非正常超性能工作状态，甚至超出其潜在承受能力。因此通常新机床在使用半年后需再次进行检测，之后可每年检测一次。定期检测机床误差并及时校正螺距、反向间隙等，并合理进行生产调度和机床加工任务分配，可改善生产使用中的机床精度，改善零件加工质量，不至于产生废品，大大提高机床利用率。总之，采用最新的数控机床标准，依靠先进的数控机床测量仪，及时发现数控机床问题，可以避免机床精度的过度损失及破坏性的使用机床，

从而得到更为理想的生产效益。

5.3 数控机床的维护保养

5.3.1 数控机床使用中应注意的问题

数控机床生产效率高，零件加工精度好，产品质量稳定，还可以完成很多普通机床难以完成或根本不能加工的复杂型面的零件加工。但是，数控机床整个加工过程是由大量电子元件组成的数控系统按照数字化的程序完成的。一般情况下，在加工中途由于数控系统或执行部件的故障造成的工件报废或安全事故，操作者是无能为力的。所以，对于数控机床工作的稳定性、可靠性的要求最为重要。为此，以下一些问题在使用数控机床时应予以注意。

（1）数控机床的使用环境。一般来说，数控机床的使用环境没有什么特殊的要求，可以同普通机床一样放在生产车间里，但是，要避免阳光的直接照射和其他热辐射，要避免太潮湿或粉尘过多的场所，特别要避免有腐蚀气体的场所。腐蚀性气体最容易使电子元件受到腐蚀变质，或造成接触不良，或造成元件间短路，影响机床的正常运行。要远离振动大的设备，如冲床、锻压设备等。对于高精密的数控机床，还应采取防振措施（如防振沟等）。

由于电子元器件的技术性能受温度影响较大，当温度过高或过低时，会使电子元器件的技术性能发生较大变化，使工作不稳定或不可靠而增加故障的发生，特别是我国南方和北方温度差异大，因此，对于精度高、价格昂贵的数控机床使其置于有空调的环境中使用是比较理想的。

（2）电源要求。数控机床对电源也没有什么特殊要求，一般都允许波动 ±10%，但是由于我国供电的具体情况，不仅电源波动幅度大（有时远远超过 10%），而且质量差，交流电源上往往叠加有一些高频杂波信号，这用示波器可以清楚地观察到，有时还出现幅度很大的瞬间干扰信号，破坏数控系统的程序或参数，影响机床的正常运行。数控机床采取专线供电（从低压配电室分一路单独供数控机床使用）或增设稳压装置，都可以减少供电质量的影响和减少电气干扰。

（3）数控机床应有操作规程。操作规程是保证数控机床安全运行的重要措施之一，操作者一定要按操作规程操作。机床发生故障，操作者要注意保留现场，并向维修人员如实说明出现故障前后的情况，以利于维修人员分析、诊断出故障的原因，及时排除故障，减少停机时间。

（4）数控机床不宜长期封存不用。购买数控机床以后要充分利用，尽量提高机床的利用率，尤其是投入使用的第一年，更要充分利用，使其容易出故障的薄弱环节尽早暴露出来，故障的隐患尽可能在保修期内得以排除。有了数控机床舍不得用，这不是对设备的爱护，反而会由于受潮等原因加快电子元器件的变质或损坏。如果工厂没生产任务，数控机床较长时间不用时，也要定期通电，不能长期封存起来，最好是每周能通电 1~2 次，每次空运行 1h 左右，以利用机床本身的发热量来降低机内的湿度，使电子元器件不致受潮，同时也能及时发现有无电池报警发生，以防止系统软件、参数的丢失。

（5）持证上岗。操作人员不仅需要有资格证，在上岗操作前还要有技术人员按所用机床进行专题操作培训，使操作人员熟悉说明书及机床结构、性能、特点，弄清和掌握操作盘上的仪表、开关、旋钮和各个按钮的功能和指标，严禁盲目操作和误操作。

（6）压缩空气符合标准。数控机床所需压缩空气的压力应符合标准，并保持清洁。管路严禁使用未镀锌铁管，防止铁锈堵塞过滤器。要定期检查和维护气、液分离器，严禁水分进入气路。最好在机床气压系统外增设气、液分离过滤装置，增加保护环节。

（7）正确选择刀具。正确选用优质刀具不仅能充分发挥机床加工效能，也能避免不应发生的故障。刀具的锥柄、直径尺寸及定位槽等都应达到技术要求，否则换刀动作将无法顺利进行。

（8）检测各坐标。在加工工件前须先对各坐标进行检测，复查程序，对加工程序模拟试验正常后，再加工。

（9）防止碰撞。操作工在设备回到"机床零点"、"工作零点"、"控制零点"操作前，必须确定各坐标轴的运动方向无障碍物，以防碰撞。

（10）关键部件不要随意拆动。数控机床机械结构简单，密封可靠，自诊功能日益完善，在日常维护中除清洁外部及规定的润滑部位外，不得拆卸其他部位清洗。对于关键部件，如数控机床的光栅尺等装置，更不得碰撞和随意拆动。

（11）不要随意改变参数。数控机床的各类参数和基本设定程序的安全储存直接影响机床正常工作和性能发挥，操作人员不得随意修改。如操作不当造成故障，应及时向维修人员说明情况，以便寻找故障线索，进行处理。

5.3.2　数控系统的维护保养

数控机床是企业的重点、关键设备。要发挥数控机床的高效益，只有正确的操作和精心的维护，才能确保它的开动率。正确的操作使用能防止机床非正常磨损，避免突发故障；精心的维护可使机床保持良好的技术状态，延缓劣化进程，及时发现和消灭故障隐患于未然，从而保障安全运行。因此，数控机床的正确使用与精心维护，是贯彻预防为主的设备维修管理方针的重要环节。

数控系统经过一段较长时间的使用，某些元器件性能总要老化甚至损坏，有些机械部件更是如此。为了尽量延长元器件的寿命和零部件的磨损周期，防止各种故障，特别是恶性事故的发生，必须对数控系统进行日常的维护工作。具体的日常维护保养要求，在数控系统的使用、维修说明书中都有明确的规定。概括起来，要注意以下几个方面。

（1）严格遵守操作规程和日常维护制度。数控系统编程、操作和维修人员必须经过专门的技术培训，熟悉所用数控机床的数控系统的使用环境、条件等，能按机床和系统使用说明书的要求正确、合理地使用，应尽量避免因操作不当引起的故障。通常，首次使用数控机床或由不熟练工人来操作，在使用的第一年内，有1/3以上的系统故障是由于操作不当引起的。同时，根据操作规程的要求，针对数控系统各种部件的特点，确定各自保养条例。如明文规定哪些地方需要天天清理（如数控系统的输入/输出单元——光电阅读机清洁，检查机械结构部分是否润滑良好等），哪些部件要定期检查或更换。

（2）应尽量少开数控柜和强电柜的门。因为在加工车间的空气中一般都含有油雾、灰尘甚至金属粉末，一旦它们落在数控系统内的电路板或电子器件上，容易引起元器件间绝缘电阻下降，甚至导致元器件及电路板的损坏。有的用户在夏天为了使数控系统能超负荷长期工作，打开数控柜的门来散热，这是一种极不可取的方法，其最终将导致数控系统加速损坏。正确的方法是降低数控系统的外部环境温度。因此，应该有一种严格的规定，除非进行必要的调整和维修，否则不允许随意开启柜门，更不允许在使用时敞开柜门。一些已受外部尘埃、油雾污染的电路板和接插件，可采用专用电子清洁剂喷洗。在清洁接插件时可对插孔喷射足够的液雾后，将原插头或插脚插入，再拔出，即可将脏物带出，可反复进行，直至内部清洁为止。接插部件插好后，多余的喷液会自然滴出，将其擦干即可，经过一段时间之后，自然干燥的喷液会在非接触表面形成绝缘层，使其绝缘良好。在清洗受污染的电路板时，可用清洁剂对电路板进行喷洗，喷完后，将电路板竖放，使尘污随多余的液体一起流出，待晾干之后即可使用。

（3）定时清扫数控柜的散热通风系统。应每天检查数控柜上的各个冷却风扇工作是否正常。视工作环境的状况，每半年或每季度检查一次风道过滤器是否有堵塞现象。如果过滤网上灰尘积聚过多，需及时清理，否则将会引起数控柜内温度过高（一般不允许超过55℃），造成过热报警或数控系统工作不可靠。

清扫的具体方法如下。

1）拧下螺钉，拆下空气过滤器。

2）在轻轻振动过滤器的同时，用压缩空气由里向外吹掉空气过滤器内的灰尘。

3）过滤器太脏时，可用中性清洁剂（清洁剂和水的配方为5/95）冲洗（但不可揉擦），然后置于阴凉处晾干即可。由于环境温度过高，造成数控柜内温度超过55～60℃时，应及时加装空调装置。安装空调后，数控系统的可靠性有明显的提高。

（4）定期检查和更换直流电动机电刷。虽然在现代数控机床上有用交流伺服电动机和交流主轴电动机取代直流伺服电动机和直流主轴电动机的倾向，但在生产现场还有一定数量的直流伺服系统。直流电动机电刷的过度磨损将会影响电动机的性能，甚至造成电动机损坏。为此，应对电动机电刷进行定期检查和更换。数控车床、数控铣床、加工中心等应每年检查一次，频繁加速机床（如冲床等）应每两个月检查一次。检查步骤如下：

1）要在数控系统处于断电状态，且电动机已经完全冷却的情况下进行检查。

2）取下橡胶刷帽，用螺丝刀拧下刷盖取出电刷。

3）测量电刷长度，如磨损到原长的一半左右时必须更换同型号的新电刷。

4）仔细检查电刷的弧形接触面是否有深沟或裂缝，以及电刷弹簧上有无打火痕迹，如有上述现象必须用新电刷交换，并在一个月后再次检查。如还发生上述现象，则应考虑电动机的工作条件是否过分恶劣或电动机本身是否有问题。

5）将不含金属粉末、不含水分的压缩空气导入电刷孔，吹净粘在孔壁上的电刷粉末。如果难以吹净，可用螺丝刀尖轻轻清理，直至孔壁全部干净为止。但要注意不要碰到换向器表面。

6）重新装上电刷，拧紧刷盖。如果更换了电刷，要使电动机空运行跑合一段时间，以使电刷表面与换向器表面吻合良好。

（5）经常监视数控系统的电网电压。通常，数控系统如果超出允许的电网电压波动范围，轻则使数控系统不能稳定工作，重则会造成重要电子器件损坏。因此，要经常注意电网电压的波动。对于电网质量比较恶劣的地区，应及时配置数控系统用的交流稳压装置，这将使故障率有比较明显的降低。

（6）定期更换存储器用电池。存储器如采用 CMOS RAM 器件，为了在数控系统不通电期间能保持存储的内容，内部设有可充电电池维持电路。在正常电源供电时，由 +5V 电源经一个二极管向 CMOS RAM 供电，并对可充电电池进行充电。当数控系统切断电源时，则改为由电池供电来维持 CMOSRAM 内的信息。在一般情况下，即使电池尚未失效，也应每年更换一次电池，以便确保系统能正常地工作。另外，一定要注意的是，电池的更换应在数控系统供电状态下进行，这样才不会造成存储参数丢失。一旦参数丢失，在调换新电池后，可将参数重新输入。

（7）数控系统长期不用时的维护。为提高数控系统的利用率和减少数控系统的故障，数控机床应满负荷使用，而不要长期闲置不用。由于某种原因，造成数控系统长期闲置不用时，为了避免数控系统损坏，需注意以下两点：

1）要经常给数控系统通电，特别是在环境湿度较大的梅雨季节更应如此。在机床锁住不动（即伺服电动机不转）的情况下，让数控系统空运行，利用电器元件本身的发热来驱散数控系统内的潮气，保证电子器件性能稳定可靠。实践证明，在空气湿度较大的地区，经常通电是降低故障率的一个有效措施。

2）如果数控机床的进给轴和主轴采用直流电动机来驱动，应将电刷从直流电动机中取出，以免由于化学腐蚀作用使换向器表面腐蚀，造成换向性能变坏，甚至使整台电动机损坏。

（8）备用电路板的维护。印制电路板长期不用容易出故障，因此对所购的备用板应定期装到数控系统中通电运行一段时间，以防损坏。

5.3.3　数控机床机械部件的维护保养

数控机床的机械结构较传统机床的机械结构简单，但机械部件和精度提高了，对维护提出了更高要求。同时，由于数控机床还有刀库及换刀机械手、液压和气动系统等，因此机械部件维护面更广，工作量更大。

数控机床机械部件维护与传统机床不同的内容有以下几个方面。

（1）主传动链的维护。

1）熟悉数控机床主传动链的结构、性能和主轴调整方法，严禁超性能使用。出现不正常现象时，应立即停机排除故障。

2）使用带传动的主轴系统，需定期调整主轴驱动带的松紧程度，防止因带打滑造成的丢转现象。

3）注意观察主轴箱温度，检查主轴润滑恒温油箱，调节温度范围，防止各种杂质进入油箱，及时补充油量。每年更换一次润滑油，并清洗过滤器。

4）经常检查压缩空气气压，调整到标准要求值，足够的气压才能使主轴锥孔中的切屑和灰尘清理干净，保持主轴与刀柄连接部位的清洁。

5）主轴中刀具夹紧装置长时间使用后，会产生间隙，影响刀具的夹紧，需及时调整液压缸活塞的位移量。

6）对采用液压系统平衡主轴箱重量的结构，需定期观察液压系统的压力，油压低于要求值时，要及时调整。

（2）滚珠丝杠螺母副的维护。

1）定期检查、调整丝杠螺母副的轴向间隙，保证反向传动精度和轴向刚度。

2）定期检查丝杠支承与床身的连接是否有松动以及支承轴承是否损坏。如有以上问题，要及时紧固松动部位，更换支承轴承。

3）采用润滑脂润滑的滚珠丝杠，每半年一次清洗丝杠上的旧润滑脂，换上新的润滑脂。用润滑油润滑的滚珠丝杠，每次机床工作前加油一次。

4）注意避免硬质灰尘或切屑进入丝杠防护罩和工作中碰击防护罩，防护装置一有损坏要及时更换。

（3）刀库及换刀机械手的维护。

1）用手动方式往刀库上装刀时，要确保装到位，装牢靠，检查刀座上的锁紧是否可靠。

2）严禁把超重、超长的刀具装入刀库，防止在机械手换刀时掉刀或刀具与工件、夹具等发生碰撞。

3）采用顺序选刀方式时须注意刀具放置在刀库上的顺序是否正确。其他选刀方式也要注意所换刀具号是否与所需刀具一致，防止换错刀具导致事故发生。

4）注意保持刀具刀柄和刀套的清洁。

5）经常检查刀库的回零位置是否正确，检查机床主轴回换刀点位置是否到位，并及时调整，否则不能完成换刀动作。

6）开机时，应先使刀库和机械手空运行，检查各部分工作是否正常，特别是各行程开关和电磁阀能否正常动作，检查机械手液压系统的压力是否正常，刀具在机械手上锁紧是否可靠，发现不正常及时处理。

（4）液压系统的维护。

1）定期对油箱内的油液进行取样化验，检查油液质量，定期过滤或更换油液。

2）定期检查冷却器和加热器的工作性能，控制液压系统中油液的温度在标准要求内。

3）定期检查更换密封件，防止液压系统泄漏。

4）定期检查清洗或更换液压件、滤芯，定期检查清洗油箱和管路。

5）严格执行日常点检制度，检查系统的泄漏、噪声、振动、压力、温度等是否正常，将故障排除在萌芽状态。

（5）气动系统的维护。

1）选用合适的过滤器，清除压缩空气中的杂质和水分。

2）注意检查系统中油雾器的供油量，保证空气中含有适量的润滑油来润滑气动元件，防止生锈、磨损，造成空气泄漏和元件动作失灵。

3）定期检查更换密封件，保持系统的密封性。

4）注意调节工作压力，保证气动装置具有合适的工作压力和运动速度。

5）定期检查、清洗或更换气动元件、滤芯。

（6）机床精度的维护检查。机床精度是保证机床性能的基础，加强机床精度的保养，定期进行精度检查是机床使用、维护工作中一项重要内容。机床精度的维护，要做到严格执行机床的操作规程和维护规程，严禁超性能使用。值得注意的是，对机床精度进行检查时，不仅需要注意单项精度，而且需要注意各项精度的相互关系。任何一项精度超过允许值，都需要调整。

遇到如下情况时，必须进行机床的精度检验：

1）由于操作失误或机床故障造成撞车后；

2）机床移动、状态发生变化后，当机床进行动态精度检查时，加工工件尺寸变动可能是机床热变形和切削液温度的升高造成的。机床热变形主要是滚珠丝杠的热变形和主轴的热变形引起，这些变形随着机床运转时间和运转状况而变化，必须对这些变形进行适时补偿。

切削液的温度影响也很重要，因为切削液直接与工件接触，因此也必须对切削液温度进行管理，这样才能正确反映机床的动态精度。当发现机床失掉原有精度，必须尽快修复并恢复精度。

5.3.4　数控机床的日常维护保养

数控机床的维护是操作人员为保持设备正常技术状态、延长使用寿命所必须进行的日常工作，是操作人员主要职责之一。具体数控车床和加工中心的日常维护见表 5-3 和表 5-4。

表 5-3　数控车床日常维护一览表

序号	检查周期	检查部位	检查要求（内容）
1	每天	切削液、液压油、润滑油	检查切削液、液压油、润滑油的油量是否充足
2	每天	切屑槽	切屑槽内的切屑是否已处理干净
3	每天	操作盘	检查操作盘上的各指示灯是否正常，各按钮、开关是否处于正确位置
4	每天	CRT 显示屏	CRT 显示屏上是否有任何报警显示，若有问题应及时予以处理
5	每天	液压装置的压力表	液压装置的压力表是否指示在所要求的范围内
6	每天	冷却风扇	各控制箱的冷却风扇是否正常运转
7	每天	刀具	刀具是否正确夹紧在刀夹上，刀夹与回转刀架是否可靠夹紧，刀具是否有损伤
8	每天	主轴、滑板等	运转中，主轴、滑板处是否有异常噪声，有无与平常不同的异常现象
9	每月	主轴的运转情况	轴以最高转速一半左右的转速旋转 30min，用手触摸壳体部分，若感觉温即为正常，以此了解主轴轴承的工作情况
10	每月	滚珠丝杠	检查 X、Z 轴的滚珠丝杠，若有污垢，应清理干净；若表面干燥，应涂润滑脂
11	每月	超程限位开关	检查 X、Z 轴超程限位开关、各急停开关是否动作正常，可用手按压行程开关的滑动轮，若 CRT 显示屏上有超程报警显示，说明限位开关正常；顺便将各接近开关擦拭干净
12	每月	刀架	检查刀架的回转头、中心锥齿轮的润滑状态是否良好，齿面是否有伤痕，换刀时换位动作是否平顺（以刀架夹紧、松开时无冲击为好）
13	每月	导套内孔	检查导套内孔状况，看是否有裂纹、毛刺，导套前面盖帽内是否积存切屑
14	每月	切削液槽	检查切削液槽内是否积存切屑
15	每月	液压装置	检查液压装置，如压力表的动作状态、液压管路是否有损坏、各管接头是否有松动或漏油现象等

续表 5-3

序号	检查周期	检查部位	检查要求（内容）
16	每月	润滑油装置	检查润滑泵的排油量是否符合要求，润滑油管路是否损坏，管接头是否松动、漏油等
17	半年	主轴	主轴孔的振摆，主轴传动用 V 带的张力及磨损情况，编码盘用同步带的张力及磨损情况
18	半年	导套装置	主轴以最高转速的一半运转 30min 后，用手触摸壳体部分无异常发热及噪声为好；此外用手沿轴向拉导套，检查其间隙是否过大
19	半年	加工装置	检查主轴分度用齿轮系的间隙，以规定的分度位置沿回转方向摇动主轴，以检查其间隙，若间隙过大应进行调整；检查刀具主轴驱动电动机侧的齿轮润滑状态，若表面干燥应涂敷润滑脂
20	半年	润滑泵装置浮子开关	可从润滑泵装置中抽出润滑油，看浮子落至警戒线以下时，是否有报警指示以判断浮子开关的好坏
21	半年	直流电动机	若换向器表面脏，应用白布蘸酒精予以清洗；若表面粗糙，用细金相砂纸予以修整；若电刷长度为 10mm 以下时，予以更换
22	半年	其他	检查各插头、插座、电缆、各继电器的触点是否接触良好；检查各印制电路板是否干净；检查主电源变压器、各电动机的绝缘电阻应在 1MΩ 以上；检查断电后保存机床参数、工作程序用的后备电池的电压值，视情况予以更换

表 5-4 加工中心日常维护一览表

序号	检查周期	检查部位	检查要求（内容）
1	每天	工作台、机床表面	从工作台、基座等处清除污物和灰尘，擦去机床表面上的润滑油、切削液和切屑，清除没有罩盖的滑动表面上的一切物品，擦净丝杠的暴露部位
2	每天	开关	清理并检查所有限位开关、接近开关及其周围表面
3	每天	导轨润滑油箱	检查油量，及时添加润滑油；检查润滑油泵是否定时启动打油及停止
4	每天	主轴润滑恒温油箱	检查工作是否正常，油量是否充足，温度范围是否合适
5	每天	刀具	确认各刀具在其应有的位置上更换
6	每天	机床液压系统	检查油箱液压泵有无异常噪声，液压泵的压力是否符合要求，工作油面高度是否合适，管路及各接头有无泄漏
7	每天	压缩空气气源压力	检查气动控制系统压力是否在正常范围之内
8	每天	气源自动分水滤气器，自动空气干燥器	确保空气滤杯内的水完全排出，保证自动空气干燥器工作正常
9	每天	气液转换器和增压器油面	油量不够时要及时补充
10	每天	导轨面	清除切屑液脏物，检查导轨面有无划伤损坏、润滑油是否充足

序号	检查周期	检 查 部 位	检查要求（内容）
11	每天	切削液	检查切削液软管及液面，清理管内及切削液槽内的切屑等脏物
12	每天	CNC 输入/输出单元	检查光电阅读机的清洁情况，机械润滑是否良好
13	每天	各防护装置	检查导轨、机床防护罩等是否齐全有效
14	每天	电气柜各散热通风装置	检查各电气柜中冷却风扇是否工作正常，风道过滤网有无堵塞，及时清洗过滤器
15	每天	其　他	确保操作面板上所有指示灯为正常显示；检查各坐标轴是否处在原点上；检查主轴端面、刀夹及其他配件是否有毛刺、破裂或损坏现象
16	不定期	冷却油箱、水箱	随时检查液面高度，及时添加油（或水），太脏时要更换，清洗油箱（或水箱）和过滤器
17	不定期	废油池	及时取走积存在废油池中的废油，以免溢出
18	不定期	排屑器	经常清洗切屑，检查有无卡住等现象
19	每月	电气控制箱	清理电气控制箱内部，使其保持干净
20	每月	工作台及床身基准	校准工作台及床身基准的水平，必要时调整垫铁，拧紧螺母
21	每月	空气滤网	清洗空气滤网，必要时予以更换
22	每月检查	液压装置、管路及接头	液压装置、管路及接头，确保无松动、无磨损
23	每月	各电磁阀及开关	检查各电磁阀、行程开关、接近开关，确保它们能正常工作
24	每月	过滤器	检查液压箱内的过滤器，必要时予以清洗
25	每月	电缆及接线端子	检查各电缆及接线端子是否接触良好
26	每月	连锁装置、时间继电器、继电器	确保各连锁装置、时间继电器、继电器能正常工作，必要时予以修理或更换
27	每月	数控装置	检查各电动机轴承
28	半年	各进给轴	确保数控装置能正常工作
29	半年	检查各电动机轴承是否有噪声，必要时予以更换	测量各进给轴的反向间隙，必要时予以调整或进行补偿
30	半年	所有电气部件及继电器	外观检查所有各电气部件及继电器等是否可靠工作
31	半年	各伺服电动机	检查各伺服电动机的电刷及换向器的表面，必要时予以修整或更换
32	半年	主轴驱动皮带	按机床说明书要求调整皮带的松紧程度
33	半年	各轴导轨上的镶条、压紧滚轮	按机床说明书要求调整镶条、压紧滚轮的松紧状态
34	一年	检查或更换电动机电刷	检查换向器表面，去除毛刺，吹净碳粉，磨损过短的电刷及时更换
35	一年	液压油路	清洗溢流阀、减压阀、过滤器、油箱，过滤液压油或更换
36	一年	主轴润滑恒温油箱	清洗过滤器、油箱，更换润滑油
37	一年	滑油泵、过滤器	清洗润滑油池，更换过滤器
38	一年	滚珠丝杠	清洗丝杠上旧的润滑脂，涂上新润滑脂

5.4 数控机床故障诊断与排除

5.4.1 数控机床故障诊断概述

数控机床是个复杂的系统，由于种种原因，不可避免地会发生不同程度、不同类型的故障，导致数控机床不能正常工作。一般这些原因大致包括机械锈蚀、磨损和失效，元器件老化、损坏和失效，电气元件、接插件接触不良，环境变化如电流或电压波动、温度变化、液压压力和流量的波动以及油污等，随机干扰和噪声，软件程序丢失或被破坏等。此外，错误的操作也会引起数控机床不能正常工作。数控机床一旦发生故障，必须及时予以维修，将故障排除。数控机床维修的关键是故障的诊断，即故障源的查找和故障定位。一般来说，随着故障类型的不同，采用的故障诊断的方法也就不同。

5.4.1.1 数控机床维修的基本概念

（1）系统可靠性和故障的概念。系统可靠性是指系统在规定条件下和规定时间内完成规定功能的能力。故障则意味着系统在规定条件下和规定时间内丧失了规定的功能。

（2）平均故障间隔时间 MTBF。平均故障间隔时间是指数控机床在使用中两次故障间隔的平均时间，即数控机床在寿命范围内总工作时间和总故障次数之比，即

$$MTBF = 总工作时间 / 总故障次数$$

日常维护（或称预防性维修）的目的是为了延长平均故障间隔时间 MTBF。

（3）平均修复时间 MTTR。平均修复时间是指数控机床从出现故障开始直至能正常使用所用的平均修复时间。显然，这段时间越短越好。故障维护的目的是要尽量缩短 MTTR。

（4）有效度 A。这是从可靠度和可维修度方面对数控机床的正常工作概率进行综合评价的尺度，是一台可维修的机床，在某一段时间内，维持其性能的概率。

$$A = MTBF/(MTBF + MTTR)$$

由此可见，有效度 A 是一个小于 1 的数，但越接近 1 越好。

5.4.1.2 数控机床故障的规律

与一般设备相同，数控机床的故障率随时间变化的规律可用图 5-9 所示的故障曲线表示。根据数控机床的故障率，整个使用寿命期大致可以分为 3 个阶段，即初始运行期、有效寿命期和衰老期。

（1）初始运行期。初始运行期的特点是故障发生的频率高，系统的故障率为负指数曲线函数。使用初期之所以故障频繁，原因大致如下：

1）机械部分。机床虽然在出厂前进行过运行磨合，但时间较短，而且主要是对主轴和导轨进行磨合。由于零件的加工表面存在

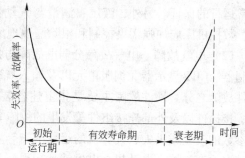

图 5-9　数控机床的故障曲线

着微观的和宏观的几何形状偏差，在完全磨合前，零件的加工表面还比较粗糙，部件的装配可能存在误差，因而，在机床使用初期会产生较大的磨合磨损，使设备相对运动部件之间产生较大的间隙，导致故障的发生。

2）电气部分。数控机床的控制系统使用了大量的电子元器件，这些元器件虽然在制造厂经过了相当长时间的老化试验和其他方式的筛选，但实际运行时，由于电路的发热、交变负荷、浪涌电流及反电势的冲击，性能较差的某些元器件经不住考验，因电流冲击或电压击穿而失效，或特性曲线发生变化，从而导致整个系统不能正常工作。

3）液压部分。由于出厂后运输及安装阶段时间较长，液压系统中某些部位长时间无油，汽缸中润滑油干涸，而油雾润滑又不可能立即起作用，造成液压缸或汽缸可能产生锈蚀。此外，新安装的空气管道若清洗不干净，一些杂物和水分也可能进入系统，造成液压、气动部分的初期故障。

（2）有效寿命期。数控机床在经历了初期的各种老化、磨合和调整后，开始进入相对稳定的正常运行期。在这个阶段，故障率低而且相对稳定，近似常数。偶发故障是由于偶然因素引起的。一般说来，数控系统要经过 9～14 个月的运行才能进入有效寿命期。因此，用户在安装数控机床后最好能使其长期连续运行，以便让初始运行期在一年的保修期内结束。

（3）衰老期。衰老期出现在数控机床使用的后期，其特点是故障率随着运行时间的增加而升高。出现这种现象的基本原因是由于数控机床的零部件及电子元器件经过长时间的运行，出现疲劳、磨损、老化等问题，已接近衰竭，从而处于频发故障状态。

5.4.1.3　数控机床故障的类型

数控机床故障的种类很多，一般可以按起因、性质、发生部位部件、软（硬）件故障等来分类。

A　按数控机床发生故障的部件分类

（1）主机故障。数控机床的主机部分，主要包括机械、润滑、冷却、排屑、液压、气动与防护等装置。常见的故障主要是因机械安装、调试及操作使用不当等原因引起的机械传动故障与导轨运动摩擦过大故障。故障表现为传动噪声大，加工精度降低，运行阻力大等。例如：轴向传动链的挠性联轴器松动，齿轮、丝杠与轴承缺油，导轨塞铁调整不当，导轨润滑不良以及系统参数设置不当等原因均可造成以上故障。尤其应引起重视的是，机床各部位标明的注油点（注油孔）必须定时、定量加注润滑油（剂），这是机床各传动链正常运行的保证。另外，液压、润滑与气动系统的故障主要是管路阻塞和密封不良，因此，数控机床应加强污染控制和根除漏油现象发生。

（2）电气故障。电气故障分弱电故障与强电故障。弱电部分主要涉及 CNC 装置、PLC 控制器、CRT 显示器、伺服单元以及输入/输出装置等电路，这部分故障又有硬件故障与软件故障之分。硬件故障主要是指上述各装置的印制电路板上的集成电路芯片、分立元件、接插件以及外部连接组件等发生的故障。常见的软件故障有加工程序出错、系统程序和参数的改变或丢失、计算机的运算出错等。强电部分是指继电器、接触器、开关、熔断器、电源变压器、电动机、电磁铁、行程开关等电气元器件及其所组成的电路。这部分的故障十分常见，必须引起足够的重视。

B 按数控机床发生故障的性质分类

(1) 系统性故障。通常是指只要满足一定的条件或超过某一设定的限度，工作中的数控机床必然会发生的故障。这一类故障现象极为常见。例如：液压系统的压力值随着液压回路过滤器的阻塞而降到某一设定参数时，必然会发生液压系统故障报警使系统断电停机；润滑、冷却或液压等系统由于管路泄漏引起油标下降到使用限值，必然会发生液位报警使机床停机；机床加工中因切削量过大达到某一限值时必然会发生过载或超温报警，致使系统迅速停机。对数控机床的正确的使用与精心维护可以避免这类系统性故障发生。

(2) 随机性故障。通常是指数控机床在同样的条件下工作时只偶然发生一次或两次的故障。由于此类故障在各种条件相同的状态下只偶然发生一两次，因此，随机性故障的原因分析与故障诊断较系统性故障困难得多。这类故障的发生往往与安装质量、组件排列、参数设定、元器件品质、操作失误与维护不当以及工作环境影响等诸因素有关。例如：接插件与连接组件因疏忽未加锁定，印制电路板上的元器件松动变形或焊点虚脱，继电器触点、各类开关触头因污染锈蚀以及直流电动机电刷不良等所造成的接触不可靠等。工作环境温度过高或过低、湿度过大、电源波动与机械振动、有害粉尘与气体污染等原因均可引发此类随机性故障。加强数控系统的维护检查，确保电气箱门的密封，严防工业粉尘及有害气体的侵袭等，均可避免此类故障的发生。

C 按故障发生后有无报警显示分类

(1) 有报警显示故障。有报警显示故障又可分为硬件报警显示与软件报警显示两种。

1) 硬件报警显示故障。硬件报警显示通常是指系统各单元装置上的指示灯或发光管组成的显示指示。在数控系统中，如控制操作面板、位置控制印制线路板、伺服控制单元、主轴单元、电源单元等部位以及光电阅读机、穿孔机等外设装置上常设有这类指示灯。一旦数控系统的这些部位发生故障，这些指示灯发光指示故障状态。参考相应产品说明书中对指示灯的说明，可大致分析判断出故障发生的部位与性质。这无疑给故障分析诊断带来极大方便。因此，维修人员日常维护和排除故障时应认真检查这些指示灯的状态是否正常。

2) 软件报警显示故障。软件报警显示通常是指 CRT 显示器上显示出来的报警号和报警信息。由于数控系统具有自诊断功能，一旦检测到故障，系统就会按故障的类型进行处理，同时在 CRT 上以报警号形式显示该故障信息。这类报警显示常见的有：存储器报警、过热报警、伺服系统报警、进给超程报警、程序出错报警、主轴报警、过载报警以及断线报警等。可参考机床维修说明书中的报警一览表，对各种报警信息查询，供现场维修参考。软件报警有来自 NC 的报警和来自 PMC 的报警，前者为数控部分的故障报警，可通过所显示的报警号，查阅维修手册中有关 NC 故障报警出错代码及原因，分析产生该故障的原因。后者 PMC 报警显示由 PMC 的报警信息文本所提供，大多数属于机床侧的故障报警，可通过所显示的报警号，查阅维修手册中有关 PMC 故障报警信息、PMC 接口说明以及 PMC 程序等内容、检查 PMC 有关接口和内部继电器状态，确定该故障所产生的原因。通常，PMC 报警发生的可能性要比 NC 报警高。

(2) 无报警显示的故障。这类故障发生时无任何硬件或软件的报警显示，因此分析诊断难度较大。例如：机床通电后，在手动方式或自动方式运行时，X 轴出现爬行现象，无任何报警显示。又如机床在自动方式运行时突然停止，而 CRT 显示器上无任何报警显示。还有在运行机床某轴时发生异常声响，一般也无故障报警显示等。对于无报警显示故障，通常要具体情况具体分析，要根据故障发生的前后状态进行分析判断。例如：上述 X 轴在运行时出现爬行现象，可首先判断是数控部分故障还是伺服部分故障。具体做法是：在手摇脉冲进给方式中，均匀地旋转手摇脉冲发生器，同时分别观察比较 CRT 显示器上 Y 轴、Z 轴与 X 轴进给数字的变化速率。通常，如数控部分正常，3 个轴的上述变化速率应基本相同，从而可区分出爬行故障是 X 轴的伺服部分还是机械传动造成。

　　D　按数控机床故障发生的原因分类

　　（1）数控机床自身故障。这类故障的发生是由于数控机床自身的原因引起的，与外部使用环境条件无关。数控机床所发生的绝大多数故障均属此类故障。

　　（2）数控机床外部故障。这类故障是由外部原因造成的。例如：数控机床的供电电压过低，波动过大，相序不对或三相电压不平衡；周围环境温度过高，有害气体、潮气、粉尘侵入；外来振动和干扰，如电焊机所产生的电火花干扰等均有可能使数控机床发生故障；还有人为因素所造成的故障，如操作不当，手动进给过快造成超程报警，自动进给过快造成过载报警；又如操作人员不按时按量给机床机械传动系统加注润滑油，易造成传动噪声或导轨摩擦系数过大，而使工作台进给电动机过载。

　　除上述常见故障分类外，故障还可按发生时有无破坏性来分，可分为破坏性故障和非破坏性故障；按发生的部位分，可分为数控装置故障，进给伺服系统故障，主轴系统故障，刀架、刀库、工作台故障等。

5.4.2　数控机床故障诊断技术

　　由于数控系统是高技术密集型产品，要想迅速而正确地查明原因并确定其故障的部位，不借助诊断技术将是很困难的，有时甚至是不可能的。随着微处理器的不断发展，诊断技术也由简单的诊断朝着多功能的高能诊断或智能化方向发展。诊断能力的强弱也是评价当今 CNC 系统性能的一项重要指标。目前所使用的各种 CNC 系统的诊断方法归纳起来大致可分为以下三大类。

　　（1）启动诊断。启动诊断是指 CNC 系统每次从通电开始至进入正常的运行准备状态为止，系统内部诊断程序自动执行的诊断。诊断的内容为系统中最关键的硬件和系统控制软件，如 CPU、存储器、I/O 等单元模块，以及 MDI/CRT 单元、纸带阅读机、软盘单元等装置或外部设备。有的 CNC 系统启动诊断程序还能对配置进行检查，用以确定所有指定的设备模块是否都已正常连接，甚至还能对某些重要的芯片，如 RAM、ROM、LSI（大规模集成电路）是否插装到位，选择的规格型号是否正确进行诊断。只有当全部项目都确认正确无误之后，整个系统才能进入正常运行的准备状态。否则，CNC 系统将通过 CRT 显示器画面或用硬件（如发光二极管）报警方式指出故障的信息。此时，启动诊断过程不能结束，系统不能投入运行。

　　上述启动诊断程序正常时需数秒结束，一般不会超过 1min。

　　（2）在线诊断。在线诊断是指通过 CNC 系统的内装程序，在系统处于正常运行状态时对 CNC 系统本身及与 CNC 装置相连的各个伺服单元、伺服电动机、主轴伺服单元和主轴电动机以及外部设备等进行自动诊断、检查，只要系统不停电，在线诊断就不会停。在线诊断的内容很丰富，一般来说，包括自诊断功能的状态显示和故障信息显示两部分。其中自诊断功能状态显示有上千条，常以二进制的0、1来显示其状态。对正逻辑来讲，0表示断开状态，1表示接通状态，借助状态显示可以判断出故障发生的部位。如区分出故障在数控系统内部，还是发生在PLC或机床侧。常用的状态显示有I/O接口状态显示和内部状态显示。如利用I/O接口状态显示，再结合PLC梯形图和强电控制电路图，用推理法和排除法即可判断出故障点所在的真正位置。故障信息显示的内容一般有上百条，最多可达600条。这些信息大都以报警号和适当注释的形式出现，一般可分为下述几大类：

1）过热报警类。

2）系统报警类。

3）存储器报警类。

4）编程/设定类，这类故障均为操作、编程错误引起的软故障。

5）伺服类，即与伺服单元和伺服电动机有关的故障报警。

6）行程开关报警类。

7）印制电路板间的连接故障类。

所有上述在线诊断功能，对CNC系统的操作者和维修人员来说，对于分析系统故障原因、确定部位大有帮助。

（3）离线诊断。这主要是指CNC系统制造厂家或专业维修中心，利用专用的诊断软件和测试装置在CNC系统出现故障后，进行停机（或脱机）检查，力求把故障定位到尽可能小的范围内。如缩小到某个功能模块、某个印制电路板或板上某部分电路，甚至某个芯片或元件，以便更换元件进行修复。随着电信技术的发展，一种新的通信诊断技术也正在进入应用阶段即海外诊断。它利用电话通信线，把带故障的CNC系统和专业维修中心的专用通信诊断计算机通过连接进行测试、诊断。如德国SIEMENS公司在CNC系统诊断中采用了这种诊断功能，用户只需把CNC系统中专用"通信接口"连接到普通电话线上；而SIEMENS公司维修中心的专用通信诊断计算机的"数据电话"也连接到电话线路上，然后由计算机向CNC系统发送诊断程序，并将测试数据输回到计算机进行分析并得出结论，随后又将诊断结论和处理办法通知用户。通信诊断系统除用于故障发生后的诊断外，还可为用户作定期的预防性诊断，维修人员不必亲临现场，只需按预定的时间对数控床作一个系统性试运行检查，在维修中心分析诊断数据，以发现可能存在的故障隐患。这类CNC系统，必须具备远距离诊断接口及联网功能。

5.4.3　数控机床故障处理的原则与步骤

数控机床发生故障时，如果机床操作人员不能及时排除故障，应及时通知维修人员到场维修。维修人员应对故障发生的时间、故障发生时机床的操作方式、故障的内容进行追踪调查和分析。故障的追踪调查有利于快速锁定故障范围和故障类型，从中找出故障点，排除故障。因此，对于机床操作人员应有详细记录。

（1）记录产生故障的时间与背景。首先记录故障产生日期和时间。其次是记录故障出现的背景，是电源接通时出现故障，还是运行中出现的故障。如果是运行中，那么是机床运行多长时间后才发生的故障。如果是机床工作一定时间后出现的故障，则有可能是热因素的影响即机体的受热变形或电器元件因温度升高所致特性的改变等，否则可以排除热的影响。此外还要记录控制单元的周围环境温度是多少（运行时应为 0 ~ 45℃），控制单元上是否有较大振动，是否发生过机械碰撞等内容。

（2）记录故障出现的频率。故障只出现一次还是多次出现，分析故障是否重复发生。

5.4.3.1　检测排除故障时的原则

（1）先外部后内部。数控机床是机械、液压、电气一体化的机床，故其故障必然要从机械、液压、电气这三部分综合反映出来。数控机床的检修要求维修人员掌握先外部后内部的原则，即当数控机床发生故障后，应先采用望、闻、听、问等方法，由外向内逐一进行检查。

例如：数控机床的外部行程开关、按钮开关、液压气动元件以及印制电路板插头座、边缘插件与外部或相互之间的连接部位、电控柜插座或端子排等机电设备之间的连接部位，因接触不良造成信号传递失灵，是产生数控机床故障的重要因素。此外，由于工业环境中，温度、湿度变化较大，油污或粉尘对元件及线路板的污染、机械的振动等，信号传送通道的接插件都将受到严重影响。在检修中重视这些因素，首先检查这些部位就可以迅速排除较多的故障。另外，尽量避免随意地启封、拆卸。不适当的大拆大卸，往往会扩大故障，使机床丧失精度，降低性能。

（2）先机械后电气。数控机床是一种自动化程度高、技术复杂的先进机械加工设备。一般来讲，机械故障较易察觉，而数控系统故障的诊断则难度要大些。先机械后电气就是在数控机床的检修中首先检查机械部分是否正常，行程开关是否灵活，气动、液压部分是否正常等。从实际经验来看，数控机床的故障中有很大一部分是由于机械部分失灵引起的。所以，在故障检修之前，首先注意排除机械性的故障，往往可以达到事半功倍的效果。

（3）先静后动。维修人员本身要做到先静后动，不可盲目动手，应先询问机床操作人员故障发生的过程及状态，阅读机床使用说明书、图样资料，之后方可动手查找和处理故障。其次，对有故障的机床也要本着先静后动的原则，先在机床断电的静止状态，通过观察、测试、分析，确认为非恶性循环故障，或非破坏性故障后，方可给机床通电，在运行工况下，进行动态的观察、检验和测试，查找故障。对恶性破坏性故障，必须先排除危险后，方可通电，在运行工况进行动态诊断。

（4）先公用后专用。公用性的问题往往影响全局，而专用性问题只影响局部。如机床的几个进给轴都不能动，这时应先检查和排除各轴公用的 CNC、PMC、电源、液压等部分的故障，然后再设法排除某轴的局部问题。又如电网或主电源故障是全局性的，因此一般应首先检查电源部分，看熔丝是否正常，直流电压输出是否正常。总之，只有先解决影响一大片的主要矛盾，局部的、次要的矛盾才有可能迎刃而解。

（5）先简单后复杂。当出现多种故障相互交织掩盖，一时无从下手时，应先解决容易的问题，后解决难度大的问题。常常在解决简单故障的过程中，难度大的问题也可能变得容易，或者在排除简单故障的过程中，对复杂故障的认识更为清楚，从而也有了解决办法。

（6）先一般后特殊。在排除某一故障时，要先考虑最常见的可能原因，然后再分析很少发生的特殊原因。例如：一台 FANUC-0T 数控车床 Z 轴回零不准常常由于降速挡块位置松动所造成。一旦出现这一故障，首先应检查该挡块位置，在排除这一常见的可能性故障之后，再检查脉冲编码器、位置控制等环节。

5.4.3.2 故障诊断的一般步骤

数控系统型号非常多，所产生的故障原因往往也比较复杂。无论是早期故障，还是偶发故障，数控机床故障诊断的一般步骤都是相同的。当数控机床发生故障时，除非出现危及数控机床或人身安全的紧急情况，一般不要关闭电源，要尽可能地保持机床原来的状态不变，并对出现的一些信号和现象做好记录，然后根据故障情况进行全面的分析，确定查找故障源的方法和手段，再有计划、有目的地一步步仔细检查。一旦故障发生，通常按以下步骤进行诊断。

（1）调查现场，充分掌握信息。数控机床出现故障后，不要急于动手修理，先应查看故障记录，向操作人员询问故障发生的全过程。在确认通电对系统和人员无危险的情况下，再通电检查，检查中应特别注意以下问题。

1）故障发生时报警号和报警提示是什么，哪些指示灯和发光管指示了什么报警。

2）如无报警，系统处于何种工作状态，系统的工作方式诊断结果（如 FANUC 0T 系统的 700、701、712 号诊断内容）是什么。

3）故障发生在哪个程序段，执行何种指令，故障发生前进行了何种操作。

4）故障发生在何种速度下，轴处于什么位置，与指令值的误差量有多大。

5）以前是否发生过类似故障，现场有无异常现象，故障是否重复发生。

6）有无其他偶然因素，如突然停电、外线电压波动较大、打雷、某部位进水等。

（2）分析故障原因。根据故障情况进行分析，缩小范围，确定故障源查找的方向和手段。对故障现象进行全面了解后，下一步可根据故障现象分析故障可能存在的位置，即哪一部分出现故障可能导致如此现象。有些故障与其他部分联系较少，容易确定查找的方向。而有些故障原因很多，难以用简单的方法确定出故障源查找方向，这时就要仔细查阅有关的数控机床资料，弄清与故障有关的各种因素，确定若干个查找方向，并逐一进行查找。

（3）由表及里进行故障源查找。故障查找一般是从易到难，从外围到内部逐步进行。难易包括技术上的复杂程度和拆卸装配方面的难易程度。技术上的复杂程度是指判断其是否有故障存在的难易程度。在故障诊断的过程中，首先应该检查可直接接近或经过简单拆卸即可进行检查的那些部位，然后检查要进行大量的拆卸工作之后才能接近和进行检查的那些部位。

5.4.4 数控机床故障诊断的方法

数控系统故障千变万化，其原因往往比较复杂。同时，数控系统自诊断能力还不能对系统的所有部件进行测试，也不能将故障原因定位到具体的元器件上，往往一个报警号指示众多的故障原因，使人难以下手。因此，要迅速诊断故障原因，及时排除故障，需要从维修实践经验中总结一些行之有效的方法。

常用故障诊断方法有以下几种。

（1）直观法。直观检查是维修开始的第一步，维修人员通过对故障发生时的各种光、声、味等异常现象的观察，利用人体的感觉器官来寻找原因，即望、听、闻、问、摸等，由外向内逐一检查，将故障范围缩小到一个模块或一块印制线路板。首先进行外观的仔细检查，特别注意 CRT 报警信息、报警指示灯、熔丝断否、元器件烟熏烧焦、电容器膨胀变形、开裂、保护器脱扣、触点火花等。注意有无异常声响（铁芯、欠压、振动等），有无发热、振动、接触不良，电气元件焦糊味及其他异味等。

例如：数控机床加工过程中，突然出现停机。打开数控柜检查发现 Y 轴电动机主电路保险管烧坏，经仔细观察，检查与 Y 轴有关的部件，最后发现 Y 轴电动机动力线外皮被硬物划伤，损伤处碰到机床外壳上，造成短路，烧断保险，更换 Y 轴电动机动力线后，机床恢复正常。经验表明，直观检查法在不少情况下可起到事半功倍的效果，可将它贯穿于整个维修过程中。

（2）参数检查法。数控机床的机床参数是经一系列的试验和调整而获得的重要数据，是机床正常运行的保证。它包括增益、加速度、轮廓监控及各种补偿值等。参数通常是存放在由电池保持的 RAM 中，电池电压不足或系统长期不通电以及外部干扰等都会使参数丢失或混乱，从而使系统不能正常工作。当机床长期闲置或无缘无故出现不正常现象以及有故障而无报警时，就应根据故障特征，检查和校对有关参数。

例如：配 FANUC-7CM 系统的 XK715F 型数控立铣床，开机后不久出现 7 号（伺服未准备好）、20 号、21 号、22 号、23 号（X、Y、Z、U 各轴速度超过限定值）报警。这种现象常与参数有关，检查参数，发现数据混乱。将参数重新输入，上述 5 种报警消失。再对存储器区重新分配后，机床恢复正常。在排除某些故障时，对一些参数还需进行调整。因为有些参数如各轴的漂移补偿值、传动间隙值、KV 系数（位置环增益系数）、夹紧允差等，虽在安装时调整过，但由于试加工的局限性、加工要求或控制要求改变，个别参数会有不适应的情况。参数调整、修改前，通常应先开锁，如西门子 SINUMERIK 810、840、880 等系统应先输入 11 号保密参数值。

（3）备件交换替代法。所谓备件交换替代法就是在分析出故障大致起因的情况下，利用备用的印制线路板、模板、集成电路芯片或元件替换有疑点的部分，或用机床上相同的板进行互换，从而把故障范围缩小到印制线路板或芯片一级。

例如：XK715 数控立式铣床（FANUC 0-MD）出现 Y 轴正向进给正常，反向进给失常，时动时不动，手摇脉冲进给也如此。对这种故障，通常是一个坐标轴有故障，而另外的轴正常，所以可以采用交换替代法，将 X 轴与 Y 轴的进给控制进行交换。先将位控板上两轴的插头交换，此时 Y 轴故障仍存在；再将位控板上两轴的插头复位，速度控制器上两轴接线交换，故障转移至 X 轴，从而确定 Y 轴速度控制器有故障。将其拆下检查，发现板上一电容损坏。换上新电容后，故障消失。

由于电子元器件发展相当迅速，一些电气备件更新换代得很快。对于这些备件的更换，普通维修工有一定难度，特别是像变频器，若换不同厂家的产品，不但硬件接线上有所不同，而且参数的设定也不一样。为保证维修工能准确快速更换，可事先根据现场使用的变频器和备件库现存变频器的技术参数，画一张直接替换的操作流程图和参数设定表发到各维修工手中，并贴在现场变频器旁边。其他复杂备件也采用类似方法，这样可有效缩短备件替换时间。

备件置换前，应检查有关部分电路，以免由于短路造成好板损坏。还应检查试验板上的选择开关和跨接线是否与原板一致，有些还应注意板上电位器的调整。在置换计算机的存储板后，往往需要对系统作存储器初始化操作，输入机器参数等，否则系统仍不能正常工作。数控系统的自诊断功能有时可以将故障定位到电路板，但由于目前一些自诊断存在着局限性，定位出现偏差的情况时有发生，这时可用备件置换法在报警提示的范围内逐一调板，最后找出坏板。

（4）原理分析法。根据 CNC 组成原理，从逻辑上分析各点的逻辑电平和特征参数，从系统各部件的工作原理着手进行分析和判断，确定故障部位的维修方法。

例如：XH754 卧式加工中心出现 Y 轴进给失控，无论是点动或是程序进给，导轨一旦移动起来就不能停下来，直到按下急停按钮为止。根据数控系统位置控制的基本原理，可以确定故障出在 Y 轴的位置环上，并很可能是位置反馈信号丢失，这样，一旦数控装置给出进给量的指令位置，反馈的实际位置始终为零，位置误差始终不能消除，导致机床进给的失控。拆下位置测量装置脉冲编码器进行检查，发现编码器里灯丝已断，导致无反馈输入信号，更换 Y 轴编码器后，故障排除。

这种方法的运用，要求维修人员对整个系统或每个部件的工作原理都有清楚的、较深的了解，才可能对故障部位进行定位。

（5）升降温法。设备运行较长时间或环境温度较高时，机床就会出现故障，可用电吹风、红外灯照射可疑的元件或组件，加速一些温度特性较差的元器件使之产生"病症"或使"病症"消除来寻找故障原因，确定故障点。

（6）功能程序测试法。当数控机床加工造成废品，但又无法确定是编程、操作不当还是数控系统故障时，或是当闲置时间较长的数控机床重新投入使用时，将 G、M、S、T、F 功能的全部指令编写一个试验程序并运行这台机床，可快速判断哪个功能不良或丧失。

例如：在配置 FANUC-7CM 数控系统的加工中心加工中，出现零件尺寸相差甚大，系统无报警。使用功能程序测试法，将功能测试带输入系统，并空运行。当运行到含有 G01、G02、G03、G18、G19、G41、G42 等指令的四角带圆弧的长方形典型图形程序时，发现机床运行轨迹与所要求的图形尺寸不符，从而确认机床刀具半径补偿功能不对。该系统的刀具半径补偿软件存放在 EPROM 芯片中，调换该集成电路后机床加工恢复正常。

（7）隔离法。隔离法是将某些控制回路断开，从而达到缩小查找故障区域的目的。例如：某加工中心，在 JOG（手动控制）方式下，进给平稳，但自动则不正常。首先要确定是 NC 故障还是伺服系统故障，先断开伺服速度给定信号，用电池电压作信号，故障依旧，说明 NC 系统没有问题。再隔离机械系统，如进给系统、主传动系统，这样逐步将可能的故障部位隔离，逐一排除，最终找出故障部位为夹紧系统。

（8）测量比较法。为了检测方便，在模板或单元上设有检测端子，用万用表、示波器等仪器对这些端子的电平或波形进行测试，将测试值与正常值进行比较，可以分析和判断故障的原因及故障的部位。

（9）敲击法。数控系统由各种电路板组成，每块电路板上，接插件等处有虚焊或接口槽接触不良都会引起故障。可用绝缘物轻轻敲打疑点处，若出现故障，则敲击处很可能就是故障部位。

以上各种故障诊断方法各有特点，要根据故障现象的特点灵活地组合应用。

目前数控系统的维修，大多数用户还是采用板级维修，即更换电路插板的方法。这种方法如有备用电路板，能较快地排除故障，使数控机床在较短的时间内恢复正常生产。但是，由于数控系统的电路板价格昂贵，通常在几百至 1 万美元之间，因此用户要承担昂贵的费用。如手头上无备用板可换，再要从国外引进、停机等，板卡报废的损失也很大。实际上损坏的电路板大多数是因为板上的一、两片集成电路芯片损坏，这些芯片如果是通用型的，不但市场上易购到，而且价格也十分便宜。为此，越来越多的数控机床用户都希望能自行进行芯片级，即元件级维修。然而，数控系统集成电路插件板的修理，是一个大家公认的难题，主要有以下几个难点。

（1）电路板无电气原理图。几乎所有的数控设备制造商拒绝提供具体线路图及其原理说明书，因此，用户无法了解故障板的工作原理，无法按图索骥。用示波器、万用表等逐点观察信号流程，尽管可测的波形丰富，读出的参数值很准确但没有意义。

（2）电路板集成度高，线路复杂。板上采用中规模、大规模、超大规模集成电路，多数采用多层印制电路板，所组成的微机电路由软件控制，监测十分复杂。通常监测一个简单的微处理器至少需要 24 个测试通道，一个完整的以微处理器为主的数字电路所需同时监测的通道数已超过 100 条。

（3）电路板上所采用的专用集成电路芯片比例高。数控系统的印制电路板上使用为数很多、由数控系统制造商定制的专用集成电路、厚膜电路、PAL（逐行倒相）和 GAL（可编程逻辑器）电路，有些 CPU 芯片、PAL 和 GAL 芯片采用保密措施，难以复制，对专用芯片难以测试，难以购到备件。

（4）实际可测性差。电路板上越来越广泛地应用片状结构的集成电路，其引脚间距通常为 1.25mm，一般测量工具难以稳固地接触到被测点。

5.4.5 数控机床常见故障的处理

5.4.5.1 数控机床机械故障

（1）主轴部件。主轴部件常见的故障及排除方法见表 5-5。

表 5-5　主轴部件常见的故障及排除方法

序号	故障现象	故 障 原 因	排 除 方 法
1	加工精度达不到要求	机床在运输过程中受到冲击	检查对机床精度有影响的各部位，尤其是导轨副，并按出厂要求重新调整或修复
		安装不牢固、安装精度低或有变化	重新调平、紧固
2	切削振动大	主轴箱和床身连接螺钉松动	恢复精度后紧固连接螺钉
		轴承预紧力不够、间隙过大	重新调整轴承间隙，但预紧力不宜过大
		轴承预紧螺母松动，使主轴窜动	紧固螺母，确保主轴精度合格
		轴承拉毛或损坏	更换轴承
		主轴与箱体超差	修理主轴或箱体，使其配合精度、位置精度达到要求
		其他因素	检查刀具或切削工艺问题

序号	故障现象	故障原因	排除方法
3	主轴箱噪声大	主轴部件动平衡不好	重做动平衡
		齿轮啮合间隙不均匀或严重损伤	调整间隙或更换齿轮
		轴承损坏或传动轴弯曲	修复或更换轴承，校直传动轴
		传动带长度不一或松动	调整或更换传动带，不能新旧混用
		齿轮精度差	更换齿轮
		润滑不良	调整润滑油量，保持主轴箱的清洁度
4	主轴无变速	无电气变挡信号输出	电气人员检查处理
		压力不足	检测并调整工作压力
		变挡液压缸研损或卡死	修去毛刺和研伤
		变挡电磁阀卡死	检查并清洗电磁阀
5	主轴不转动	主轴转动指令无输出	电气人员检查处理
		保护开关没有压合或失灵	检修压合保护开关或更换
		卡盘未卡紧工件	调整或修理卡盘
		变挡复合开关损坏	更换复合开关
		变挡电磁阀体内泄漏	更换电磁阀
6	主轴发热	主轴轴承预紧力过大	调整预紧力
		轴承研伤或损坏	更换轴承
		润滑油脏或有杂质	清洗主轴箱，更换新润滑油

（2）进给部件故障。常见的进给部件故障及排除方法见表 5-6。

表 5-6 常见的进给部件故障及排除方法

序号	故障现象	故障原因	排除方法
1	加工工件粗糙度大	导轨润滑油不足，致使溜板爬行	加润滑油，排除润滑故障
		滚珠丝杠有局部拉毛或磨损	更换或修理丝杠
		丝杠轴承损坏，运动不平稳	更换损坏轴承
		伺服电动机未调整好，增益过大	调整伺服电动机控制系统
2	反向误差大，加工精度不稳定	丝杠联轴器锥套松动	重新紧固
		丝杠轴滑板配合压板过紧或过松	重新调整或修研
		丝杠轴滑板配合楔铁过紧或过松	重新调整或修研
		丝杠轴预紧过紧或过松	调整预紧力，检查轴向窜动值
		滚珠丝杠螺母端面与结合面不垂直，结合过松	修理调整或加垫处理
		丝杠支座轴承预紧力过紧或过松	修理调整
		滚珠丝杠制造误差大或轴向窜动	消除间隙
		润滑油不足或没有	调节至各导轨面均有润滑油
		其他机械干涉	排除干涉部位

序号	故障现象	故障原因	排除方法
3	滚珠丝杠在运转中转矩过大	滑板配合压板过紧或研损	重新调整或修研
		滚珠丝杠螺母反向器损坏,滚珠丝杠卡死或轴端螺母预紧力过大	修复或更换丝杠并重新调整
		丝杠研损	更换
		伺服电动机与滚珠丝杠连接不同轴	调整同轴度并紧固连接座
		无润滑油	调整润滑油路
		超程开关失灵造成机械故障	检查故障并排除
		伺服电动机过热报警	检查故障并排除
4	丝杠螺母润滑不良	分油器不分油	检查定量分油器
		油管堵塞	排除污物使油管畅通
5	滚珠丝杠副噪声	滚珠丝杠轴承压盖压合不良	调整压盖,使其压紧轴承
		滚珠丝杠润滑不良	检查分油器和油路
		滚珠破损	更换滚珠
		电动机与丝杠联轴器松动	拧紧联轴器锁紧螺钉

（3）刀架、刀库及换刀装置故障。表 5-7 为刀架、刀库及换刀装置常见的故障及排除方法。

表 5-7　刀架、刀库及换刀装置常见故障及排除方法

序号	故障现象	故障原因	排除方法
1	刀具不能夹紧	气泵气压不足	增压漏气
		刀具卡紧液压缸漏油	使气泵气压在额定范围
		关紧增压	更换密封装置
		刀具松卡弹簧上的螺母松动	旋紧螺母
2	刀具夹紧后不能松开	松锁刀弹簧压力过紧	调节松锁刀弹簧上的螺母,使其最大载荷不超过额定数值
3	刀套不能夹紧刀具	检查刀套上的调节螺母	旋紧刀套两端的调节螺母,压紧弹簧,顶紧卡紧销
4	刀具从机械手中脱落	刀具超重,机械手卡紧销损坏	刀具不得超重,更换机械手卡紧销
5	机械手换刀速度过快	气压太高或节流阀开口过大	保证气泵的压力和流量,旋转节流阀至换刀速度合适

5.4.5.2　控制系统的故障诊断

数控装置控制系统故障主要利用自诊断功能报警号,计算机各板的信息状态指示灯,各关键测试点的波形、电压值,各有关电位器的调整,各短路销的设定,有关机床参数值的设定,专用诊断元件,并参考控制系统维修手册、电气图册等加以排除。控制系统部分的常见故障如下：

（1）电池报警故障。当数控机床断电时,为保存好机床控制系统的机床参数及加工程序,需靠后备电池予以支持。这些电池到了使用寿命其电压低于允许值时,就产生电池故障报警。当报警灯亮时，应及时予以更换，否则，机床参数就容易丢失。因为换电池容易丢失机床参数，因此应该在机床通电时更换电池，以保证系统能正常地工作。

（2）键盘故障。在用键盘输入程序时，若发现有关字符不能输入、不能消除、程序不能复位或显示屏不能变换页面等故障，应首先考虑有关按键是否接触不好，予以修复或更换。若不见成效或者所用按键都不起作用，可进一步检查该部分的接口电路、系统控制软件及电缆连接状况等。

（3）熔丝故障。控制系统内熔丝烧断故障多出现于对数控系统进行测量时的误操作，或由于机床发生了撞车等意外事故。因此，维修人员要熟悉各熔丝的保护范围，以便发生问题时能及时查出并予以更换。

（4）刀位参数的更改。FANUC 10T 系统控制的 F12 数控车床带有两个换刀台，在加工过程中，由于机床的突然断电或因意外操作了急停按钮，使机床刀具的实际位置与计算机内存的刀位号不符，如果操作者不注意，往往会发生撞车或打刀废活等事故。因此，一旦发现刀位不对时，应及时核对控制系统内存刀位号与实际刀台位置是否相符，若不符，应参阅说明书介绍的方法，及时将控制系统内存中的刀位号改为与刀台位置一致。

（5）控制系统的"NOT READY（没准备好）"故障。

1）应首先检查 CRT 显示面板上是否有其他故障指示灯亮及故障信息提示，若有问题应按故障信息目录的提示去解决。

2）检查伺服系统电源装置是否有熔丝断、断路器跳闸等问题，若合闸或更换了熔丝后断路器再跳闸，应检查电源部分是否有问题；检查是否有电动机过热、大功率晶体管组件过电流等故障而使计算机监控电路起作用；检查控制系统各板是否有故障灯显示。

3）检查控制系统所需各交流电源、直流电源的电压值是否正常。若电压不正常也可造成逻辑混乱而产生"NOT READY"故障。

（6）机床参数的修改。对每台数控机床都要充分了解并掌握各机床参数的含义及功能，它除能帮助操作者很好地了解该机床的性能外，有的还有利于提高机床的工作效率或排除故障。近年来数控机床的软件功能比较丰富，通过对有关参数的更改可扩展机床的功能、提高各轴的进给率及主轴转速的上限值，在循环加工中缩短退刀的空行程距离等，从而达到提高工作效率的目的。

（7）机床软超程故障的排除。FANUC 10T 系统控制的 F12 数控车床，由于编程或操作失误而发生 OT001～OT006 等软超程故障，通常以超程的反方向运动可以解除。

当然，控制系统部分的故障现象远不止这些。如 CRT 显示装置的亮度不够、帧不同步，无显示；光电阅读机的故障；输入、输出打印机故障等。这就需要根据具体情况，参考有关维修资料及个人工作经验予以解决。

5.4.5.3 伺服系统的故障

伺服系统故障可利用 CNC 控制系统自诊断的报警号，CNC 控制系统及伺服放大驱动板上的各信息状态指示灯、故障报警指示灯，参阅有关维修说明书上介绍的关键测试点的波形、电压值，CNC 控制系统、伺服放大板上有关参数的设定、短路销的设置及相关电位器的调整，功能兼容板或备板的替换等方式来解决。

比较常见的伺服系统故障有以下几个方面。

（1）伺服超差。所谓伺服超差，即机床的实际进给值与指令值之差超过限定的允许值。对于此类问题应作如下检查：

1）检查 CNC 控制系统与驱动放大模块之间、CNC 控制系统与位置检测器之间、驱动放大器与伺服电动机之间的连线是否正确、可靠。

2）检查位置检测器的信号及相关的 D/A 转换电路是否有问题。

3）检查驱动放大器输出电压是否有问题，若有问题，应予以修理或更换。

4）检查电动机轴与传动机械间是否配合良好，是否有松动或间隙存在。

5）检查位置环增益是否符合要求，若不符合要求，应对有关的电位器予以调整。

（2）机床停止时，有关进给轴振动。对于此类问题应作如下检查：

1）检查高频脉动信号并观察其波形及振幅，若不符合要求应调节有关电位器，如三菱 TR23 系统的 VR11 电位器。

2）检查伺服放大器速度环的补偿功能，若不合适，应调节补偿用电位器，如三菱 TR23 伺服系统中的 VR3 电位器。一般顺时针调节响应快，稳定性差，易振动；逆时针调节响应差，稳定性好。

3）检查位置检测用编码盘的轴、联轴节、齿轮系是否啮合良好，有无松动现象，若有问题应予以修复。

（3）机床运行时声音不好，有摆动现象。对于此类问题应作如下检查：

1）首先检查测速发电动机换向器表面是否光滑、清洁，电刷与换向器间是否接触良好，因为问题往往多出现在这里，若有问题应及时进行清理或修整。

2）检查伺服放大部分速度环的功能，若不合适应予以调整，如三菱 TR23 系统的 VR3 电位器。

3）检查伺服放大器位置环的增益，若有问题应调节有关电位器，如三菱 TR23 系统的 VR2。

4）检查位置检测器与联轴节间的装配是否有松动。

5）检查由位置检测器测来的反馈信号的波形及 D/A 转换后的波形幅度，若有问题，应进行修理或更换。

（4）飞车现象（即通常所说的失控）。对于此类问题应作如下检查：

1）检查位置传感器或速度传感器的信号是否反相，或者是电枢线是否接反了，即整个系统是不是负反馈而变成正反馈了。

2）检查速度指令给的是否正确。

3）检查位置传感器或速度传感器的反馈信号是否没有接或者是有接线断开情况。

4）检查 CNC 控制系统或伺服控制板是否有故障。

5）检查电源板是否有故障而引起的逻辑混乱。

（5）所有的轴均不运动。对于此类问题应作如下检查：

1）检查用户的保护性锁紧如急停按钮、制动装置等有没有释放，或有关运动的相应开关位置是否正确。

2）检查主电源熔丝是否断。

3）检查由于过载保护用断路器动作或监控用继电器的触点是否接触好，或是否呈常开状态而使伺服放大部分信号没有发出。

（6）电动机过热。对于此类问题应作如下检查：

1）检查滑板运行时其摩擦力或阻力是否太大。

2）检查热保护继电器是否脱扣，电流是否设定错误。

3）检查励磁电流是否太低或永磁式电动机是否失磁。

4）检查切削条件是否恶劣，刀具的反作用力是否太大引起电动机电流增高。

5）检查运动夹紧、制动装置是否充分释放，而致使电动机过载。

6）检查齿轮传动系是否损坏或传感器有无问题，而致使所引入的噪声进入伺服系统而引发的周期性噪声，可使电动机过热。

7）检查电动机本身内部匝间是否短路而引起过热。

8）检查带风扇冷却的电动机时，看风扇是否损坏，而致使电动机过热。

（7）机床定位精度不准。对于此类问题应作如下检查：

1）检查滑板运行时的阻力是否太大。

2）检查位置环的增益或速度环的低频增益是否太低。

3）检查机械传动部分是否有反向间隙。

4）检查位置环或速度环的零点平衡调整是否合理。

5）检查是否由于接地、屏蔽不好或电缆布线不合理，而使速度指令信号渗入噪声干扰和偏移。

（8）零件加工表面粗糙。对于此类问题应作如下检查：

1）首先检查测速发电动机换向器的表面光滑状况以及电刷的磨合状况，若有问题，应修整或更换。

2）检查高频脉冲波形的振幅、频率及滤波形状是否符合要求，若不合适应予调整。

3）检查切削条件是否合理，刀尖是否损坏，若有问题需改变加工状态或更换刀具。

4）检查机械传动部分的反向间隙，若不合适应调整或进行软件上的反向间隙补偿。

5）检查位置检测信号的振幅是否合适并进行必要的调整。

6）检查机床的振动状况，如机床水平状态是否符合要求，机床的地基是否有振动，主轴旋转时机床是否振动等。

思考与训练

【思考与练习】

5-1　数控机床选用的一般原则有哪些？

5-2　数控机床选用的基本要点有哪些？

5-3　数控机床在安装调试时，为什么要进行参数的设定与确认？

5-4　数控机床如何进行地线连接？

5-5　数控机床的精度检验有哪些内容？

5-6　使用数控机床应注意哪些问题？

5-7　试述在数控系统维护保养中的注意事项。

5-8　根据故障率，数控机床的整个使用寿命期大致可以分为哪几个阶段？

5-9　说明 $MTBF$、$MTTR$ 的含义。

5-10　数控机床常见故障的分类方法有哪些？

5-11　数控机床故障诊断的原则是什么？

5-12　数控机床故障诊断方法有哪些？

5-13　试述机床进给伺服系统故障及排除方法。

【技能训练】

5-1　某数控车床刀具出现不能夹紧的故障，请应用所学知识分析此故障可能的原因，并设法加以排除。

5-2　请理解以下几个数控机床维修实例，列出每个实例运用的维修方法。

(1) 数控机床加工过程中，突然出现停机。打开数控柜检查发现 Y 轴电动机主电路保险管烧坏，经仔细观察，检查与 Y 轴有关的部件，最后发现 Y 轴电动机动力线外皮被硬物划伤，损伤处碰到机床外壳上，造成短路烧断保险，更换 Y 轴电动机动力线后，故障消除，机床恢复正常。

(2) TH6350 加工中心旋转工作台抬起后旋转不止，且无减速，无任何报警信号出现。对这种故障，可能是由于旋转工件台的简易位控器故障造成的，为进一步证实故障部位，考虑到该加工中心的刀库的简易位控器与转台的基本一样。于是采用交换法进行检查，交换刀库与转台的位控器后，并按转台位控器的设定对刀库位控器进行了重新设定，交换后，刀库则出现旋转不止，而转台运行正常，证实了故障确实出在转台的位控器上。

(3) 进口 PNE710 数控车床出现 Y 轴进给失控，无论是点动或是程序进给，导轨一旦移动起来就不能停下来，直到按下紧急停止为止。

根据数控系统位置控制的基本原理，可以确定故障出在 Y 轴的位置环上，并很可能是位置反馈信号丢失。这样，一旦数控装置给出进给量的指令位置，反馈的实际位置始终为零，位置误差始终不能消除，导致机床进给的失控。拆下位置测量装置脉冲编码器进行检查，发现编码器里灯丝已断，导致无反馈输入信号。更换 Y 轴编码器后，故障排除。

模块6 数控加工工艺与编程

目前在国内制造业对数控加工需求高速增长的形势下，数控编程技术人才严重短缺，数控编程技术已成为就业市场上的需求热点。要学好数控编程技术，首先要掌握一定的预备知识和技能，这包括基本的几何知识和机械制图基础、基础英语、机械加工常识，然后才能进行数控编程基本知识的学习，掌握基本数控编程知识和技巧。学习时要勤加练习，包括对一定数量的实际产品的数控编程练习和实际加工练习，以求快速提高自己的数控编程技术水平。

6.1 数控编程基础知识

6.1.1 数控编程的内容与步骤

在数控机床上加工零件时，首先要将被加工零件的全部工艺过程以及其他辅助动作（变速、换刀、开关切削液、夹紧等）按运动顺序，用规定的指令代码程序格式编成一个加工程序清单，以此为依据自动控制数控机床完成工件的全部加工过程。从零件图样分析开始，到获得数控机床所需的加工程序（或控制介质）的过程称为程序编制。

数控机床编程的内容主要包括：分析被加工零件的零件图、工艺处理、数值计算、编写程序单、输入数控系统、程序检验等。数控机床编程的内容和步骤一般如图6-1所示。

（1）分析零件图。通过对工件材料、形状、尺寸精度及毛坯形状和热处理的分析，确定工件在数控机床上进行加工的可行性。

（2）工艺处理。选择适合数控加工的加工工艺是提高数控加工技术经济效果的首要因

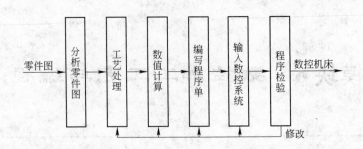

图 6-1　数控机床编程的内容和步骤

素。制定数控加工工艺除需考虑通常的一般工艺原则外，还应考虑充分发挥所有数控机床的指令功能，正确选择对刀点，尽量缩短加工路线，减少空行程时间和换刀次数，尽量使数值计算方便，精简程序段等。

（3）数值计算。数值计算是指根据加工路线计算刀具中心的运动轨迹。对于带有刀补功能的数控系统，只需计算出零件轮廓相邻几何元素的交点或切点（基点）的坐标值，得出各几何元素的起点、终点和圆弧的圆心坐标。如果数控系统无刀补功能，还应计算刀具中心的运动轨迹。对于形状比较复杂的零件（如非圆曲线、曲面组成的零件），需要用直线段或圆弧段逼近，计算出逼近线段的交点或切点（节点）坐标值，并限制在允许的误差范围以内。这种情况一般要用计算机来完成数值计算的工作。

（4）编写加工零件程序单。在完成工艺处理和数值计算工作后，编程人员根据所使用数控系统的指令、程序段格式，逐段编写零件加工程序。编程人员应对数控机床的性能、程序指令代码以及数控机床加工零件的过程等非常熟悉，才能编写出正确的零件加工程序。

（5）输入数控系统。程序编写好之后，可通过键盘等直接将程序输入数控系统，也可通过磁盘驱动器或 RS-232 接口将程序输入数控系统。比较老一些的数控系统需要制作穿孔带、磁带等控制介质，再将控制介质上的程序输入数控系统。这种方式现在已被淘汰，但是规定的穿孔带代码标准没有变。

（6）程序检验。程序送入数控系统后，通常需要经过试运行和试加工两步检查后，才能进行正式加工。通过试运行，校对检查程序，也可利用数控机床的空运行功能进行检验，检查机床的动作和运动轨迹的正确性。对带有刀具轨迹动态模拟显示功能的数控机床可进行数控模拟加工，以检查刀具轨迹是否正确。通过试加工可以检查程序加工工艺及有关切削参数设定是否合理，加工精度能否满足零件图要求，加工工效如何，以便进一步改进，直到加工出满意的零件为止。

从以上内容来看，作为一名编程人员，不但要熟悉数控机床的结构、数控系统功能及标准，而且还要熟悉零件的加工工艺、装夹方法、刀具、切削用量的选择等方面的知识。

6.1.2　数控编程的种类

数控机床程序编制一般分为手工编程和自动编程两种。

（1）手工编程。手工编程是指各个步骤均由手工编制，即从零件图分析、工艺处理、数据计算、编写程序单、输入程序到程序检验等各步骤主要由人工完成的编程过程。对于点位加工或形状简单的工件，计算比较简单，程序不多，采用手工编程即可实现，比较经济。但对于几何形状复杂的零件，特别是具有列表曲线、非圆曲线及曲面的零件（如叶片、复杂模具），或者表面的几何元素并不复杂而程序量很大的零件（如复杂的箱体），手工编程就有一定的困难，出错的概率增大，有的甚至无法编出程序，因此必须采用自动编程的方法编制程序。

（2）自动编程。自动编程是指在编程过程中，除了分析零件图样和制定工艺方案由人工完成外，其余工作均由计算机辅助完成。由于计算机自动编程代替程序编制人员完成了烦琐的数值计算，可提高编程效率几十倍乃至上百倍，因此解决了手工编程无法解决的许多复杂零件的编程难题。

6.1.3　数控机床坐标系

为了确定机床的运动方向和移动距离，需要在机床上建立一个坐标系，这就是机床坐标系。机床坐标系是为了确定工件在机床上的位置、机床运动部件的特殊位置以及运动范围等而建立的几何坐标系，是机床上固有的坐标系。

6.1.3.1　坐标系的确定原则

国际上已统一了数控机床的标准坐标系，我国也已制定了标准 GB/T 19660—2005，其中规定的命名原则如下。

（1）数控机床的标准坐标系采用右手直角笛卡儿坐标系。图 6-2（a）即为右手直角笛卡儿坐标系，其上有 6 个坐标，包括 3 个直线移动坐标 X、Y、Z 和 3 个旋转坐标 A、B、C。3 个直线移动坐标 X、Y、Z 的关系及其正方向用如图 6-2（b）的右手法则来判定，即 X、Y、Z 相互正交垂直，用大拇指指向表示 X 坐标的正向，用食指指向表示 Y 坐标的正向，用中指指向表示 Z 坐标的正向。3 个旋转坐标 A、B、C 的正向判定用图 6-2（c）的右手螺旋法则判定，即右手大拇指指向为 X、Y、Z 各轴的正方向，用右手其余 4 指握住 X、Y、Z 轴，则 4 指的环绕方向分别表示旋转坐标 A、B、C 的正方向。

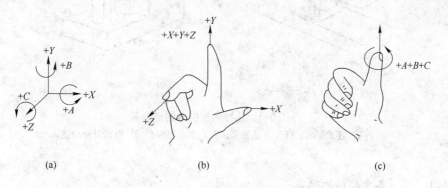

图 6-2　右手直角坐标系

（2）采用假设工件固定不动，刀具相对工件移动的原则。由于机床的结构不同，有的是刀具运动，工件固定不动（如数控车床）；有的是工件运动，刀具固定不动（如数控铣床）。为编程方便，一律规定工件固定，刀具相对于工件运动。

（3）正方向的确定原则。统一规定标准坐标系 X、Y、Z 作为刀具（相对于工件）运动的坐标系并以增大刀具与工件之间距离的方向为各坐标轴的正方向，反之则为负方向。考虑到刀具与工件是一对相对运动，当工件移动而刀具不动的机床，与 $+X$、$+Y$、$+Z$ 轴相反的方向规定为 $+X'$、$+Y'$、$+Z'$，它们是工件（相对于刀具）正方向运动的坐标系，如图 6-3 （b）、（c）、（d）所示。旋转坐标轴 A、B、C 的正方向确定按上述右手螺旋法则。

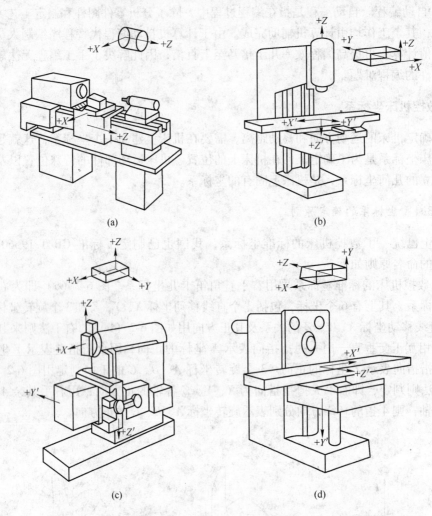

图 6-3　几种典型机床的坐标系
（a）卧式车床；（b）立式铣床；（c）牛头刨床；（d）卧式升降台铣床

6.1.3.2　各坐标轴的确定

确定机床坐标轴时，一般先确定 Z 轴，然后确定 X 轴和 Y 轴。

（1）Z 轴：规定平行于机床主轴（传递切削动力）的刀具运动方向为 Z 轴，当机床有两个以上的主轴时，则取其中一个垂直于工件装夹面的主要轴为 Z 轴。Z 轴的正方向取为远离工件的方向，即从工件到刀具夹持的方向。

（2）X 轴：X 轴平行于工件装夹面。对于工件做旋转运动的机床（如车床、磨床），X 坐标的方向是在工件的径向上，且平行于横滑座，取刀具远离工件的方向为正方向。对于刀具做旋转运动的机床（如铣床、镗床），当 Z 轴为水平时，由刀具主轴的后端向工件看，X 轴正方向指向右方；当 Z 轴为立式时，由面向主轴向立柱方向看，X 轴正方向指向右方。对于无主轴的机床（如刨床），X 轴正方向平行于切削方向。

（3）Y 轴：Y 轴与 X、Z 轴垂直。当 X、Z 轴确定后，按右手法则确定 Y 轴正方向。

（4）附加坐标轴：前述的 X、Y、Z 为主运动坐标系，即第一坐标系，如果有平行于第一坐标系的第二组或第三组坐标系，就分别指定为 U、V、W 和 P、Q、R。

（5）主轴回转运动方向：主轴顺时针回转运动的方向是按右螺旋进入工件的方向。如图 6-3 所示为几种典型机床的坐标系。

6.1.3.3　数控机床坐标系的原点与参考点

数控机床坐标系是机床的基本坐标系。机床坐标系的原点也称机械原点或机械零点（M），这个原点是机床固有的点，由生产厂家确定，不能随意改变，它是其他坐标系和机床内部参考点的出发点。不同数控机床坐标系的原点也不同，在数控车床上，机床原点一般取在卡盘端面与主轴中心线的交点处，如图 6-4 所示，同时，通过设置参数的方法，也可将机床原点设定在 X、Z 坐标的正方向极限位置上；在数控铣床上，机床原点一般取在 X、Y、Z 坐标的正方向极限位置上，如图 6-5 所示。

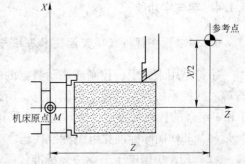

图 6-4　数控车床参考点是机床原点

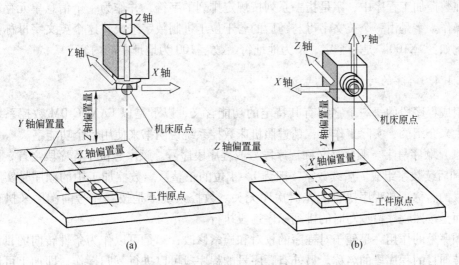

(a)　　　　　　　　　　　　　　　　(b)

图 6-5　数控铣床原点

（a）立式铣床；（b）卧式铣床

机床参考点是用于对机床运动进行检测和控制的固定位置点。机床参考点的位置是由机床制造厂家在每个进给轴上用限位开关精确调整好的，坐标值已输入到数控系统中。因此参考点对机床原点的坐标是一个已知数。通常在数控铣床上机床原点和机床参考点是重合的，而在数控车床上机床参考点是离机床原点最远的极限点。图 6-4 所示为数控车床的参考点与机床原点。

数控机床开机时，必须先确定机床原点，而确定机床原点的运动就是刀架（或工作台）返回参考点的操作，这样通过确认参考点，就确定了机床原点。只有机床参考点被确认后，刀具（或工作台）移动才有基准。

用机床原点计算被加工零件上各点的坐标并进行编程是很不方便的，在编写零件的加工程序时，常常还要选择一个工件坐标系（又称编程坐标系）。关于工件坐标系将在以后几节内容中进行详细介绍。

6.1.4　字与字功能

6.1.4.1　字符与代码数控技术基础与应用

字符是用来组织、控制或表示数据的一些符号，如数字、字母、标点符号、数学运算符等。数控系统只能接受二进制信息，所以必须把字符转换成 8 位信息组合成的字节，用 0 和 1 组合的代码来表达。国际上广泛采用两种标准代码：

（1）ISO 国际标准化组织标准代码。

（2）EIA 美国电子工业协会标准代码。

这两种标准代码的编码方法不同，在大多数现代数控机床上这两种代码都可以使用，只需用系统控制面板上的开关来选择，或用 G 功能指令来选择。

6.1.4.2　字

在数控加工程序中，字是指一系列按规定排列的字符，并作为一个信息单元存储、传递和操作。字是由一个英文字母与随后的若干位十进制数字组成，这个英文字母称为地址符。例如："X100" 是一个字，X 为地址符，数字 100 为地址中的内容。

6.1.4.3　字的功能

组成程序段的每一个字都有其特定的功能含义，以下是以 FANUC-0M 数控系统的规范为主来介绍的，实际工作中，请遵照机床数控系统说明书来使用各个功能字。

（1）顺序号字。顺序号又称程序段号或程序段序号。顺序号位于程序段之首，由地址符 N 和后续数字组成。后续数字一般为 1~4 位的正整数。数控加工中的顺序号实际上是程序段的名称，与程序执行的先后次序无关。数控系统不是按顺序号的次序来执行程序的，而是按照程序段编写时的排列顺序逐段执行。

顺序号的作用一是便于对程序的校对和检索修改；二是可以作为条件转向的目标，即作为转向目的程序段的名称。另外有顺序号的程序段可以进行复归操作，即加工可以从程序的中间开始，或回到程序中断处开始。

在使用中，顺序号一般采用递增的排列方式，如 2、4、6、8……，或采用 5、10、15……的间隔。递增量可以是 2、5、10。递增量大于 1，有利于在调试程序时，如果发现两程序段之间需插入一段程序或几段，可以不用调整序号，程序序号排列依然整齐。例如：

N5……;

N10……;

N11……;在 N10 ~ N15 间插入程序段

N13……;在 N10 ~ N15 间插入程序段

N15……;

N20……;

……

需注意，这样的递增排列不是必须的，在编程时也可以不用写入序号。在实际生产中，尤其是手工编程，为减少手工输入程序的工作量，一般不写序号，只是在需要进行条件转向时才写入。

（2）准备功能字。准备功能字由地址符 G 和后续数字组成，又称为 G 功能或 G 指令，是用于建立机床或控制系统工作方式的一种指令。后续数字一般为 1 ~ 3 位正整数。常用 G 代码的用法详见后述。

（3）尺寸字。尺寸字用于确定机床上刀具运动终点的坐标位置。其中，第一组地址符 X，Y，Z，U，V，W，P，Q，R 用于确定终点的直线坐标尺寸；第二组地址符 A，B，C，D，E 用于确定终点的角度坐标尺寸；第三组地址符 I，J，K 用于确定圆弧轮廓的圆心坐标尺寸。在一些数控系统中，还可以用 P 指令暂停时间、用 R 指令圆弧的半径等。多数数控系统可以用准备功能字来选择坐标尺寸的制式，如 FANUC 诸系统可用 G21/G22 来选择米制单位或英制单位，也有些系统用系统参数来设定尺寸制式。采用米制时，一般单位为 mm，如 X200 指令的坐标单位为 200mm。当然，一些数控系统可通过参数来选择不同的尺寸单位。

（4）进给功能字。进给功能字由地址符 F 和后续数字组成，又称为 F 功能或 F 指令，后续数字用于指定切削的进给速度。对于车床，F 可分为每分钟进给和主轴每转进给两种，对于其他数控机床，一般只用每分钟进给。F 指令在螺纹切削程序段中常用来指令螺纹的导程。

（5）主轴转速功能字。主轴转速功能字由地址符 S 和后续数字组成，又称为 S 功能或 S 指令，后续数字用于指定主轴转速，单位为 r/min。对于具有恒线速度功能的数控车床，程序中的 S 指令用来指定车削加工的线速度，单位为 m/min。

（6）刀具功能字。刀具功能字由地址符 T 和后续数字组成，又称为 T 功能或 T 指令，后续数字用于指定加工时所用刀具的编号。对于数控车床，其后的数字还兼作指定刀具长度补偿和刀尖半径补偿用。

（7）辅助功能字。辅助功能字由地址符 M 和后续数字组成，又称为 M 功能或 M 指令，用于指定数控机床辅助装置的开关动作。后续数字一般为 1 ~ 3 位正整数。常用 M 代码的用法详见后述。

6.1.5 零件程序的格式

6.1.5.1 程序段格式

程序段是可作为一个单位来处理的、连续的字组，是数控加工程序中的一条语句。一个数控加工程序是由若干个程序段组成的。程序段格式是指程序段中的字、字符和数据的安排形式。现在一般使用字地址可变程序段格式，每个字长不固定，各个程序段中的长度和功能字的个数都是可变的。地址可变程序段格式中，在上一程序段中写明的、本程序段里又不变化的那些字仍然有效，可以不再重写。这种功能字称之为续效字，亦称续效功能或模态功能，反之称非续效功能或非模态功能。

例如某程序段格式如下：

N30 G01 X50.1 Y20.2 F100.0 S1000 T02 M08；

N40 X 90.0；

本程序段省略了续效字"G01，Y20.2，F100.0，S1000，T02，M08"，但它们的功能仍然有效。

在程序段中，必须明确组成程序段的各要素：

程序段开头——顺序号字。

移动目标——终点坐标值 X、Y、Z。

沿怎样的轨迹移动——准备功能字。

进给速度——进给功能字。

切削速度——主轴转速功能字。

使用刀具——刀具功能字。

机床辅助动作——辅助功能字。

程序段结束——用程序段结束标记回车键（或 LF）结束，实际使用时，常用符号"；"为结束标记。一般编程时可以不管，当输入数控系统时会自动生成。

6.1.5.2　加工程序的一般格式

（1）程序开始符、结束符。开始符、结束符是同一个字符，ISO 代码中是%，EIA 代码中是 EP，书写时要单列一段。

（2）程序名。程序名有两种形式：一种是英文字母 O（% 或 P）和 1~4 位正整数组成；另一种是由英文字母开头，字母数字混合组成的程序名（如 TEST1 等），一般要求单列一段。

（3）程序主体。程序主体是由若干个程序段组成的，每个程序段一般占一行。

（4）程序结束。程序结束可以用 M02 或 M30 指令，一般要求单列一段。

例如，加工程序的一般格式如下：

%//开始符
O2000//程序名,用"O"加4个数字表示
N10 G54 G00 X10.0 Y20.0 M03 S1000；
N20 G01 X60.0 Y30.0 F100 T02 M08；
N30 X80.0；
……
//程序主体
N200 M30;//程序结束
%//结束符

6.2 数控机床加工工艺设计

工艺设计是对工件进行数控加工的前期准备工作，它必须在编制程序之前完成。因为只有在工艺设计方案确定以后编程才有依据，否则，工艺方面的考虑不周将可能造成数控加工的错误。

根据实际应用经验，数控加工工艺设计主要包括下列内容：数控加工工艺内容的选择、数控加工工艺性分析、数控加工的工艺路线设计、数控加工工序设计、数控加工专用技术文件的编写等。

6.2.1 数控加工工艺设计准备

6.2.1.1 数控加工工艺内容的选择

对于一个零件来说，并非全部加工工艺过程都适合在数控机床上完成，往往只是其中的一部分工艺内容适合数控加工。这就需要对零件图样进行仔细的工艺分析，选择那些最适合、最需要进行数控加工的内容和工序。在考虑选择内容时，应结合本企业设备的实际，立足于解决难题、攻克关键问题和提高生产效率，充分发挥数控加工的优势。在选择数控加工工艺内容时，一般可按下列顺序考虑：

（1）通用机床无法加工的内容应作为优先选择的内容。

（2）通用机床难加工，质量也难以保证的内容应作为重点选择的内容。

（3）通用机床加工效率低、工人手工操作劳动强度大的内容，可在数控机床尚存在富余加工能力的基础上进行选择。

一般来说，上述加工内容采用数控加工后，在产品质量、生产效率与综合经济效益等方面都会得到明显提高。相比之下，下列加工内容不宜选择数控加工：

（1）占机调整时间长，如零件的粗加工，特别是铸、锻毛坯零件的基准平面、定位面等部位的加工等。

（2）必须按专用工装协调的加工内容，采集编程数据有困难，协调效果也不一定理想。

（3）加工部位分散，不能在一次装夹中加工完成的内容，采用数控加工很麻烦，效果不明显，可安排通用机床补加工。

（4）按某些特定的制造依据（如样板、模胎等）加工的型面轮廓，编程获取数据困难，易于与检验依据发生矛盾，增加了程序编制的难度。

此外，在选择和决定加工内容时，也要考虑生产批量、生产周期、工序间周转情况等等。总之，要尽量做到合理，达到多、快、好、省的目的，并且防止把数控机床降格为通用机床使用。

6.2.1.2 数控加工工艺性分析

关于数控加工工艺性问题，其涉及面很广，下面结合编程的可能性和方便性提出一些必须分析和审查的主要内容。

（1）尺寸标注方法分析。在数控编程中，所有点、线、面的尺寸和位置都是以编程原点为基准的。因此零件图样上最好直接给出坐标尺寸，或尽量以同一基准引注尺寸，这样就符合数控加工的特点。

（2）几何要素的完整性与准确性分析。在程序编制过程中，编程人员必须充分掌握构成零件轮廓的几何要素参数及各几何要素间的关系。因为在自动编程时要对零件轮廓的所有几何元素进行定义，手工编程时要计算出每个节点的坐标，无论哪一点不明确或不确定，编程都无法进行。但由于零件设计人员在设计过程中考虑不周或被忽略，常常出现参数不全或不清楚。例如，圆弧与直线、圆弧与圆弧在图样上相切，但根据图上给出的尺寸，在计算相切条件时，却变成了相交或相离状态。所以在审查与分析图纸时，一定要仔细核算，发现问题及时与设计人员联系。

（3）定位基准的可靠性分析。在数控加工中，加工工序往往较集中，以同一基准定位十分必要，否则很难保证两次定位安装加工后两个面上的轮廓位置及尺寸协调一致。因此，如零件本身有合适的孔，最好用它来作为定位基准孔；如果零件本身没有合适的孔，设法专门设置工艺孔作为定位基准；如果零件本身实在无法加工工艺孔，则往往需要设置一些辅助基准，或在毛坯上增加一些工艺凸台，在完成定位加工后再除去。

（4）几何类型及尺寸统一性分析。零件的外形、内腔最好采用统一的几何类型及尺寸，这样可以减少换刀次数，还可能应用控制程序或专用程序以缩短程序长度。零件的形状尽可能对称，便于利用数控机床的镜像加工功能来编程，以节省编程时间。

（5）零件技术要求分析。零件的技术要求主要是指尺寸精度、形状精度、位置精度、表面粗糙度及热处理等。这些要求在保证零件使用性能的前提下，应经济合理。过高的精度和表面粗糙度要求会使工艺过程复杂，加工困难，成本提高。

6.2.2　数控加工工艺设计过程

6.2.2.1　机床的选择

不同类型的零件应在不同的数控机床上加工，要根据零件的设计要求选择机床。数控车床适于加工形状比较复杂的轴类零件和由复杂曲线回转形成的模具内型腔；数控立式镗铣床和立式加工中心适于加工箱体、箱盖、平面凸轮、样板、形状复杂的平面或立体零件以及模具的内外型腔；数控卧式镗铣床和卧式加工中心适于加工复杂的箱体类零件、泵体、阀体、壳体等；多坐标联动的卧式加工中心还可用于加工各种复杂的曲线、曲面、叶轮、模具等。总之，不同类型的零件要选用相应的数控机床加工，以发挥数控机床的效率和特点。

6.2.2.2　加工工序的划分

根据数控加工的特点，数控加工工序的划分一般可按下列方法进行。

（1）按零件装卡定位方式划分工序。这种方法适合于加工内容较少的零件，加工完后就能达到待检状态。由于每个零件结构形状不同，各表面的技术要求也有所不同，故加工时，其定位方式各有差异。一般加工外形时，以内形定位；加工内形时，又以外形定位。因而可根据定位方式的不同来划分工序。

（2）按所用刀具划分工序。为了减少换刀次数，压缩空程时间，减少不必要的定位误差，可按刀具集中工序的方法加工零件，即在一次装夹中，尽可能用同一把刀加工出可能加工的所有部位，然后再换另一把刀加工其他部位。在专用数控机床和加工中心中常采用这种方法。

（3）按加工部位划分工序。对于加工内容很多的工件，可按其结构特点将加工部位分成几个部分，如内腔、外形、曲面或平面等。一般以先面后孔、先简单后复杂、先粗后精的原则加工，并将每一部分的加工作为一道工序。

（4）按粗、精加工划分工序。对于经加工后易发生变形的工件，由于对粗加工后可能发生的变形需要进行校形，故一般来说，凡要进行粗、精加工的过程，都要将工序分开。

总之，在数控机床上加工零件，加工工序的划分要根据加工零件的具体情况具体分析。许多工序的安排是按上述分序法综合安排的。

6.2.2.3 加工顺序的安排

加工顺序的安排应根据零件的结构和毛坯状况以及定位安装与夹紧的需要来考虑，重点是工件的刚性不被破坏。加工顺序安排一般应按以下原则进行：

（1）上道工序的加工不能影响下道工序的定位与夹紧，中间穿插通用机床的加工工序应综合考虑。

（2）先进行内腔加工，后进行外形加工。

（3）以相同定位、夹紧方式加工或用同一把刀具加工的工序，最好连续加工，以减少重复定位、换刀与挪动压板的次数。

（4）在同一次安装所进行的多道工序中，应先安排对工件刚性破坏较小的工序。

6.2.2.4 工件定位与安装

A 定位安装的基本原则

在数控机床上加工零件时，定位安装的基本原则与普通机床相同，也要合理选择定位基准和夹紧方案。为了提高数控机床的效率，在确定定位基准与夹紧方案时应注意以下3点：

（1）力求设计、工艺与编程计算的基准统一。

（2）尽量减少装夹次数，尽可能在一次定位装夹后，加工出全部待加工面。

（3）避免采用占机人工调整式加工方案，以充分发挥数控机床的效能。

B 选择夹具的基本原则

数控加工的特点对夹具提出了两个基本要求：一是要保证夹具的坐标方向与机床的坐标方向相对固定；二是要协调零件和机床坐标系的尺寸关系。除此之外，还要考虑以下5点：

（1）当零件加工批量不大时，应尽量采用组合夹具、可调式夹具及其他通用夹具，以缩短生产准备时间、节省生产费用。

（2）在成批生产时才考虑专用夹具，并力求结构简单。

（3）零件的装卸要快速、方便、可靠，以缩短机床的停顿时间。

（4）夹具上各零部件应不妨碍机床对零件各表面的加工，即夹具要开敞，其定位、夹紧机构元件不能影响加工中的走刀（如产生碰撞等）。

（5）应力求夹紧力作用点靠近主要支撑点或在支撑点所组成的三角形内，或靠近切削部位及刚性较好的地方，尽量不要在被加工孔的上方，以减小零件变形。

6.2.2.5　对刀点与换刀点的确定

对于数控机床来说，在加工开始时，确定刀具与工件的相对位置是很重要的，这一相对位置是通过确认对刀点来实现的。对刀点是指数控加工中刀具相对工件运动的起点。它可以设置在被加工零件上，也可以设置在与零件定位基准有一定尺寸关系的夹具上的某一位置（如专门在夹具上设计一圆柱销或孔等）。对刀点往往选择在零件的加工原点。其选择原则如下：

（1）所选的对刀点应使程序编制简单。

（2）对刀点应选择在容易找正、便于确定零件加工原点的位置。

（3）对刀点应选在加工时检验方便、可靠的位置。

（4）对刀点的选择应有利于提高加工精度。

对刀时应使对刀点与刀位点重合。所谓刀位点是指刀具的定位基准点。例如：圆柱铣刀的刀位点是刀具中心线与刀具底面的交点；球头铣刀的刀位点是球头的球心点或球头顶点；车刀的刀位点是刀尖或刀尖圆弧中心；钻头的刀位点是钻头顶点。

换刀点是为加工中心、数控车床等采用多刀进行加工的机床而设置的，因为这些机床在加工过程中要自动换刀。为防止换刀时碰伤零件、刀具或夹具，换刀点常常设置在被加工零件的轮廓之外，并留有一定的安全量。

6.2.2.6　走刀路线的选择

走刀路线就是刀具在整个加工工序中的运动轨迹，它不但包括了工步的内容，而且也反映出工步顺序。走刀路线是编写程序的依据之一。确定走刀路线时应注意以下几点。

（1）加工路线应保证被加工零件的精度和表面粗糙度，且效率较高。如图6-6所示，当铣削平面零件外轮廓时，一般采用立铣刀侧刃切削。刀具切入零件时，应避免沿零件外廓的法向切入，而应沿外廓曲线延长线的切向切入，以避免在切入处产生刀具的刻痕而影响表面质量，保证零件外廓曲线平滑过渡。同理，在切离零件时，也应避免在零件的轮廓处直接退刀，而应该沿零件轮廓延长线的切向逐渐切离工件。

铣削封闭的内轮廓表面时，若内轮廓曲线允许外延，则应沿切线方向切入切出。若内轮廓曲线不允许外延，如图6-7所示，刀具只能沿内轮廓曲线的法向切入切出，此时刀具的切入切出点应尽量选在内轮廓曲线两几何元素的交点处。

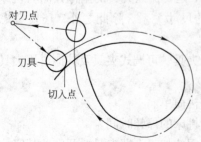

图6-6　外轮廓加工刀具的切入和切出图

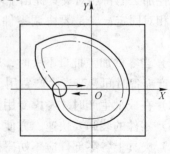

图6-7　内轮廓加工刀具的切入和切出

如图 6-8 所示，用圆弧插补方式铣削外整圆时，当整圆加工完毕，不要在切点处直接退刀，而应让刀具沿切线方向多运动一段距离，以免取消刀补时，刀具与零件表面相碰，造成零件报废。铣削内圆弧时也要遵循从切向切入的原则，最好安排从圆弧过渡到圆弧的加工路线，如图 6-9 所示，这样可以提高内孔表面的加工精度和加工质量。

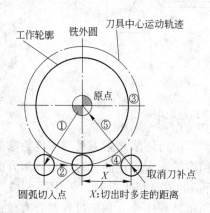

图 6-8　铣削外圆

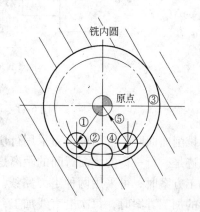

图 6-9　铣削内圆

对于孔位置精度要求较高的零件，在精镗孔系时，镗孔路线一定要注意各孔的定位方向一致，即采用单向趋近定位点的方法，以避免传动系统反向间隙误差或测量系统的误差对定位精度的影响。例如：如图 6-10（a）所示的孔系加工路线，在加工孔 Ⅳ 时，X 方向的反向间隙将会影响 Ⅲ、Ⅳ 两孔的孔距精度；如果改为如图 6-10（b）所示的加工路线，可使各孔的定位方向一致，从而提高了孔距精度。

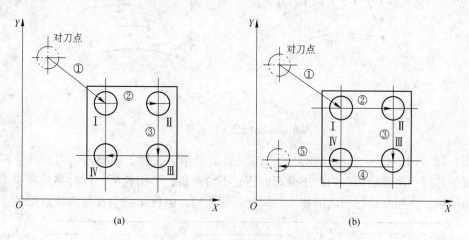

图 6-10　孔系加工方案比较

在数控车床上车螺纹时，沿螺距方向的 Z 向进给应和车床主轴的旋转保持严格的速比关系，因此应避免在进给机构加速或减速的过程中切削。为此要有引入距离 δ_1 和超越距离 δ_2，如图 6-11 所示。δ_1 和 δ_2 的数值与车床拖动系统的动态特性、螺纹的螺距和精度有关。一般 δ_1 为 2～5mm，对大螺距和高精度的螺纹取大值；δ_2 一般取 δ_1 的 1/2～1/4。若螺纹收尾处没有退刀槽时，收尾处的形状与数控系统有关，一般按 45° 收尾。

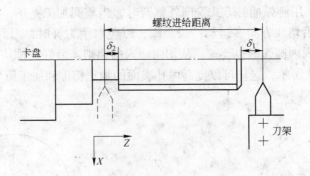

图 6-11　切削螺纹时引入/超越距离

铣削曲面时，常用球头刀采用行切法进行加工。所谓行切法是指刀具与零件轮廓的切点轨迹是一行一行的，而行间的距离是按零件加工精度的要求确定的。对于边界敞开的曲面加工方案时，可采用两种走刀路线。如图 6-12 所示的发动机大叶片，采用图 6-12（a）所示的加工方案时，每次沿直线加工，刀位点计算简单，程序少，加工过程符合直纹面的形成，可以准确保证母线的直线度；当采用图 6-12（b）所示的加工方案时，符合这类零件数据给出情况，便于加工后检验，叶形的准确度较高，但程序较多。由于曲面零件的边界是敞开的，没有其他表面限制，所以边界曲面可以延伸，球头刀应由边界外开始加工。

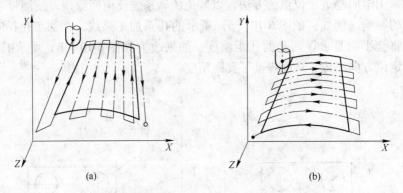

图 6-12　曲面加工的走刀路线

图 6-13（a）、（b）所示分别为用行切法加工和环切法加工凹槽的走刀路线。两种加工路线的共同点是都能切净内腔中全部面积，不留死角，不伤轮廓，同时尽量减少重复进给的搭接量。不同点是行切法的加工路线比环切法短，但行切法会在每两次进给的起点与

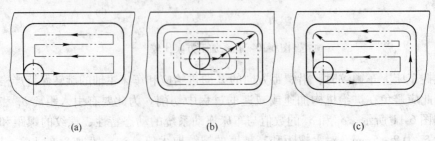

图 6-13　凹槽加工走刀路线

终点间留下残留面积，达不到所要求的表面粗糙度；用环切法获得的表面粗糙度要好于行切法，但环切法需要逐次向外扩展轮廓线，刀位点计算稍微复杂一些。综合行、环切法的优点，采用图 6-13（c）所示的加工路线，即先用行切法切去中间部分余量，最后用环切法切一刀，既能使总的加工路线较短，又能获得较好的表面粗糙度。

（2）应使加工路线最短，这样既可减少程序段，又可减少空刀时间。图 6-14 所示为正确选择钻孔加工路线的例子。按照一般习惯，总是先加工均布于同一圆周上的 8 个孔，再加工另一圆周上的孔，如图 6-14（a）所示。但是对点位控制的数控机床而言，要求定位精度高，定位过程尽可能快，因此这类机床应按空程最短来安排走刀路线，如图 6-14（b）所示，这样可以节省加工时间。

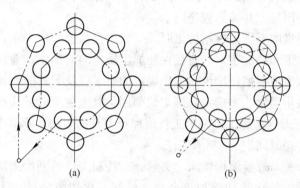

(a)   (b)

图 6-14　最短加工路线选择

（3）使数值计算简单，以减少编程工作量。此外，确定加工路线时，还要考虑工件的加工余量和机床、刀具的刚度等情况，确定是一次走刀，还是多次走刀来完成加工，以及在铣削加工中是采用顺铣还是逆铣等。

6.2.2.7　数控加工刀具的选择

数控机床具有高速、高效的特点。一般数控机床，其主轴转速要比普通机床主轴转速高 1～2 倍。因此，数控机床用的刀具比普通机床用的刀具要求严格得多。刀具的强度和耐用度是人们十分关注的问题，近几年来，一些新刀具相继出现，使机械加工工艺不断得到更新和改善。选用刀具时应注意以下几点：

（1）在数控机床上铣削平面时，应采用镶装不重磨可转位硬质合金刀片的铣刀。一般采用两次走刀，一次粗铣，一次精铣。当连续切削时，粗铣刀直径要小一些，精铣刀直径要大一些，最好能包容待加工面的整个宽度。加工余量大，且加工面又不均匀时，刀具直径要选得小些，否则粗加工时会因接刀刀痕过深而影响加工质量。

（2）高速钢立铣刀多用于加工凸台和凹槽，最好不要用于加工毛坯面，因为毛坯面有硬化层和夹砂现象，刀具会很快被磨损。

（3）加工余量较小，并且要求表面粗糙度较低时，应采用镶立方氮化硼刀片的端铣刀或镶陶瓷刀片的端铣刀。

（4）镶硬质合金的立铣刀可用于加工凹槽、窗口面、凸台面和毛坯表面。

（5）镶硬质合金的玉米铣刀可以进行强力切削，铣削毛坯表面和用于孔的粗加工。

（6）加工精度要求较高的凹槽时，可以采用直径比槽宽小一些的立铣刀，先铣槽的中间部分，然后利用刀具半径补偿功能铣削槽的两边，直到达到精度要求为止。

（7）在数控铣床上钻孔，一般不采用钻模，加工钻孔深度为直径的 5 倍左右的深孔时容易拆坏钻头，钻孔时应注意冷却和排屑。钻孔前最好先用中心钻钻一个中心孔或用一个刚性好的短钻头锪窝引正。锪窝除了可以解决毛坯表面钻孔引正问题外，还可以代替孔口倒角。

6.2.2.8　切削用量的确定

切削用量包括主轴转速（或切削速度）、背吃刀量、进给量。对于不同的加工方法，需要选择不同的切削用量，并编入程序内。

合理选择切削用量的原则是：粗加工时，一般以提高生产率为主，但也应考虑经济性和加工成本；半精加工和精加工时，应在保证加工质量的前提下，兼顾切削效率、经济性和加工成本。具体数值应根据机床说明书中规定的要求以及刀具的耐用度去选择，当然也可以结合实际经验采用类比法去确定。确定切削用量时应注意以下几点。

（1）要充分保证刀具能加工完一个工件或保证刀具的耐用度不低于一个工作班，最少也不低于半个班的工作时间。

（2）背吃刀量 a_p（mm）要根据机床、夹具、刀具和工件的刚度来决定。在刚度允许的情况下，应以最少的进给次数切除加工余量，最好一次切净余量，这样可以减少走刀次数，提高生产效率。

（3）对于表面粗糙度和精度要求高的零件，要留有足够的精加工余量。数控机床的精加工余量比普通机床小一些，一般取 0.2～0.5mm。

（4）主轴的转速 n（r/min）要根据切削速度 v（m/min）来选择。

$$v = \pi n D / 1000 \tag{6-1}$$

式中　D——工件或刀具直径，mm；

　　　v——切削速度，由刀具耐用度决定，可查有关手册或刀具说明书。

（5）进给量 f（mm/min）是数控机床切削用量中的重要参数，可根据工件的加工精度和表面粗糙度要求以及刀具和工件材料的性质选取。当加工精度、表面粗糙度要求高时，进给量数值应小些，一般在 20～50mm/min 范围内选取。最大进给量受机床刚度和进给系统的性能限制，并与脉冲当量有关。

6.2.3　数控加工专用技术文件的编写

零件的加工工艺设计完成后，就应该将有关内容填入各种相应的表格（或卡片）中，以便贯彻执行并将其作为编程和生产前技术准备的依据。这些表格（或卡片）被称为工艺文件。数控加工工艺文件除包括机械加工工艺过程卡、机械加工工艺卡、数控加工工序卡三种以外，还包括数控加工刀具卡。另外为方便编程也可以将各工步的加工路线绘成文件形式的加工路线图。

不同的数控机床，其数控加工工艺文件的内容有所不同，为了加强技术文件管理，数控加工工艺文件也应向标准化、规范化的方向发展。但目前由于种种原因国家尚未制定统一的标准，各企业应根据本单位的特点制定上述必要的工艺文件。下面介绍数控机床常用的数控加工工序卡和数控加工刀具卡，仅供参考。

（1）数控加工工序卡。数控加工工序卡是编制程序的依据，是指导操作者进行生产的一种工艺文件。其内容包括工序及各工步的加工内容，本工序完成后工件的形状、尺寸和公差，各工步切削参数，本工序所使用的机床、刀具和工艺工装等，见表 6-1。若在数控机床上只加工零件的一个工步时，也可不填写工序卡。在工序加工内容不十分复杂时，可把零件草图反映在工序卡上，并注明编程原点和对刀点。

表 6-1 数控加工工序卡片

（工厂名）	产品图号		零（部）件图号				第 页	
	产品名称		零（部）件名称				共 页	
数控加工工艺卡片	毛坯外形尺寸		材料牌号			重量		
使用夹具			使用设备		数控系统			
工步号	工步内容	刀具号	刀具规格 /mm	主轴转速 /r·min^{-1}	进给速度 /mm·min^{-1} 或进给量 /mm·r^{-1}	背吃刀量 /mm	时间 定额	
编 制		校 核		批准		会签（日期）		

（2）数控加工刀具卡。数控加工刀具卡主要包括刀具的详细资料，有刀具号、刀具名称及规格、刀辅具等。不同类型的数控机床刀具卡也不完全一样。数控加工刀具卡同数控加工工序卡一样，是用来编制零件加工程序和指导生产的重要工艺文件。加工中心用数据加工刀具卡的格式见表 6-2。

表 6-2 数控加工刀具卡（加工中心用）格式

产品名称		零件名称		零件图号		程序编号		
工 步	刀具号	刀具名称	刀柄型号	刀具		补偿量/mm	备 注	
				直径/mm	长度/mm			
1								
2								
3								
编 制		审 核		批准		共 页	第 页	

6.2.4 数控编程中的数值计算

数值计算是数控编程前的主要准备工作，无论是对手工编程还是对自动编程都是必不可少的。数值计算就是根据零件图样的要求，按照已确定的加工路线和允许的编程误差，计算出数控系统所需输入的数据。数值计算主要是基点、节点和增量值计算。

（1）基点计算。一个零件的轮廓曲线常常由不同的几何元素组成，如直线、圆弧、二次曲线等。各几何元素间的连接点称为基点，如两直线的交点、直线与圆弧的交点或切点、圆弧与圆弧的交点或切点、圆弧或直线与二次曲线的切点或交点等。两个相邻基点之间只能有一个几何元素。

平面零件轮廓大多由直线和圆弧组成，而现代数控机床的数控系统都具有直线插补和圆弧插补功能，所以平面零件轮廓曲线的基点计算比较简单。一般基点的计算可根据图样给定条件，用几何法、解析几何法、三角函数法或用 AutoCAD 画图求得。当用解析几何法求基点时，应首先选定零件坐标系的原点，列出各直线和圆弧的数学方程，再联立相关方程求解。对于所有直线均可化为一般式：

$$AX + BY + C = 0 \tag{6-2}$$

对于所有圆弧，均可化为圆的标准方程式：

$$(X - \xi)^2 + (Y - \eta)^2 = R^2 \tag{6-3}$$

式中　ξ，η——圆弧的圆心坐标；

　　　R——圆弧半径。

（2）节点计算。如果零件的轮廓曲线不是由直线或圆弧构成（如可能是椭圆、双曲线、抛物线、一般二次曲线、阿基米德螺旋线等曲线），而数控装置又不具备其他曲线的插补功能时，要采取直线或圆弧逼近的数学处理方法。即在满足允许编程误差的条件下，用若干直线段或圆弧段分割逼近给定的曲线。相邻直线段或圆弧段的交点或切点称为节点。对于立体型面零件，应根据允许误差将曲线分割成不同的加工截面，各截面上的轮廓曲线也要进行基点和节点计算。节点的计算一般都比较复杂，靠手工计算已很难胜任，必须借助计算机辅助处理。求得各节点后，就可按相邻两节点间的直线来编写加工程序。节点数目越多，由直线或圆弧逼近曲线产生的误差越小，程序的长度则越长。

（3）增量值计算。增量值计算是数控系统坐标中某些数据要求以增量方式输入时，所进行的由绝对坐标（以坐标原点而计量的坐标）数据到增量坐标（终点以起点为坐标原点计量的坐标）数据的转换。如在数值计算过程中，已按绝对坐标值计算出某运动段的起点坐标及终点坐标，以增量方式表示时，其换算公式为：

$$增量坐标值 = 终点坐标值 - 起点坐标值$$

计算应在各坐标轴方向上分别进行。例如，要求以直线插补方式，使刀具从 a 点（起点）运动到 b 点（终点），已计算出 a 点坐标为 (X_a, Y_a)，b 点坐标为 (X_b, Y_b)，若以增量方式表示时，其 X、Y 轴方向上的增量分别为 $\Delta X = X_b - X_a$，$\Delta Y = Y_b - Y_a$。

6.3　数控车床编程

数控车床主要用来加工轴类零件的内外圆柱面、圆锥面、螺纹表面、成形回转体表面等；对于盘类零件可进行钻、扩、铰、镗孔等加工；数控车床还可以完成车端面、切槽等加工。本节以配置 FANUC-0T 系统的数控车床为例介绍数控车床的编程。

6.3.1 数控车床编程基础

6.3.1.1 数控车床的编程特点

数控车床的编程具有以下几个特点：

（1）在一个程序段中，根据图样上标注的尺寸，可以采用绝对坐标编程、增量坐标编程或两者混合编程。绝对坐标用 X、Z 表示，增量坐标用 U、W 表示。

（2）由于被加工零件的径向尺寸在图样上和在测量时都以直径值表示，所以直径方向用绝对坐标编程时 X 以直径值表示，用增量坐标编程时以径向实际位移量的 2 倍值表示，并附上方向符号。

（3）由于车削加工常用棒料或锻料作为毛坯，加工余量较大，所以为简化编程，数控装置常具备不同形式的固定循环，可进行多次重复循环切削。

（4）编程时一般认为车刀刀尖是一个点，而实际上为了延长刀具寿命和提高工件表面质量，车刀刀尖常磨成一个半径不大的圆弧。因此为提高工件的加工精度，当编制圆头刀程序时需要对刀具半径进行补偿。大多数数控车床都具有刀具半径自动补偿功能（G41、G42），这类数控车床可直接按工件轮廓尺寸编程。对不具有此功能的数控车床，编程时需先计算补偿量。

（5）不同组 G 功能代码可编写在同一程序段内，且均有效；相同组 G 功能代码若编写在同一程序段内，后面的 G 功能代码有效。

G 功能代码的分组及功能见表 6-3，M 功能代码的功能见表 6-4，重要地址符号见表6-5。

表 6-3　车床版 FANUC 0i Mate-TB 系统主要 G 指令

代码	含义及赋值	编　程	组别	代码	含义及赋值	编　程	组别
※G00	快速定位	G0 X_Z_; G0 U_W_;		G20	英寸制输入	G20	06
				※G21	公制（mm）输入	G21	
G01	直线插补	G1 X_Z_F_; G1 U_W_F_;	01	G22	存储行程检查接通	G22	09
				G23	存储行程检查断开	G23	
G02	顺时针圆弧插补	G2 X(U)_Z(W)_I_K_; G2 X(U)_Z(W)_R_;		G27	返回参考点检验	G27 X_Z_T0000;	
				G28	返回参考点	G28 X_Z_T0000;	
G03	逆时针圆弧插补	G3 X(U)_Z(W)_I_K_; G3 X(U)_Z(W)_R_;		G30	返回第 2、3、4 参考点	G30 P2 X_Z_; G30 P3 X_Z_; G30 P4 X_Z_;	00
G04	暂停	G04 P; G04 X_; G04 U_;	00	G31	跳转功能	G31 X_Z_; G31 P99 X_Z_F_; G31 P98 X_Z_F_;	
G10	可编程数据输入 /刀具补偿量	G10 P_X_Z_R_Q_; G10 P_U_W_C_Q_;		G32	恒螺距螺纹切削	G32 X(U)_Z(W)_F_Q_;	01
G11	可编程数据输入 方式取消	G11		※G40	取消刀尖半径补偿	G00 G40 X_Z_; G01 G40 X_Z_;	07
※G18	Z/X 平面选择	G18	16				

续表 6-3

代码	含义及赋值	编　程	组别	代码	含义及赋值	编　程	组别
G41	刀尖半径左补偿	G00 G41 X_Z_; G01 G41 X_Z_;	07	G71	外圆粗加工复合循环	G71 U(Δd) R(e); G71 P(ns) Q(nf) U(Δu) W(Δw) F(f) S(s) T(t);	
G42	刀尖半径右补偿	G00 G42 X_Z_; G01 G42 X_Z_;		G72	端面粗加工复合循环	G72 W(Δd) R(e); G72 P(ns) Q(nf) U(Δu) W(Δw) F(f) S(s) T(t);	
G50	坐标系设定 主轴最大速度限定	G50 X_Z_; G50 S2000;	00	G73	固定形状粗加工符合循环	G73 U(Δi) W(Δk) R(d); G73 P(ns) Q(nf) U(Δu) W(Δw) F(f) S(s) T(t);	
G50.3	工件坐标系预置	G50.3					
G52	局部坐标系设定	G52 X_ Z_ ; 设定 G52 X0 Z0; 取消		G74	间断纵向加工循环	G74 R(e); G74 X(U) Z(W) P(Δ) Q (Δk)_F(f) R(Δd);	00
G53	机床坐标系设定	G53		G75	间断端面加工循环	G75 R(e); G75 X(U) Z(W) P(Δi) Q(Δk) F(f) R(Δd);	
G54	第一可设定零点偏置	G54					
G55	第二可设定零点偏置	G55		G76	螺纹复合加工循环	G76 P(m)(r)(a) Q (Δd_min) R(d); G76 X(U) Z(W) R(i) P(k) Q(Δd) F(L);	
G56	第三可设定零点偏置	G56	14				
G57	第四可设定零点偏置	G57		G90	外圆切削循环	G90 X(U)_Z(W)_R_F_;	
G58	第五可设定零点偏置	G58		G92	螺纹切削循环	G92 X(U)_Z(W)_I_F_; G92 X(U)_Z(W)_I_E_;	01
G59	第六可设定零点偏置	G59		G94	端面切削循环	G94 X(U)_Z (W)_R_F_;	
G65	宏程序调用	G65 P××××（参数）	00	G96	主轴恒线速控制	G96 S200;	
G66	宏程序模态调用	G66 P××××（参数）	12	※G97	取消主轴恒线速控制	G97 S200;	02
G67	宏程序模态调用取消	G67		G98	每分钟进给量	进给率：mm/min	05
G70	精加工复合循环	G70 P (ns) Q (nf);	00	※G99	每转进给量	进给率：mm/r	

注：0 组的 G 代码为非模态，其他均为模态 G 代码；标有※的代码为数控系统通电后的状态。

表 6-4　车床版 FANUC 0i Mate-TB 系统 M 辅助功能

代　码	含　义	说　明	编　程
M00	程序暂停	在完成编有 M00 代码的程序段中的其他指令后，主轴停止、进给停止、切削液关闭、程序停止；当重新按下控制面板上的"循环启动按钮"时，继续执行下一程序段（当测量工件和排除切屑时经常使用）	M00

代 码	含 义	说 明	编 程
M01	任选停止		M01
M02	程序结束		M02
M03	主轴正转		M03
M04	主轴反转		M04
M05	主轴停止	该代码停止主轴转动，当主轴需要改变旋转方向时，需用该代码先停止主轴旋转，然后再规定 M03 或 M04 代码	M05
M06	换刀	M06	M06
M07	切削液开		M07
M09	切削液停		M09
M30	程序结束	在程序的最后编入该代码，使程序返回到开头，机床运行全部停止	M30
M98	调用子程序	使主程序转至子程序	M98P□□□××××；其中，□□□为重复调用次数，××××为子程序号
M99	子程序结束	使子程序返回到主程序	M99

表 6-5　车床版 FANUC 0i Mate-TB 系统重要地址符

地址符	含 义	编 程 说 明
O	零件程序号	O1 ~ O99999
N	程序段号	N1 ~ N99999
X Z	绝对数据	G×× X_Z_
U W	增量数据	G×× U_W_
R	圆弧半径	G2(G3) X_Z_R_
I K	圆弧中心坐标	G2(G3) X_Z_I_K_
F	进给率字	F1 ~ F240000，mm/min；F0.01 ~ F500，mm/r；单位由 G98/G99 设定，G98：mm/min，G99：mm/r
S	主轴功能	S0 ~ S20000，指定主轴转速 r/min，G96 时为 m/min
T	刀具功能	T□□××，其中，□□为刀具号，××为刀偏号，如 T0101
P X U	暂停时间	P0 ~ P99999.99，表示 ms；X0 ~ X99999.99，表示 s；U0 ~ U99999.99，表示 s
P	子程序号指定	P1 ~ P9999
P	子程序重复调用	P1 ~ P999
P Q	固定循环参数	P_Q_

6.3.1.2　数控车床工件坐标系的设定

编写工件的加工程序时，首先是在建立机床坐标系后设定工件坐标系。工件坐标系是用于确定工件几何图形上各几何要素（如点、直线、圆弧等）的位置而建立的坐标系，供编程人员在编程时使用。工件坐标系的原点就是工件原点，而工件原点是人为设定的。数控车床工件原点一般设在主轴中心线与工件左端面或右端面的交点处。

工件坐标系设定后，CRT 显示屏幕上显示的是基准车刀刀尖相对工件原点的坐标值。

编程时，工件各尺寸的坐标值都是相对工件原点而言的。因此，数控车床的工件原点又是编程原点。

建立工件坐标系使用 G50 功能指令，设定工件坐标系的指令格式如下：

G50X_Z_;

说明：（1）格式中 G50 表示工件坐标系的设定，X、Z 表示车刀刀尖相对于工件原点的位置。

（2）程序如设该指令，则应设定在刀具运动指令之前。

（3）当系统执行该指令后，刀具并不运动，系统根据 G50 指令中的 X、Z 值从刀具起始点反向推出工件原点。

（4）在 G50 程序段中，不允许有其他功能指令，但 S 指令除外。因为 G50 还有另一种功用，即限定主轴最大转速，这在恒限速车削过程中使用，以防止出现事故。

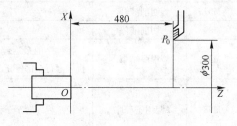

如图 6-15 所示，O 为工件原点，P_0 为刀具起始点，设定工件坐标系指令为：

G50 X300.0　Z480.0;

图 6-15　工件坐标系

车床刀架的换刀点是指刀架转位换刀时所在的位置。换刀点是任意一点，可以和刀具起始点重合，它的设定原则是刀架转位时不碰撞工件和车床上其他部件。换刀点的坐标值一般用实测的方法来设定。

6.3.2　基本编程方法

（1）快速定位指令 G00。

格式：G00X(U)_Z(W)_;

说明：1）G00 指令使刀具从当前点快速移动到程序段中指定的位置，G00 可以简写成 G0。

2）$X(U)$、$Z(W)$ 为目标点坐标，绝对坐标（X、Z）和（U、W）增量坐标可以混编，不运动的坐标可以省略，X、U 的坐标值均为直径量。

3）程序中只有一个坐标值 X 或 Z 时，刀具将沿该坐标方向移动；有两个坐标值 X 和 Z 时，刀具将先以 1∶1 步数两坐标联动，然后单坐标移动，直到终点。

4）G00 快速移动速度可在数控系统参数中设定，通过操作面板上的速度修调开关可进行调节。

如图 6-16 所示，刀尖从 A 点快进到 B 点，该程序段分别用绝对坐标、增量坐标和混合坐标方式（直径编程）表示如下。

绝对坐标方式：

G00 X40.0 Z58.0;

增量坐标方式：

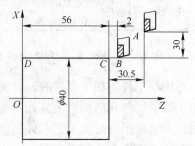

G00 U-60.0 W-28.5;

图 6-16　快速定位指令实例

混合坐标方式：

G00 X40.0 W-28.5；或 G00 U-60.0 Z58.0；

（2）直线插补指令 G01。

格式：G01 X（U）_Z（W）_F_；

说明：1）G01 指令使刀具以 F 指定的进给速度沿直线移动到目标点。一般作为切削加工运动指令，既可以单坐标移动，又可以两坐标同时插补运动。$X（U）$、$Z（W）$ 为目标点坐标。

2）F 为进给量，在 G98 指令下，F 为每分钟进给（mm/min）；在 G99（默认状态）指令下，F 为每转进给（mm/r）。

3）程序中只有一个坐标值 X 或 Z 时，刀具将沿该坐标方向移动；有两个坐标值 X 和 Z 时，刀具将按所给的终点进行直线插补运动。

如图 6-16 所示，刀具从 B 点以 F0.1（$F = 0.1\,\mathrm{mm/r}$）进给到 D 点的加工程序为：

G01 X40.0 Z0 F0.1；或 G01 U0 W-58.0 F0.1；

如图 6-17 所示，设工件右端中心为程序原点，且 P_1 点距离工件右端面为 2mm。刀具沿 $P_0 \rightarrow P_1 \rightarrow P_2 \rightarrow P_3 \rightarrow P_0$ 运动（图中方式），加工程序如下。

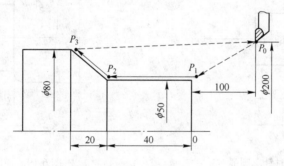

图 6-17　直线插补

绝对坐标方式：

N030 G00 X50.0 Z2.0；//P0→P1

N040 G01 Z-40.0 F0.1；//P1→P2

N050 X80.0 Z-60.0；//P2→P3

N060 G00 X200.0 Z100.0；//P3→P0

增量坐标方式：

N030 G00 U-150.0 W-98.0；//P0→P1

N040 G01 W-42.0 F0.1；//P1→P2

N050 U30.0 W-20.0；//P2→P3

N060 G00 U120.0 W160.0；//P3→P0

（3）圆弧插补指令 G02、G03。

格式：G02（G03）X（U）_Z（W）_R_F_；或 G02（G03）X（U）_Z（W）_I_K_F_；

说明：1）圆弧插补指令控制刀具按所需圆弧运动。G02 为顺时针圆弧插补指令，G03 为逆时针圆弧插补指令。

2）X、Z 表示圆弧终点绝对坐标，U、W 表示圆弧终点相对于圆弧起点的增量坐标。

3）R 表示圆弧半径。圆弧的圆心角不大于 180°时，R 为正；大于 180°时，R 为负。

4）I、K 表示圆心相对圆弧起点的增量坐标。

如图 6-18 所示工件，加工顺时针圆弧的程序如下。

绝对坐标方式：

N050 G01 X20.0 Z-30.0 F0.1;
N060 G02 X40.0 Z-40.0 R10.0 F0.08;

增量坐标方式：

N050 G01 U0 W-32.0 F0.1;
N060 G02 U20.0 W-10.0 I20.0 K0 F0.08;

如图 6-19 所示工件，加工逆时针圆弧的程序如下。

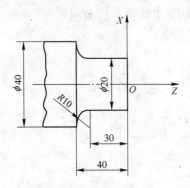

图 6-18　顺时针车圆弧

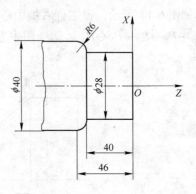

图 6-19　逆时针车圆弧

绝对坐标方式：

N050 G01 X28.0 Z-40.0 F0.1;
N060 G03 X40.0 Z-46.0 R6.0 F0.08;

增量坐标方式：

N050 G01 U0 W-42.0 F0.1;
N060 G03 U12.0 W-6.0 R6.0 F0.08;

（4）程序延时（暂停）指令 G04。

格式：G04 X_;　或 G04 U_;　或 G04 P_;

说明：1）G04 指令按给定时间延时，不做任何动作，延时结束后再自动执行下一段程序。该指令主要用于车削环槽、不通孔及自动加工螺纹时可使刀具在短时间无进给方式下进行光整加工。

2）X、U 表示秒（s），P 表示毫秒（ms）。程序延时时间为 16ms ~ 9999.999s。例如，程序暂停 2.5s 的加工程序为：

G04 X2.5;　或 G04 U2.5;　或 G04 P2500;

（5）英制和公制输入指令 G20、G21。

格式：G20（G21）

说明：1）G20 表示英制输入，G21 表示公制输入。G20 和 G21 是两个可以相互取代的代码，但不能在一个程序中同时使用 G20 和 G21。

2）机床通电后的状态为 G21 状态。

（6）进给速度控制指令 G98、G99。

格式：G98（G99）

说明：1）G98 为每分进给（mm/min），G99 为每转进给（mm/r）。G98 通常用于数控铣床、加工中心类进给指令，G99 通常用于数控车床类进给指令。

2）G99 为该数控车床通电后的状态。

3）在机床操作面板上有进给速度倍率开关，进给速度可在 0～150% 内以每级 10% 进行调整。在零件试切削时，进给速度的修调可使操作者选取最佳的进给速度。

（7）参考点返回检测指令 G27。

格式：G27 X(U)_；（X 向参考点检查）

  G27 Z(W)_；（Z 向参考点检查）

  G27 X(U)_ Z(W)_；（X、Z 向参考点检查）

说明：1）G27 指令用于参考点位置检测。执行该指令时刀具以快速运动方式在被指定的位置上定位，到达的位置如果是参考点，则返回参考点灯亮。仅一个轴返回参考点时，对应轴的灯亮。若定位结束后被指定的轴没有返回参考点则出现报警。执行该指令前应取消刀具位置偏置。

2）X、Z 表示参考点的坐标值，U、W 表示到参考点所移动的距离。

3）执行 G27 指令的前提是机床在通电后必须返回过一次参考点。

（8）自动返回参考点指令 G28。

格式：G28 X(U)_；（X 向返回参考点）

  G28 Z(W)_；（Z 向返回参考点）

  G28 X(U)_ Z(W)_（X、Z 向同时返回参考点）

说明：1）G28 指令可使指定轴自动地返回参考点。

2）$X(U)$、$Z(W)$ 是刀架出发点与参考点之间的任一中间点，用绝对坐标或增量坐标指令，但此中间点不能超过参考点。有时为保证返回参考点的安全，应先 X 向返回参考点，然后 Z 向再返回参考点。

如图 6-20 所示，在执行"G28 X80.0 Z50.0；"后，刀具以快速移动速度从 B 点开始移动，经过中间点 $A(40,50)$，移动到参考点 R；或执行"G28 U2.0 W2.0；"后，刀具沿 X、Z 向快速离开 B 点，经过中间点（相对于 B 点 $U = 2.0$，$W = 2.0$），移动到参考点 R。

（9）主轴控制指令 G96、G97。

格式：G96 S_；G97 S_；

说明：1）G96 指令用于接通机床恒线速控制，此处 S 指定的数值表示切削速度（m/min）。数控装置从刀尖位

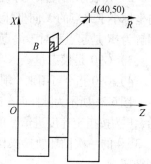

图 6-20　自动返回参考点

置处计算出主轴转速，自动且连续地控制主轴转速，使之始终达到由 S 指定的数值。设定恒线速可以使工件各表面获得一致的表面粗糙度。

2）G97 指令用于取消恒线速控制，主轴按 S 指定的转速旋转，此处 S 指定的数值表示主轴转速（r/min），也可以不指定 S。

3）在恒线速控制中，由于数控系统是将 X 的坐标值当做工件的直径来计算主轴转速，所以在使用 G96 指令前必须正确设定工件坐标系。

4）当刀具逐渐靠近工件中心时，主轴转速会越来越高，此时工件有可能因卡盘调整压力不足而从卡盘中飞出。为防止这种事故发生，在使用 G96 指令之前，最好设定 G50 指令限制主轴最高转速。

（10）主轴最高转速设定指令 G50。

格式：G50 S_;

说明：1）G50 指令有坐标系设定和主轴最高转速设定两种功能，此处指后一种功能，用 S 指定的数值来设定主轴最高转速（r/min）。如"G50 S2000;"是把主轴最高转速设定为 2000r/min。

2）在设置恒线速度后，由于主轴的转速在工件不同截面上是变化的，为防止主轴转速过高而发生危险，在设置恒线速度前，可以将主轴最高转速设定为某一值，切削过程中当执行恒线速度时，主轴最高转速将被限制在这个最高值。

6.3.3　固定循环功能

一般车削加工的毛坯多为棒料和铸锻件，因此车削加工多为大余量多次走刀切削，采取固定循环程序可以缩短程序段的长度，节省编程时间。固定循环分为单一固定循环和复合固定循环两种。

6.3.3.1　单一固定循环指令 G90、G94

（1）外径、内径车削循环指令 G90。

圆柱面车削循环的编程格式：G90 X(U)_Z(W)_F_;

圆锥面车削循环的编程格式：G90 X(U)_Z(W)_R_F_;

说明：1）X、Z 为终点坐标，U、W 为终点相对于起点坐标值的增量，终点为两个 F 的交点。

2）R 表示圆锥体大小端的差值，如果切削起点的 X 向坐标小于终点的 X 向坐标，R 值为负，反之为正。即可理解为：R 是起点相对于终点的 X 方向变化的半径值。

3）G90 是模态量。

4）G90 指令可用来车削外径，也可用来车削内径。

图 6-21 所示为圆柱面车削循环，图中 R 表示快速进给，F 为按指定速度进给。单程序段加工时，可进行 1、2、3、4 的一次循环轨迹操作。图 6-22 所示为圆锥面车削循环。

如图 6-23 所示为圆柱面车削循环用法，程序

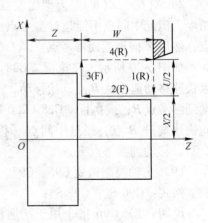

图 6-21　圆柱面车削循环

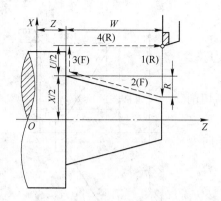

图 6-22　圆锥面车削循环

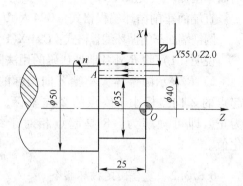

图 6-23　圆柱面车削循环用法

如下：

N10 G50 X200.0 Z200.0 T0101；

N20 M03 S1000；

N30 G00 X55.0 Z2.0；

N40 G90 X45.0 Z-25.0 F0.2；

N50 X40.0；

N60 X35.0；

N70 G00 X200.0 Z200.0；

N80 M30；

如图 6-24 所示为圆锥面车削循环用法，程序如下：

N10 G50 X200.0 Z200.0 T0101；

N20 M03 S800；

N30 G00 X65.0 Z2.0；

N40 G90 X60.0 Z-25.0 R-5.0 F0.2；

N50 X50.0；

N60 G00 X200.0 Z200.0

N70 M30；

（2）端面车削循环指令 G94。端面车削循环包括直端面车削循环（见图 6-25）和圆锥

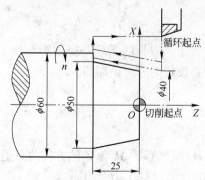

图 6-24　圆锥面车削循环用法

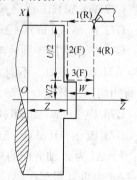

图 6-25　直端面车削循环

端面车削循环（见图 6-26）。

直端面车削循环编程格式：G94 X（U）_ Z（W）_F_；

圆锥端面车削循环编程格式：G94 X（U）_ Z（W）_ R_F_；

说明：1）除 R 外各地址代码的用法同 G90 指令。

2）R 表示圆锥体大小端 Z 向坐标的差值，如果切削起点的 Z 向坐标小于终点的 Z 向坐标，R 值为负，反之为正。即可理解为：R 是起点相对于终点的 Z 方向变化值。

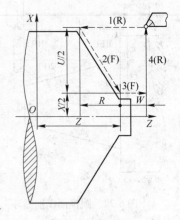

图 6-26　圆锥端面车削循环

6.3.3.2　复合固定循环指令

单一固定循环只能完成一次切削，循环指令用于无法一次走刀即能加工到规定尺寸的场合，主要在粗车和多次走刀车螺纹的情况下使用。如在一根棒料上车削阶梯相差较大的轴，或车削铸、锻件的毛坯余量时都有一些重复进行的动作，且每次走刀的轨迹相差不大。只要给出最终精加工路径、循环次数、每次加工余量等参数，机床就能自动决定粗加工时的刀具路径，完成从粗加工到精加工的全过程。复合固定循环指令主要有以下几种。

（1）外径、内径粗加工循环指令 G71。

格式：G71 U（Δd）R（e）；

　　　G71 P（ns）Q（nf）U（Δu）W（Δw）F_S_T_；

说明：1）Δd 为每次进刀的背吃刀量（半径值），无符号；e 为退刀量，该参数为模态值；ns 为精车程序第一个程序段的顺序号；nf 为精车程序最后一个程序段的顺序号；Δu 为 X 轴方向预留精车余量（直径值）；Δw 为 Z 轴方向预留精车余量。

2）F、S、T 分别设定进给速度、主轴转速和刀具功能。粗车循环过程中，从 N（ns）到 N（nf）之间的程序段中的 F、S、T 功能均被忽略，只有 G71 指令中指定的 F、S 功能有效。

3）G71 指令适用于棒料毛坯粗车外径和圆筒毛坯料粗车内径。刀具循环路径如图 6-27 所示。

（2）端面粗加工循环指令 G72。

格式：G72 W（Δd）R（e）；

　　　G72 P（ns）Q（nf）U（Δu）W（Δw）F_S_T_；

说明：G72 指令适用于圆柱毛坯料端面方向的加工，刀具的循环路径如图 6-28 所示。G72 指令与 G71 指令类似，不同之处就是刀具路径是按径向方向循环的。

（3）封闭切削循环指令 G73。

格式：G73 U（Δi）W（Δk）R（d）；

　　　G73 P（ns）Q（nf）U（Δu）W（Δw）F_S_T_；

说明：1）Δi 为 X 轴方向的总退刀距离和方向（半径值）；Δk 为 Z 轴方向的总退刀距离和方向；Δd 为重复粗车次数；ns、nf、Δu、Δw 的含义与 G71 指令相同。

2）G73 指令与 G71 指令功能相同，只是刀具路径是按工件精加工轮廓进行循环的，

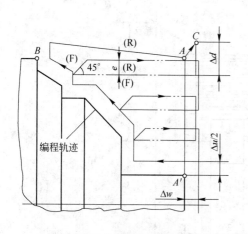

图 6-27 外径粗加工循环

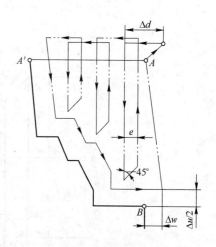

图 6-28 端面粗加工循环

如图 6-29 所示。如铸件、锻件等毛坯已具备了简单的零件轮廓，使用 G73 指令进行粗加工可以提高功效。

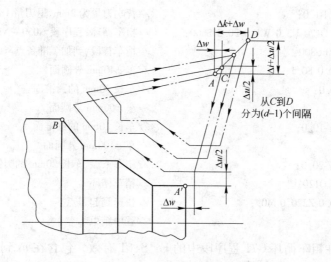

图 6-29 重复车削循环

（4）精加工循环指令 G70。

格式：G70 P(ns) Q(nf)；

说明：G70 为执行 G71、G72、G73 粗加工循环指令以后的精加工循环指令。在 G70 指令程序段内要给出精加工第一个程序段的序号和精加工最后一个程序段的序号。

【例 6-1】 如图 6-30 所示工件，试用 G70、G71 指令编程。

程序如下：

O1000；	//程序名
N010 G50 X200.0 Z220.0；	//坐标系设定
N020 M03 S800 T0100；	//主轴旋转
N030 G00 X160.0 Z180.0 M08；	//快速到达点(160,180)

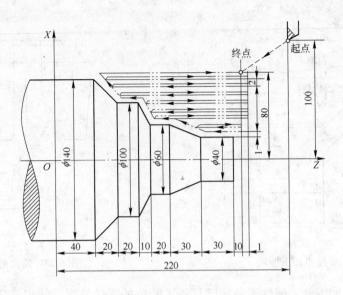

图 6-30　粗、精车削实例

N040 G71 U2.0 R1.0;	//背吃刀量为 2mm,退刀量 1mm
N050 G71 P060 Q120 U2.0 W1.0 F0.2 S600;	//粗车循环,程序段 N050～N120
N060 G00 X40.0 S800;	//精车首段,到加工准备点
N070 G01 W-40.0 F0.1;	//车 ϕ40mm 外圆面
N080 X60 W-30.0;	//车长 30mm 的圆锥面
N090 W-20.0;	//车 ϕ60mm 外圆面
N100 X100.0 W-10.0;	//车长 10mm 的圆锥面
N110 W-20.0;	//车 ϕ100mm 外圆面
N120 X140.0 W-20.0;	//精车末段,车长 20mm 的圆锥面
N130 G70 P060 Q120;	//精车循环
N140 G00 X200.0 Z220.0 M09;	//快速到起刀点
N150 M30;	//程序结束

注意:包含在粗车循环 G71 程序段中的 F、S、T 有效,包含在 ns 到 nf 中的 F、S、T 对于粗车无效。因此例 6-1 中粗车时的进给量为 0.2mm/r,主轴转速为 600r/min;精车时进给量为 0.1mm/r,主轴转速为 800r/min。

【例 6-2】　如图 6-31 所示工件,试用 G70、G73 指令编程。

程序如下:

O2000;	//程序名
N10 G50 X200.0 Z200.0 T0101;	//坐标系设定
N20 M03 S2000;	//主轴旋转
N30 G00 G42 X140.0 Z40.0 M08;	//快速到达点(140,40),建立右刀补
N40 G96 S150;	//恒线速度控制
N50 G73 U9.5 W9.5 R3;	//设定 X、Z 向退刀量和重复加工次数
N60 G73 P70 Q120 U1 W0.5 F0.2;	//粗车循环,程序段 N70～N120
N70 G00 X20.0 Z1.0;	//精车首段,到加工准备点

N80 G01 Z-20.0 F0.15；	//车 φ20mm 的外圆面
N90 X40.0 Z-30.0；	//车 φ40mm 外圆锥面
N100 Z-50.0；	//车 φ40mm 外圆面
N110 G02 X80.0 Z-70.0R20.0；	//车 R20mm 圆弧面
N120 G01 X100.0Z-80.0；	//精车末段，车 φ80mm 外圆锥面
N130 G70 P070 Q120；	//精车循环
N140 G97 G00 X200.0Z200.0G40 S300；	//快速到起刀点，取消刀补
N150 M30；	//程序结束

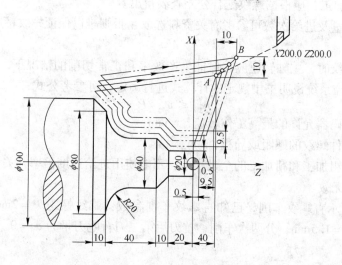

图 6-31　粗、精车削实例

6.3.4　螺纹切削

6.3.4.1　单行程螺纹车削指令 G32

格式：G32 X(U)_ Z(W)_ F_;

说明：(1) 使用 G32 指令可进行等螺距的直螺纹、圆锥螺纹以及端面螺纹的切削。

(2) $X(U)$、$Z(W)$ 为螺纹终点坐标，F 为长轴螺距，如图 6-32 所示，若锥角 $\alpha \leqslant 45°$ 时，F 表示 Z 轴螺距，否则 F 表示 X 轴螺距。$F = 0.001 \sim 500mm$。

(3) δ_1、δ_2 为车削螺纹时的切入量与切出量，如图 6-32 所示。一般 $\delta_1 = 2 \sim 5mm$，$\delta_2 = (1/4 \sim 1/2)\delta_1$。

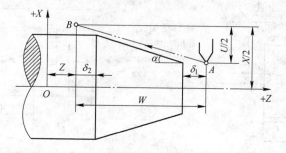

图 6-32　螺纹加工

（4）螺纹大径和小径可根据经验公式计算：

$$d = d_0 - 0.1P$$

$$d_1 = d - 1.0825P - 0.1$$

式中　d_1——工件螺纹小径，mm；

　　　d——工件螺纹的公称直径，mm；

　　　P——工件螺纹的螺距，mm。

以上经验公式，仅作为一般螺纹加工的简易计算，不能作为实际生产项目的计算。实际生产中的螺纹加工，应根据螺纹配合公差查表得出。

（5）背吃刀量及进给次数可参考有关资料选取，否则难以保证螺纹精度，或会发生崩刀现象。

（6）车削螺纹时，主轴转速应在保证生产效率和正常切削的情况下，选择较低转速。一般按机床或数控系统说明书中规定的计算式进行确定，可参考公式

$$n_{螺} \leqslant n_{允} / P$$

式中　$n_{允}$——编码器允许的最高工作转速，r/min；

　　　P——工件螺纹的螺距或导程，mm。

（7）在螺纹粗加工和精加工的全过程中，不能使用进给速度倍率开关调节速度，进给速度保持开关也无效。

如图 6-33 所示直螺纹车削，已知直螺纹车削参数：螺纹螺距 $P = 2$mm，引入量 $\delta_1 = 3$mm，超越量 $\delta_2 = 1.5$mm，分两次车削，首刀后第二刀背吃刀量为 $a_p = 0.5$mm。

程序如下：

……
G00 U-60.0;
G32 W-64.5 F2.0;
G00 U60.0;
W64.5;
U-61.0;
G32 W-64.5 F2.0;
G00 U61.0;
W64.5;
……

如图 6-34 所示圆锥螺纹车削，已知圆锥螺纹切削参数：螺纹螺距 $P = 3.5$mm，引入量

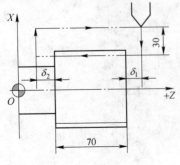

图 6-33　直螺纹车削

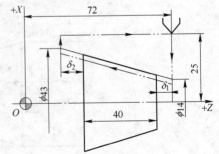

图 6-34　圆锥螺纹车削

$\delta_1 = 2mm$，超越量 $\delta_2 = 1mm$，分两次车削，背吃刀量 $a_p = 0.5mm$。

程序如下：

......

G00 X13.0 Z72.0；

G32 X42.0 W-43.0 F3.5；

G00 X50.0；

Z72.0；

X12.0；

G32 X41.0 W-43.0 F3.5；

G00 X50.0；

Z72.0；

......

6.3.4.2　螺纹车削循环指令 G92

螺纹车削循环有圆锥螺纹车削循环（见图 6-35a）和直螺纹车削循环（见图 6-35b）。

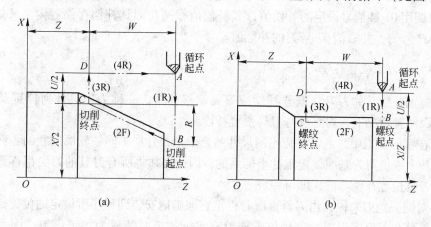

图 6-35　螺纹车削循环

（a）圆锥螺纹车削循环；（b）直螺纹车削循环

圆锥螺纹车削循环的编程格式：G92 X(U)_Z(W)_R_F_；

直螺纹车削循环的编程格式：G92 X(U)_Z(W)_F_；

说明：（1）G92 指令可使螺纹加工用车削循环完成，其中 $X(U)$、$Z(W)$ 为终点坐标，F 为螺纹的导程，R 为圆锥螺纹大小端的差值，其用法同 G90 指令。

（2）螺纹的加工次数及主轴速度的限制等与 G32 指令相同。

图 6-36 所示圆锥螺纹，螺距为 2mm。其加工程序如下：

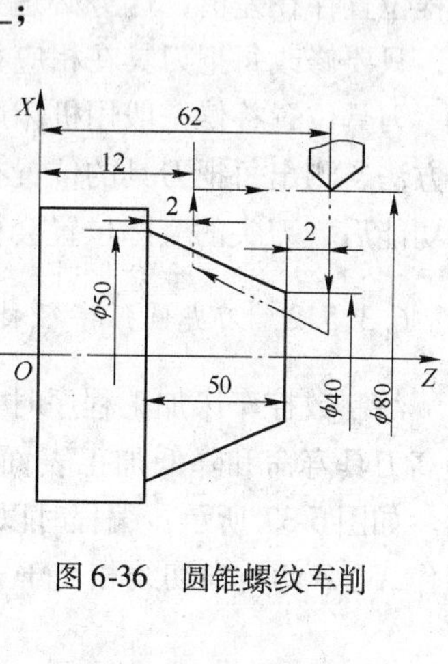

......

G00 X80.0 Z62.0；

图 6-36　圆锥螺纹车削

G92 X49.6 Z12.0 R-5.0 F2.0;

X48.7;

X48.1;

X47.5;

X47.1;

G00 X200.0 Z200.0;

……

6.3.5　刀具补偿功能

刀具补偿功能是数控机床的主要功能之一。数控车床中的刀具补偿包括刀具位置补偿和刀尖圆弧半径补偿。

刀具功能又称为 T 功能,它是进行刀具选择和刀具补偿的功能。

格式: T□□××;

前两位数字□□为刀具号;

后两位数字××为刀具补偿号,其中 00 表示取消某号刀的刀具补偿。例如 T0101 表示 01 号刀调用 01 补偿号设定的补偿值,其补偿值存储在刀具补偿存储器内。又如 T0700 表示调用 07 号刀,并取消 07 号刀的补偿值。

6.3.5.1　刀具位置补偿

刀具位置补偿又称为刀具偏置补偿或刀具偏移补偿,亦称为刀具几何位置及磨损补偿。在下面三种情况下,均需进行刀具位置补偿。

(1) 在实际加工中,通常是用不同尺寸的若干把刀具加工同一轮廓尺寸的零件,而编程时是以其中一把刀为基准设定工件坐标系的,因此必须将所有刀具的刀尖都移到此基准点。利用刀具位置补偿功能,即可完成。

(2) 对同一把刀来说,当刀具重磨后再把它准确地安装到程序所设定的位置是非常困难的,总是存在着位置误差。这种位置误差在实际加工时便成为加工误差。因此在加工前,必须用刀具位置补偿功能来修正安装位置误差。

(3) 每把刀具在其加工过程中,都会有不同程度的磨损,而磨损后刀具的刀尖位置与编程位置存在差值,这势必造成加工误差,这一问题也可以用刀具位置补偿的方法来解决,只要修改每把刀具在相应存储器中的数值即可。

刀具位置补偿一般用机床所配对刀仪自动完成,也可用手动对刀和测量工件加工尺寸的方法,测出每把刀具的位置补偿量并输入到相应的存储器中。当程序执行了刀具位置补偿功能后,刀尖的实际位置会根据所输入的位置补偿量自动进行调整。

6.3.5.2　刀尖圆弧半径补偿

编制数控车床加工程序时,通常将车刀刀尖看作是一个点。然而在实际应用中,为了提高刀具寿命和降低加工表面的粗糙度,一般将车刀刀尖磨成半径为 0.4~1.6mm 的圆弧。如图 6-37 所示,编程时以理论刀尖点 P(又称刀位点或假想刀尖点:沿刀片圆角切削刃作 X、Z 两方向切线相交于 P 点)来编程,数控系统控制 P 点的运动轨迹,而切削时,

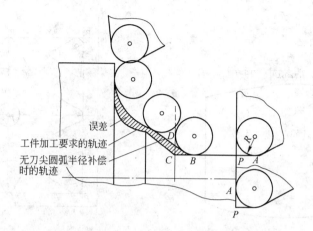

图 6-37 刀尖圆弧半径对加工精度的影响

实际起作用的切削刃是圆弧的各切点，这势必会产生加工表面的形状误差，而刀尖圆弧半径补偿功能就是用来补偿此误差的。

切削工件的右端面时，车刀圆弧的切点 A 与理论刀尖点 P 的 Z 坐标值相同；车削外圆时车刀圆弧的切点 B 与点 P 的 X 坐标值相同。切削出的工件没有形状误差和尺寸误差，因此可以不考虑刀尖圆弧半径补偿。如果车削外圆柱面后继续车削圆锥面，则必存在加工误差 BCD（误差值为刀尖圆弧半径），这一加工误差必须靠刀尖圆弧半径补偿的方法来修正。

车削圆锥面和圆弧面部分时，仍然以理论刀尖点 P 来编程，刀具运动过程中与工件接触的各切点轨迹为图 6-37 中所示无刀尖圆弧半径补偿时的轨迹。该轨迹与工件加工要求的轨迹之间存在着图中斜线部分的误差，直接影响到工件的加工精度，而且刀尖圆弧半径越大，加工误差越大。可见，对刀尖圆弧半径进行补偿是十分必要的。当采用刀尖圆弧半径补偿时，车削出的工件轮廓就是图 6-37 中所示工件加工要求的轨迹。

6.3.5.3 实现刀尖圆弧半径补偿功能的准备工作

在加工工件之前，要把刀尖圆弧半径补偿的有关数据输入到存储器中，以便使数控系统对刀尖的圆弧半径所引起的误差进行自动补偿。

（1）刀尖半径。工件的形状与刀尖半径的大小有直接关系，必须将刀尖圆弧半径 R 输入到存储器中，如图 6-38 所示。

（2）车刀的形状和位置参数。车刀的形状有很多，它能决定刀尖圆弧所处的位置，因此也要把代表车刀形状和位置的参数输入到存储器中。车刀的形状和位置参数称为刀尖方位 T。车刀的形状和位置如图 6-39 所示，分别用参数 0~9 表示，P 点为理论刀尖点。如图 6-39 所示左下角刀尖方位 T 应为 3。

（3）参数的输入。与每个刀具补偿号相对应有一组 X 和 Z 的刀具位置补偿值、刀尖圆弧半径 R 以及刀尖方位 T 值，输入刀尖圆弧半径补偿值时，就是要将参数 R 和 T 输入到存储器中。

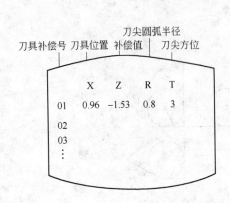

图 6-38　CRT 显示屏幕显示刀具补偿参数　　　　图 6-39　车刀形状和位置

例如某程序中编入下面的程序段：

N100 G00 G42 X100.0 Z3.0 T0101;

此时输入刀具补偿号为 01 的参数，CRT 屏幕上显示如图 6-38 所示的内容。在自动加工工件的过程中，数控系统将按照 01 刀具补偿栏内的 X、Z、R、T 的数值，自动修正刀具的位置误差和自动进行刀尖圆弧半径的补偿。

6.3.5.4　刀尖圆弧半径补偿的方向

在进行刀尖圆弧半径补偿时，刀具和工件的相对位置不同，刀尖圆弧半径补偿的指令也不同。图 6-40 所示为刀尖圆弧半径补偿的两种不同方向。如果刀尖沿 $ABCDE$ 运动（见图 6-40a），顺着刀尖运动方向看，刀具在工件的右侧，即为刀尖圆弧半径右补偿，用 G42 指令。如果刀尖沿 $FGHI$ 运动（见图 6-40b），顺着刀尖运动方向看，刀具在工件的左侧，即为刀尖圆弧半径左补偿，用 G41 指令。如果取消刀尖圆弧半径补偿，可用 G40 指令编程，则车刀按理论刀尖点轨迹运动。

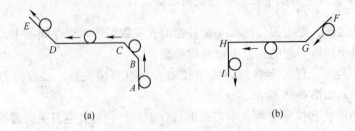

(a)　　　　　　　　　　　　　　　　　(b)

图 6-40　刀尖圆弧半径补偿方向
(a) 刀尖圆弧半径右补偿；(b) 刀尖圆弧半径左补偿

6.3.5.5　刀尖圆弧半径补偿的建立或取消指令格式及说明

格式：G41(G42)(G40) G00(G01) X(U)_Z(W)_T_F_;

说明：（1）刀尖圆弧半径补偿的建立或取消必须在位移移动指令（G00、G01）中进行。G41、G42、G40 均为模态指令。

（2）刀尖圆弧半径补偿和刀具位置补偿一样，其实现过程分为三大步骤，即刀具补偿的建立、刀具补偿的执行和刀具补偿的取消。

（3）如果指令刀具在刀尖半径大于圆弧半径的圆弧内侧移动，程序将出错。

（4）由于系统内部只有两个程序段的缓冲存储器，因此在刀具补偿的执行过程中不允许在程序里连续编制两个以上没有移动的指令，以及单独编写的 M、S、T 程序段等。

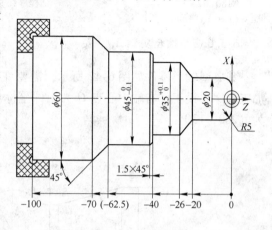

6.3.6 综合实例

6.3.6.1 综合实例 1

如图 6-41 所示零件，材料为 45 号钢，坯料 $\phi 60\text{mm} \times 102\text{mm}$，刀具：T1 为硬质合金粗精两用93°右偏刀。

图 6-41 综合编程例 1

程序	说明
O1021；	//程序名
N10 G54 S300 M3 T0101；	//选择刀具,设定工艺数据
N15 G50 3000；	//主轴最高转速限制
N20 G96 S50 F0.3；	//设定粗车端面恒线速度
N30 G00 X65.0 Z0.2；	//快速引刀接近工件,准备粗车端面
N40 G01 X-2.0 M08；	//粗车端面
N50 G00 X65.0 Z2.0；	//退刀
N60 G96 S80 F0.15；	//设定精车端面恒线速度
N70 G00 Z0；	//进刀
N80 G01 X-2.0；	//精车端面
N90 G00 X65.0 Z2.0；	//退刀
N100 G96 S50 F0.3；	//设定粗车轮廓恒线速度
N110 G71 U2.0 R0.5；	//粗加工循环
N120 G71 P130 Q150 U0.2 W0.1；	//粗加工循环参数设定
N130 G00 G42 X10.0 Z1.0；	//到准备点
N132 G01 Z0；	//轮廓起点
N134 G03 X20.0 Z-5.0 R5；	//R5 圆弧轮廓
N136 G01 Z-20.0；	//$\phi 20\text{mm}$ 圆柱轮廓
N138 X35.05 Z-26.0；	//圆锥轮廓
N140 Z-40.0；	//$\phi 35\text{mm}$ 圆柱轮廓
N142 X42.0；	//径向进刀
N144 X44.95 Z-41.5；	//倒角
N146 Z-62.5；	//$\phi 45\text{mm}$ 圆柱轮廓
N148 X60.0 Z-70.0；	//圆锥轮廓

N150 G01 G40 X65.0;　　　　　//径向退刀

N152 G96 S80 F0.15;　　　　　//设定精车轮廓恒线速度

N155 G70 P130 Q150;　　　　　//精车循环

N160 G97 S300 M03;　　　　　//调用 LCYC95 循环轮廓精加工

N170 G0 X100.0 Z150.0 M9;　　//快速退刀,关冷却

N180 M2;　　　　　　　　　//程序结束

6.3.6.2　综合实例 2

某典型轴类零件如图 6-42 所示,需要在数控车床上对该零件进行加工,要求编制精加工程序。设工件右端中心点 O 为工件坐标原点,02 号刀为基准刀,该刀尖的起始位置为 (280,130)。

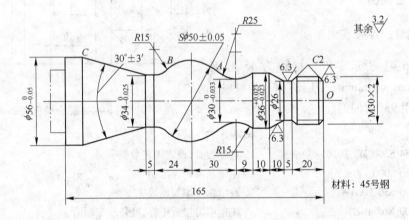

图 6-42　综合编程例 2

(1) 零件图工艺分析。该零件表面由圆柱、圆锥、顺圆弧、逆圆弧及螺纹等组成。其中多个直径尺寸有较严格的尺寸精度和表面粗糙度等要求;球面 $S\phi50\text{mm}$ 的尺寸公差还兼有控制该球面形状 (线轮廓) 误差的作用。零件材料为 45 号钢,无热处理和硬度要求。

通过上述分析,采取以下几点工艺措施:

1) 对图样上给定的公差等级(IT7 ~ IT8)要求较高的尺寸,编程时取极限尺寸的平均值。

2) 在轮廓曲线上,有 3 处为过象限圆弧,其中两处为既过象限又改变进给方向的轮廓曲线,因此在加工时应进行机械间隙补偿,以保证轮廓曲线的准确性。

3) 为便于装夹,毛坯件左端应预先车出夹持部分 (双点划线部分),右端面也应先车出并钻好中心孔。毛坯选 $\phi60\text{mm}$ 棒料。

(2) 确定装夹方案。确定毛坯件轴线和左端大端面 (设计基准) 为定位基准。左端采用三爪自定心卡盘定心夹紧,右端采用活动顶尖支承的装夹方式。

(3) 确定加工顺序。加工顺序按由粗到精的原则确定。即先从右到左进行粗车 (留 0.20mm 精车余量),然后从右到左进行精车,最后车削螺纹。

(4) 数值计算。为方便编程,可利用 AutoCAD 画出零件图形,然后取出必要的基点坐标值,利用经验公式对螺纹大径、小径进行计算。

1）基点计算。以图 6-42 上 O 点为工件坐标原点，则 A、B、C 3 点坐标分别为：$X_A =$ 40mm、$Z_A = -69$mm；$X_B = 38.76$mm、$Z_B = -99$mm；$X_C = 56$mm、$Z_C = -154.09$mm。

2）螺纹大径 d、小径 d_1 计算。

$$d = d_0 - 0.1P = 30 - 0.1 \times 2 = 29.8\text{mm}；$$

$$d_1 = d_0 - 1.0825P - 0.1 = 30 - 1.0825 \times 2 - 0.1 = 27.735\text{mm}。$$

（5）选择刀具。

1）粗车、精车均选用 35°棱形涂层硬质合金外圆车刀，副偏角 48°，刀尖半径 0.4mm，为防止与工件轮廓发生干涉，必要时应用 AutoCAD 作图检验。

2）车螺纹选用硬质合金 60°螺纹车刀，取刀尖圆弧半径 0.2mm。

（6）选择切削用量。

1）背吃刀量。粗车循环时，确定其背吃刀量 $a_p = 2$mm；精车时，确定其背吃刀量 $a_p = 0.2$mm。

2）主轴转速和进给量。

车直线和圆弧轮廓的主轴转速：查表并取粗车时的切削速度 $v = 90$m/min，精车时的切削速度 $v = 120$m/min，根据坯件直径（精车时取平均直径），利用式 $n = 1000v/(\pi D)$ 计算，并结合机床说明书选取。粗车时主轴转速 $n = 500$r/min，精车时主轴转速 $n = 1200$r/min。

车螺纹时的主轴转速：按公式 $nP \leqslant 1200$（n 为主轴转速，P 为螺距），取主轴转速 $n = 320$r/min。

进给速度：粗车时选取进给量 $f = 0.3$mm/r，精车时选取 $f = 0.05$mm/r。车螺纹的进给量等于螺纹导程，即 $f = 2$mm/r。

（7）数控加工工艺文件的制定。

1）按加工顺序将各工步的加工内容、所用刀具及其切削用量等填入表 6-6 所示的数控加工工序卡中。

表 6-6 数控加工工序卡

（工厂名）	产品图号		零（部）件图号			第 页	
	产品名称		零（部）件名称		轴	共 页	
数控加工工艺卡片	毛坯外形尺寸		材料牌号	45		重量	
使用夹具	三爪自定心卡盘		使用设备	MJ460	数控系统		FAUNC 0i
工步号	工步内容		刀具号	刀具规格 /mm	主轴转速 /r·min^{-1}	进给量 /mm·r^{-1}	背吃刀量 /mm	时间定额
1	粗车轴外圆面及其端面，单边留 0.2mm 精车余量		T0101	35°菱形	500	0.3	2	
2	精车轴外圆面及其端面达尺寸要求		T0202	35°菱形	1200	0.05	0.2	
3	车螺纹 M30×2		T0303	60°	320	2	分 5 次	
编制		校核		批准		会签（日期）	

2）将选定的各工步所用刀具的型号、刀片型号、刀片牌号及刀尖圆弧半径等填入表6-7 所示的数控加工刀具卡中。

表6-7　数控加工刀具卡

产品名称		零件名称	轴	零件图号		程序编号	O1000
工步	刀具号	刀具名称	刀柄型号	刀具位置补偿值		刀尖半径 /mm	刀尖位置
				直径/mm	长度/mm		
1	T0101	35°棱形可转位车刀		0	0	0.4	3
2	T0202	35°棱形可转位车刀		1.203	0.758	0.4	3
3	T0303	外螺纹车刀		-3.302	-2.819	0.2	8
编　制		审核		批准		共　页	第　页

（8）粗精加工程序。

O1000;　　　　　　　　　　　　　　//程序名
N010 G50 X280.0 Z130.0;　　　　　　//建立工件坐标
N020 M03 S1200 T0101;　　　　　　　//启动主轴,换02号刀
N030 G00 X60.0 Z3.0 M08 ;　　　　　//快速接近工件,并打开切削液
N040 G71 U2.0 R1.0;　　　　　　　　//粗切深度和退刀量赋值
N050 G71 P052 Q170 U0.4 W0.2 F0.2 S500;　//粗切循环,赋参数值
N052 G42 G00 X25.8 Z3.0 M08;　　　//精加工首段,建立刀补
N055 G01 Z0 F0.05;　　　　　　　　//到倒角起点
N050 X29.8 Z-2.0;　　　　　　　　　//倒角
N060 Z-18.0;　　　　　　　　　　　//车螺纹外表面φ29.567mm
N070 X26.0 Z-20.0;　　　　　　　　//倒角
N080 W-5.0;　　　　　　　　　　　//车φ26mm 槽
N090 U10.0 W-10.0;　　　　　　　　//车锥面
N100 W-10.0;　　　　　　　　　　　//车φ36mm 外圆柱面
N110 G02 U-6.0 W-9.0 R15.0;　　　//车R15mm 圆弧
N120 G02 X40.0 Z-69.0 R25.0;　　　//车R25mm 圆弧
N130 G03 X38.76 Z-99.0 R25.0;　　//车Sφ50mm 球面
N140 G02 X34.0 W-9.0 R15.0;　　　//车R15mm 圆弧
N150 G01 W-5.0;　　　　　　　　　//车φ34mm 圆柱面
N160 X56.0 Z-154.05;　　　　　　　//车锥面
N170 Z-165.0;　　　　　　　　　　//精加工末段,车φ56mm 圆柱面
N172 S1200 M03 T0202;　　　　　　　//转换主轴转速,调用2号刀具
N175 G70 P040 Q170;　　　　　　　　//精加工
N180 G40 G00 U10.0 T0200 M05 M09;　//取消刀具补偿并关闭切削液
N190 G28 U2.0 W2.0;　　　　　　　　//返回参考点
N200 M03 S320 T0300;　　　　　　　　//主轴换速,换03号螺纹刀
N210 G00 X40.0 Z3.0 T0303 M08;　　//刀具定位并建立位置补偿
N220 G92 X29.0 Z-22.0 F2.0;　　　//螺纹循环第一刀
N230 X28.4;　　　　　　　　　　　//螺纹循环第二刀

N240 X27.9;	//螺纹循环第三刀
N250 X27.5;	//螺纹循环第四刀
N260 X27.4;	//螺纹循环第五刀
N270 G00 X45.0 T0300 M09;	//取消刀具位置补偿并关闭切削液
N280 G28 U2.0 W2.0 M30;	//返回参考点,程序结束

6.3.6.3 综合实例3

加工如图6-43所示的零件,材料45号钢,坯料$\phi60$mm×122mm。

刀具: T1——硬质合金93°右偏刀;

             T2——宽3mm硬质合金割刀;

             D1——左刀尖。

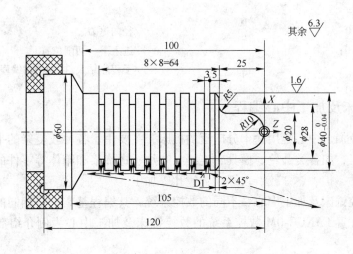

图6-43 综合编程例3

O1031;	//程序名
N10 G54 S300 M3 T0101;	//选择刀具,设定工艺数据
N20 G50 S3000;	//主轴最高转速限制
N30 G96 S50 F0.3;	//设定粗车恒线速度
N40 G90 G0 X65.0 Z5.0;	//快速引刀接近工件,准备车端面
N50 G94 X-2.0 Z0 M08;	//车端面
N60 G71 U2.0 R0.5;	//粗加工循环
N70 G71 P80 Q170 U0.2 W0.1;	//粗加工循环参数设定
N80 G0 G42 X0 Z1.0;	//建立刀补,到精车路径地点
N90 G1 Z0;	//切入精车路径起点
N100 G03 X20.0 Z-10.0 R10.0;	//切圆弧 R10mm
N110 G1 Z-20.0;	//纵向进刀
N120 G02 X30.0 Z-25.0 R5.0;	//倒圆角
N130 G1 X36.0;	//径向进刀
N140 X39.98 Z-27.0;	//倒角

N150 Z-100.0;	//纵向进刀
N160 X60.0 Z-105.0;	//倒角
N170 G0 G40 X65.0;	//取消刀补,径向快速退刀
N180 G96 S80 F0.15;	//设定精车恒线速度
N190 G70 P80 Q170;	//精车轮廓循环
N200 G0 X42 Z-33.0;	//到切槽准备点
N210 M98 P81032;	//调用子程序 8 次割 8 槽
N220 G90 G0 X65 Z100 M9;	//快速退刀,关冷却
N230 M2;	//程序结束
O1032;	//子程序名(切槽)
N10 G91 G1 U-14.0;	//换为增量编程
N20 G4 X0.5;	//暂停
N40 G1 U14.0;	//径向退刀
N50 G0 W-8.0;	//进入下一切削位置
N50 M99;	//子程序结束,换为绝对编程

6.4　数控铣床及加工中心编程

　　数控铣床及加工中心是用途十分广泛的机床,主要用于各种较复杂的平面、曲面和壳体类零件的加工,如各类凸轮、模具、连杆、叶片、螺旋桨和箱体等零件的铣削加工,同时还可以进行钻、扩、锪、铰、攻螺纹、镗孔等加工。

　　不同的数控铣床及加工中心、不同的数控系统,其编程基本上是相同的,但也有不同之处。本节以配置 FANUC-0M 数控系统的数控铣床及加工中心为例介绍数控铣床及加工中心的编程。

6.4.1　数控铣床及加工中心编程基础

6.4.1.1　数控铣床及加工中心系统的功能

　　以配置 FANUC-0M 数控系统为例,其主要功能包括准备功能（G 功能）和辅助功能（M 功能）,见表 6-8、表 6-9。

表 6-8　铣床版 FANUC 0i Mate-MB 系统主要 G 指令

代码	含义及赋值	编　程	组别	代码	含义及赋值	编　程	组别
※G0	快速定位	G0 X_ Y_ Z_ ;	01	G15	极坐标指令取消	G□□G○○G16; G○○ IP_ ; G15; 说明:G□□可以是 G17 G18 G19,G○○可以是 G90 G91,IP 为制定轴地址及其值	17
G01	直线插补	G1 X_ Y_ Z_ ;					
G02	顺圆插补 /螺旋线插补	G2 X_ Y_ I_ J_ Z_ ; G2 X_ Y_ R_ Z_ ;		G16	极坐标指令		
G03	逆圆插补 /螺旋线插补	G3 X_ Y_ I_ J_ Z_ ; G3 X_ Y_ R_ Z_ ;					
G04	暂　停	G04 P_ ; G04 X_ ;	00				
G09	准确定位	G09					

代码	含义及赋值	编程	组别	代码	含义及赋值	编程	组别
G17	X/Y 平面选择	G17		G58	第五可设定零偏	G58	14
G18	Z/X 平面选择	G18	02	G59	第六可设定零偏	G59	
G19	Y/Z 平面选择	G19		G65	调用宏指令	G65 P_L_;	00
G20	英寸制输入	G20	06	G66	宏程序模态调用	G66 P_L_;	
※G21	米制输入	G21		G67	宏程序模态调用取消	G67	12
G27	返回参考点检验	G27 X_Y_Z_;		G68	坐标系旋转	G68 G17 X_Y_R_; G68 G18 Z_X_R_; G68 G19 Y_Z_R_;	16
G28	返回参考点	G28 X_Y_Z_;					
G29	从参考点返回	G29 X_Y_Z_;					
G30	返回第2、3、4参考点	G30 P2 X_Y_Z_; G30 P3 X_Y_Z_; G30 P4 X_Y_Z_;	00	G69	取消坐标系旋转	G69	
				G73	排屑钻孔循环	G98(G99) G73 X_Y_Z_R_Q_F_K_;	
G31	跳转功能	G31 X_Y_Z_;		G74	左旋攻丝循环	G98(G99) G74 X_Y_Z_R_P_F_K_;	
G33	螺纹切削	G33 Z_F_;	01				
※G40	取消刀尖半径补偿	G0(G01)G40 X_Y_;		G76	精镗孔循环	G98(G99)G76 X_Y_Z_R_Q_P_F_K_;	
G41	刀具半径左补偿	G0(G01)G41 X_Y_;	07				
G42	刀具半径右补偿	G0(G01)G42 X_Y_;		G80	取消固定循环	G80	
G43	刀具长度正补偿	G0(G01)G43 Z_H_;		G81	钻、锪、镗孔循环	G98(G99) G81 X_Y_Z_R_F_K_;	
G44	刀具长度负补偿	G0(G01)G44 Z_H_;	08				
G49	取消刀具长度补偿	G0(G01)G49 Z_; 或 H0		G82	钻孔或反镗孔循环	G98(G99) G82 X_Y_Z_R_P_F_K_;	
G50	比例缩放取消	G51 X_Y_Z_P_; G51 X_Y_Z_I_J_K_; G50;	11	G83	排屑钻孔循环	G98(G99) G83 X_Y_Z_R_Q_F_K_;	09
G51	比例缩放有效						
G50.1	可编程镜像取消	G51.1 X_(Y_); G50.1 X_(Y_);	22	G84	攻丝循环	G98(G99) G84 X_Y_Z_R_P_F_K_;	
G51.1	可编程镜像有效						
G52	局部坐标系设定	G52 X_Z_;	00	G85	镗孔循环	G98(G99) G85 X_Y_Z_R_F_K_;	
G53	直接机床坐标系设定	G53					
G54	第一可设定零点偏置	G54		G86	镗孔循环	G98(G99) G86 X_Y_Z_R_F_K_;	
G54.1	选择附加工件坐标系	G54.1 Pn n为1~48附加坐标系	14	G87	反镗循环	G98(G99) G87 X_Y_Z_R_Q_P_F_K_;	
G55	第二可设定零偏	G55		G88	镗孔循环	G98(G99) G88 X_Y_Z_R_P_F_K_;	
G56	第三可设定零偏	G56		G89	镗孔循环	G98(G99) G89 X_Y_Z_R_Q_F_K_;	
G57	第四可设定零偏	G57					

续表 6-8

代码	含义及赋值	编　程	组别	代码	含义及赋值	编　程	组别
G90	绝对尺寸输入制式	G90	03	G95	进给率，mm/r	G95	05
G91	增量尺寸输入制式	G91		G96	恒线速度控制	G96 S_ ;	13
G92	设定工件坐标系或最大主轴速度限制	G92 X_ Y_ Z_ ; G92 S_ ;	00	G97	取消恒线速度控制	G97 S_ ;	
				G98	循环返回起始点	G98	10
G94	进给率，mm/min	G94	05	G99	循环返回固定点	G99	

注：0 组的 G 代码为非模态，其他均为模态 G 代码；标有※的代码为数控系统通电后的状态。

表 6-9　M 辅助功能

代码	含义及赋值	编 程 说 明
M00	程序暂停	在完成编有 M00 代码的程序段中的其他指令后，主轴停止、进给停止、切削液关闭、程序停止。当重新按下控制面板上的"循环启动按钮"，继续执行下一程序段（当测量工件和排除切屑时经常使用）
M02	程序结束	程序结束，切断电源，数控单元复位。
M03	主轴正转	常与主轴转速连用，如 S_M03
M04	主轴反转	常与主轴转速连用，如 S_M04
M05	主轴停止	该代码停止主轴转动，当主轴需要改变旋转方向时，需用该代码先停止主轴旋转，然后再规定 M03 或 M04 代码
M06	换刀	刀具交换指令，只在具有刀具自动交换系统的加工中心有效
M07	切削液开	打开切削液电动机，为加工提供切削液
M09	切削液停	切削液电动机关闭，切削液停止
M30	程序结束	在程序的最后编入该代码，使程序返回到程序运行起点，机床运行全部停止
M98	调用子程序	使主程序转至子程序，如 M98 P_L_
M99	子程序结束	使子程序返回到主程序

6.4.1.2　数控铣床及加工中心工件坐标系的设定

编写工件的加工程序时，首先是在建立机床坐标系后设定工件坐标系。工件坐标系建立在工件上，编程人员在编程时使用。工件坐标系的原点就是工件原点，而工件原点是人为设定的，它在工件装夹完毕后，通过对刀来确定。数控铣床及加工中心工件原点一般设在被加工零件的基准点处，如对称中心、角点、基准中心等处。

数控铣床及加工中心工件坐标系一般是利用 G 功能来设定，具体方法如下。

（1）工件坐标系设定指令 G92。

格式：G92 X_Y_Z_；

说明：G92 并不驱使机床刀具或工作台运动，数控系统通过 G92 指令确定当前刀具与工件原点的相对位置，以求建立起工件坐标系；其中，X、Y、Z 指定起刀点相对于工件原定的位置。

G92 指令一般放在一个零件程序的第一段。

例如，如图 6-44 所示的工件坐标系，刀具在该工件坐标系中的坐标值为（20，10，10），在编程时，使用 G92 设定工件坐标系，其程序段为：

G92 X20.0 Y10.0 Z10.0;

（2）工件坐标系选择指令 G54 ~ G59。

G54 ~ G59 是系统预定的 6 个工件坐标系，可根据需要任意选用。这 6 个预定工件坐标系的原点在机床坐标系中的值（工件零点偏置值）可用 MDI 方式输入，系统自动记忆。工件坐标系一旦选定，后续程序段中绝对编程时的指令值均为相对此工件坐标系原点的值。采用 G54 ~ G59 选择工件坐标系方式如图 6-45 所示。

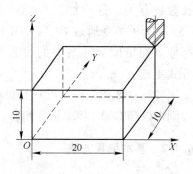

图 6-44 G92 设定工件坐标系

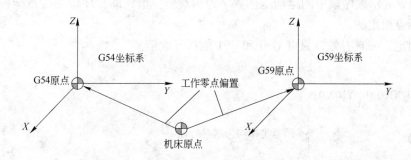

图 6-45 选择坐标系指令 G54 ~ G59

在如图 6-46（a）所示坐标系中，要求刀具从当前点移动到 A 点，再从 A 点移动到 B 点。使用工件坐标系 G54 和 G59 的程序如图 6-46（b）所示。

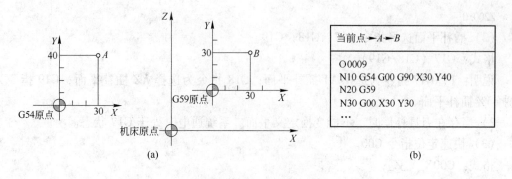

(a)

```
当前点→A→B

O0009
N10 G54 G00 G90 X30 Y40
N20 G59
N30 G00 X30 Y30
...
```

(b)

图 6-46 G54 ~ G59 的使用

在使用 G54 ~ G59 时应注意，用该组指令前，应先用 MDI 方式输入各坐标系的坐标原点在机床坐标系中的坐标值。

G92 指令与 G54 ~ G59 指令都是用于设定工件坐标系的，但它们在使用中是有区别的：

（1）G92 指令通过程序来设定工件坐标系，G92 所设定的工件原点与当前刀具所在位置有关，这一加工原点在机床坐标系中的位置随当前刀具位置的不同而改变；G54～G59 指令通过 CRT/MDI 在设置参数方式下设定工件坐标系，一经设定，加工坐标原点在机床坐标系中的位置不变，与刀具的当前位置无关，除非再通过 CRT/MDI 方式更改。

（2）G92 指令程序段只是设定工件坐标系，而不产生任何动作；G54～G59 指令程序段则可以和 G00、G01 指令组合，在选定的工件坐标系中进行位移。

6.4.2　基本编程方法

（1）绝对值编程指令 G90 和增量编程指令 G91。

格式：G90（G91）

说明：G90 指令表示程序段中的运动坐标数字为绝对坐标值，即从编程零点开始的坐标值；

G91 指令表示程序段中的运动坐标数字为相对坐标值，即程序段的终点坐标都是相对于前一坐标点给出的。

一经制定，一直有效，只有 G90 和 G91 能相互取消。

例如：

```
G90 G01 X100.0　Y100.0;
X50.0;
Y80.0
…
Z200.0
```
}　所有坐标均为绝对坐标

```
G91 G01 X100.0　Y100.0;
X50.0;
Y80.0
…
Z200.0
```
}　所有坐标均为增量坐标

（2）插补平面选择指令 G17、G18、G19。

格式：G17（G18/G19）

说明：1）G17 指令为选择 *XY* 插补平面；G18 指令为选择 *XZ* 插补平面；G19 指令为选择 *YZ* 插补平面。

2）当存在刀具补偿时，不能变换定义平面。系统通电时处于 G17 状态。

（3）快速定位指令 G00。

格式：G00X_Y_Z_;

说明：G00 指令是刀具以点定位控制方式从所在点以最快速度移动到指定位置。该指令用于刀具的空行程运动，它只是快速到位，而其运动轨迹根据具体控制系统的设计可以有所不同。G00 速度是由系统设定的。指令中的 *X*、*Y*、*Z* 分别为 G00 的终点坐标，不移动的坐标轴可以省略。

（4）直线插补指令 G01。

格式：G01X_Y_Z_F_;

说明：G01 是直线运动指令，使机床各个坐标间以插补联动方式，按 F 指定的进给速度直线切削运动到规定的位置。指令中的 X、Y、Z 分别为 G01 的终点坐标，不移动的坐标轴可以省略；F 为指定进给速度（mm/min）。

（5）圆弧插补指令 G02、G03。刀具以圆弧轨迹从起点移动到终点，方向由 G 指令确定。G02 指令表示在指定平面顺时针插补；G03 指令表示在指定平面逆时针插补。圆弧的方向可按图 6-47 所示的方法进行判断：沿垂直于圆弧所在平面（如 XY 平面）的坐标轴的负方向（-Z）看，

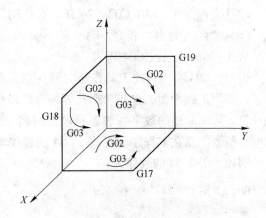

图 6-47 平面指定指令与圆弧插补指令的关系

刀具相对于工件的转动方向是顺时针方向为 G02，逆时针方向为 G03。

1）圆心坐标和终点坐标。

格式：G17 G02（G03）X_Y_I_J_F_;

　　　G18 G02（G03）X_Z_I_K_F_;

　　　G19 G02（G03）Y_Z_J_K_F_;

说明：①X、Y、Z 为圆弧终点坐标值。为 G90 时 X、Y、Z 是圆弧终点的绝对坐标值；为 G91 时 X、Y、Z 是圆弧终点相对于圆弧起点的增量值。

②I、J、K 表示圆心相对于圆弧起点的增量值，F 规定了沿圆弧切向的进给速度。

③G17、G18、G19 为圆弧插补平面选择指令，以此来确定被加工表面所在平面，G17 可以省略。

例如进行如图 6-48 所示的圆弧插补，程序如下：

绝对编程方式　G90 G02 X58.0 Y48.0 I13.0 J8.0 F100;

增量编程方式　G91 G02 X26.0 Y16.0 I13.0 J8.0 F100;

注：只有用圆心坐标和终点坐标才可以编程加工一个整圆。

2）终点和半径尺寸。

格式：G17 G02（G03）X_Y_R_F_;

　　　G18 G02（G03）X_Z_R_F_;

　　　G19 G02（G03）Y_Z_R_F_;

说明：R 表示圆弧半径，有相同的起点、终点、半径和相同的方向时可以有两种圆弧。如果圆心角不大于 180°则 R 为正数；如果圆心角大于 180°则 R 为负数。

例如进行如图 6-48 所示的圆弧插补，程序如下：

绝对编程方式　G90 G02 X58.0 Y48.0 R15.26 F100;

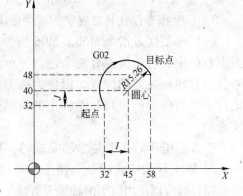

图 6-48 用圆心坐标和终点坐标进行圆弧插补

增量编程方式　G91 G02 X26.0 Y16.0 R15.26 F100；

（6）暂停（延迟）指令 G04。

格式：G04 X_;或 G04 P_;

说明：G04 指令可使刀具作短时间（如几秒钟）的暂停（延迟），进行无进给的光整加工，如用于镗平面、镗孔、锪孔等场合，以获得圆整而光滑的表面。指令中的 X 或 P 为地址符，后面紧跟的数字一般表示停留时间，X 表示秒（s），P 表示毫秒（ms）。G04 为非模态指令，仅在本程序段有效。G04 的程序段里不能有其他指令。

例如暂停 1.8s 的程序为：

G04 X1.8；

或

G04 P1800；

（7）自动返回参考点指令 G28。

格式：G28 X_Y_Z_;

说明：1）G28 指令首先使所有的编程轴都快速定位到中间点 X、Y、Z，然后再从中间点返回到参考点。

2）一般 G28 指令用于刀具自动更换或者消除机械误差。

3）在执行该指令之前，应取消刀具补偿。

4）在 G28 的程序段中不仅产生坐标轴移动指令，而且记忆了中间点坐标值，以供 G29 使用。

5）电源接通后，在没有手动返回参考点的状态下指定 G28 时，从中间点自动返回参考点与手动返回参考点相同。这时从中间点到参考点的方向，就是机床参数"回参考点方向"设定的方向。

6）G28 指令仅在其被规定的程序段中有效。

（8）自动从参考点返回指令 G29。

格式：G29 X_Y_Z_;

说明：1）G29 可使所有编程轴以快速进给经过由 G28 指令定义的中间点，返回到 G29 指定坐标点 X、Y、Z，一般用于自动换刀后返回加工点。

2）通常该指令紧跟在 G28 指令之后。

3）G29 指令仅在其被规定的程序段中有效。

（9）自动换刀指令 M06。M06 指令用于数控机床的自动换刀。对于具有刀库的加工中心机床，自动换刀有两个过程，分别为选刀和换刀。选刀是指把刀库上指定了刀号的刀具转到换刀的位置，以便为换刀作准备，选刀用 T 功能指定。换刀是指刀库上正位于换刀位置的刀具与主轴上的刀具进行自动交换，这一动作是通过换刀指令 M06 实现的。

若数控机床的换刀是手动完成的，M06 可用于显示待换的刀号，这样，应在程序中安排 M01 计划停止指令，便于手动换刀。

编程时可以使用以下两种换刀方法。

1）换刀方法 1。

格式：N×××× G28 Z_M06 T××；

说明：执行本程序段时，首先执行 G28 指令，刀具沿 Z 轴自动返回参考点，然后执行主轴准停及换刀的动作。为避免执行 T 功能指令时占用加工时间，与 M06 写在一个程序段中的 T 指令是在换刀完成后再执行。在执行 T 功能指令的同时机床继续执行后面的程序，即执行 T 功能的辅助时间与机加工时间重合。

该程序段执行后，本次所交换的为前段换刀指令执行后转至换刀刀位的刀具，而本段指定的 T×× 号刀在下一次刀具交换时使用。例如在以下的程序中：

N0110 G01 X_Y_Z_M06 T01；

N0120…；

N0130…；

N0140 G28 Z_M06 T02；

N0150…；

N0160…；

N0170 G28 Z_M06；

…

N0140 段换的是在 N0110 段选出的 T01 号刀，即在 N0150 ~ N0170（不包括 N0170 段）段中加工所用的是 T01 号刀。N0170 段换上的是 N0140 段选出的 T02 号刀，即从 N0180 开始用 T02 号刀加工。当执行 N0110 与 N0140 段的 T 功能时，不占用加工时间。

2）换刀方法 2。

格式：N×××× G28 Z_T×× M06；

说明：采用这种编程方式时，在 Z 轴返回参考点的同时，刀库也开始转位，然后进行刀具交换，换到主轴上的刀具为 T××。若刀具返回 Z 轴参考点的时间小于 T 功能的执行时间，则要等刀库中相应的刀具转到换刀刀位以后才能执行 M06。因此，这种方法占用机动时间最长。例如以下的程序：

N0110 G01 X_Y_Z_M03 S_；

N0120…；

N0130 G28 Z_T02 M06；

…

在执行 N0130 时，在主轴 Z 返回参考点的同时，刀库转动，若主轴已回到 Z 向参考点而刀库还没有转出 T02 号刀，此时不执行 M06，直到刀库转出 T02 号刀后，才执行 M06，将 T02 号刀换到主轴上去。

6.4.3 刀具补偿功能

为了保证一定的精度和编程方便，通常需要机床有半径补偿功能和刀具长度补偿功能。下面介绍用于刀具补偿的 G 代码。

6.4.3.1 刀具半径补偿指令 G40、G41、G42

当加工曲线轮廓时，对于有刀具半径补偿功能的数控系统，可不必求刀具中心的运动轨迹，只需按被加工工件轮廓曲线编程，同时在程序中给出刀具半径的补偿指令，就可加工出符合要求的零件，使编程工作大大简化。

如图 6-49 所示，G41 为刀具半径左补偿指令，表示沿着刀具前进方向看，刀具偏在工件轮廓的左边；G42 为刀具半径右补偿指令，表示沿着刀具前进方向看，刀具偏在工件轮廓的右边；G40 表示刀具半径补偿取消指令。

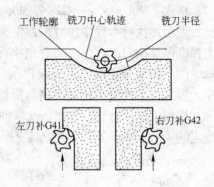

图 6-49　刀具半径补偿示意图

（1）刀具半径补偿指令 G41、G42。

格式：G17 G41（G42）G00（G01）X_Y_D_；

　　　G18 G41（G42）G00（G01）X_Z_D_；

　　　G19 G41（G42）G00（G01）Y_Z_D_；

系统在所选择的平面 G17～G19 中以刀具半径补偿的方式进行加工。刀具必须有相应的刀具补偿号 D 才有效，刀具半径补偿代号，可取 D00～D99，其中 D00 也为取消半径补偿偏置，只有在线性插补时（G00、G01）才可以进行 G41、G42 的选择，在 G02（G03）圆弧插补段中不能进行 G41（G42）的选择。控制器根据半径偏置值自动计算出当前刀具运行的轨迹。

（2）取消刀具半径补偿指令 G40。所有的平面上取消刀具半径补偿指令均为 G40。最后一段刀具半径补偿轨迹加工完成后，与建立刀具半径类似，也应有一直线程序段 G00 或 G01 指令取消刀具半径补偿；G40、G41、G42 是模态代码，它们可以互相注销。

【例 6-3】　加工如图 6-50 所示的零件外轮廓，选用 φ13mm 的立铣刀，刀号为 T01。在数控铣床加工前已粗加工过，每边留有 2.5mm 的余量。试用 G41 或 G42 编程。

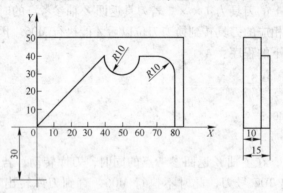

图 6-50　刀补功能应用举例

现用 G41 程序编制如下：

N010 G90 G54 G17；　　　　　　　　　　　　//绝对编程，建立工件坐标系

N020 G00 X0 Y-30.0 Z5.0 T0101 S1000 M03；　　　//到加工准备点，建立刀补，转动主轴

N030 G41 G01 X0 Y0 F300；　　　　　　　　　//建立左刀补，去轮廓起始点

N040 Z-5.0；　　　　　　　　　　　　　　　//下刀

N050 G91 G01 X40.0 Y40.0；　　　　　　　　　//增量编程，直线插补走刀

N060 G03 X20.0 Y0 I10.0 J0；　　　　　　　　　//圆弧走刀

```
N070 G01 X10.0;                        //直线插补走刀
N080 G02 X10.0Y-10.0 I0 J-10.0;        //圆弧插补走刀
N090 G01 Y-30.0;                       //直线插补走刀
N100 X-80.0;                           //直线插补走刀
N110 G00 Z15.0;                        //抬刀
N120 G40 G00 X0 Y-30.0 M05;            //取消刀补
N130 M02;                              //程序结束
```

6.4.3.2　刀具长度补偿（偏置）指令 G43、G44、G49

刀具长度补偿又称刀具长度偏置，用于补偿编程刀具和实际使用的刀具之间的长度差，一般用于刀具轴向（Z 方向）的补偿，它可以使刀具在 Z 方向的实际位移量大于或小于程序给定值。该功能使补偿轴的实际终点坐标值（或位移量）等于程序给定值加上或减去补偿值。

例如，对 Z 轴向的刀具，当程序的给定值（A_1）与要求的实际位移值（A_3）不一致时，利用补偿值（A_2）对给定的程序值予以补偿，而不必修改程序，即

$$A_3 = A_1 \pm A_2$$

式中，A_1、A_2、A_3 都有方向性，为代数值。

说明：

（1）等号后数值相加用 G43 指定，称为正补偿，使实际的位移量大于程序给定值；

（2）等号后相减则用 G44 指定，称为负补偿，使实际的位移量小于程序给定值。

（3）G43、G44 均为模态指令。

（4）G43 与 G44 的注销一般用 G49。指令格式如下：

G43（或 G44）Z_（或 X_或 Y_）H_；

G49；

指令中，X、Y、Z 为补偿轴的编程坐标；H 为刀具长度补偿代号，可取 H00 ~ H99，其中 H00 为取消长度补偿偏置。

图 6-51 为用钻头钻孔的示意图。当用钻头钻一批工件之后，钻头进行重磨，钻头长度小于原来值，这时需要使用正补偿（见图 6-51a）；当这个钻头不能再继续使用，换上一个新的同规格的钻头时，钻头的长度大于原来那个钻头，这时需要使用负补偿（见图 6-51b）。

采用 G43、G44 指令，就可按实际情况选用不同的刀具长度进行编程，当刀具重磨或更换新刀时，也不必变更程序。补偿值的输入方法与刀具半径补偿相同，只要把实际刀具长度变化之差输入到 CNC 的 H（补偿号）指定的存储器中即可。

刀具半径补偿和刀具长度补偿的使用过程应遵循以下 3 个步骤：建立刀补、刀具半径或长度补偿、取消刀补。

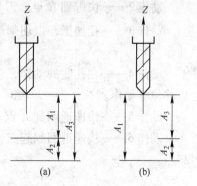

图 6-51　刀具长度补偿示意图
（a）正补偿；（b）负补偿

6.4.4　固定循环功能

固定循环功能主要用于孔加工，包括钻孔、镗孔和攻丝等。表 6-10 所列为固定循环功能指令。

表 6-10　固定循环功能指令

G 代码	加工运动 （Z 轴负向）	孔底动作	返回运动 （Z 轴正向）	应　用
G73	分次，切削进给	—	快速定位进给	高速深孔钻削
G74	切削进给	暂停—主轴正转	切削进给	左螺纹攻丝
G76	切削进给	主轴定向，让刀	快速定位进给	精镗循环
G80	—	—	—	取消固定循环
G81	切削进给		快速定位进给	普通钻削循环
G82	切削进给	暂　停	快速定位进给	钻削或粗镗削
G83	分次，切削进给		快速定位进给	深孔钻削循环
G84	切削进给	暂停—主轴反转	切削进给	右螺纹攻丝
G85	切削进给		切削进给	镗削循环
G86	切削进给	主轴停	快速定位进给	镗削循环
G87	切削进给	主轴正转	快速定位进给	反镗削循环
G88	切削进给	暂停—主轴停	手　动	镗削循环
G89	切削进给	暂　停	切削进给	镗削循环

6.4.4.1　固定循环的动作组成

如图 6-52 所示，孔加工固定循环通常由以下 6 个动作组成：

动作 1——X 轴和 Y 轴定位，使刀具快速定位到孔加工的位置。

动作 2——快进到 R 点，刀具自起点快速进给到 R 点。

动作 3——孔加工，以切削进给的方式执行孔加工的动作。

动作 4——在孔底的动作，包括暂停、主轴准停、刀具移位等动作。

动作 5——快速返回到 R 点。

动作 6——快速返回到起点，孔加工完后一般应选择起点。

6.4.4.2　固定循环指令组的书写

格式：G90（G91）G98（G99）G73 ~ G89 X_Y_Z_R_Q_

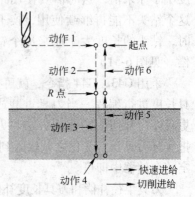

图 6-52　固定循环的动作组成图

P_F_L_;

说明：（1）G90（G91）指 R 与 Z 坐标计算方法。如图 6-53 所示，选择 G90 方式时 R 与 Z 一律取其终点坐标值；选择 G91 方式时则 R 是指自起点到 R 点的距离，Z 是指自 R 点到孔底平面上 Z 点的距离。

（2）G98（G99）决定加工结束后的返回位置，G98 指返回到初始平面的起点，G99 指返回到 R 平面的 R 点。

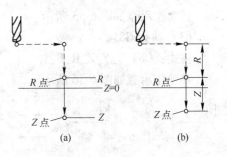

图 6-53 G90 和 G91 的坐标计算
(a) G90；(b) G91

（3）X、Y 指定孔在 XY 平面的坐标位置（增量或绝对值）。

（4）Q 在 G73、G83 中，用来指定每次进给的深度；在 G76、G87 中，用来指定刀具的位移量。

（5）P 指定暂停的时间，最小单位为 1ms。

（6）F 为切削进给的进给率。

（7）L 指定固定循环的重复次数，如果不指定 L，则只进行一次。L=0 时机床不动作。

（8）G73～G89 是模态指令，因此，多孔加工时该指令只需指定一次，以后的程序段只给出孔的位置即可。

（9）固定循环中的参数（Z、R、Q、P、F）是模态的，当变更固定循环方式时，参数可以继续使用，不需重设。但中间过程中如果含有 G80，则参数均被取消。

6.4.4.3 固定循环指令

（1）高速深孔往复排屑钻 G73。

格式：G73 X_Y_Z_R_Q_F_;

其动作示意如图 6-54 所示。

说明：图 6-54 中的 d 值由参数设定。

（2）攻左旋螺纹 G74。

格式：G74 X_Y_Z_R_F_;

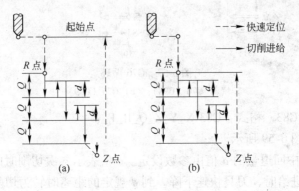

图 6-54 G73 循环图
(a) G73（G98）；(b) G73（G99）

其动作示意如图 6-55 所示。

（3）钻孔 G81。

格式：G81 X_Y_Z_R_F_;

其动作示意如图 6-56 所示。

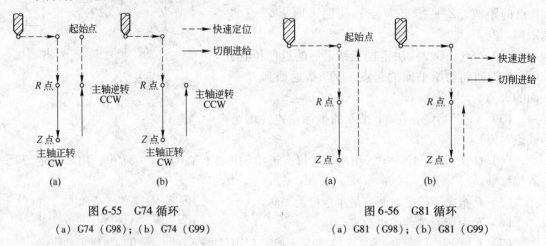

图 6-55　G74 循环
(a) G74 (G98)；(b) G74 (G99)

图 6-56　G81 循环
(a) G81 (G98)；(b) G81 (G99)

（4）钻孔 G82。

格式：G82 X_Y_Z_R_P_F_;

说明：与 G81 动作轨迹一样，仅在孔底增加了"暂停"时间，以得到准确的孔深尺寸。

（5）精镗 G76。

格式：G76 X_Y_Z_R_Q_P_F_;

其动作示意如图 6-57 所示，主轴定向停止与偏移如图 6-58 所示。

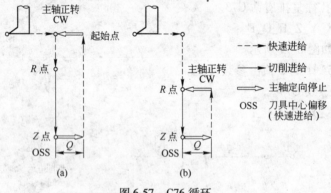

图 6-57　G76 循环
(a) G76 (G98)；(b) G76 (G99)

（6）深孔排屑 G83。格式：G83 X_Y_Z_Q_R_F_;

其动作示意如图 6-59 所示。

说明：图 6-59 中回退量的 d 值由参数设定。d 值表示各次切削时的孔底往上一点的这一段距离，当重复进给时，刀具快速下降，到 d 规定的距离时转为切削进给。

（7）攻右旋螺纹 G84。

格式：G84X_Y_Z_R_F_;

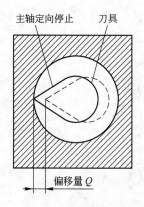

图 6-58　主轴定向停止与偏移

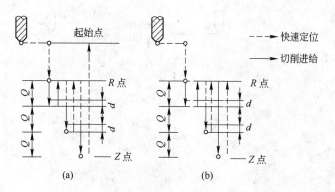

图 6-59　G83 循环
(a) G83（G98）；(b) G83（G99）

其动作示意如图 6-60 所示。

说明：与 G74 类似，但与主轴旋转方向相反，攻右旋螺纹。

（8）镗削 G85。

格式：G85 X_Y_Z_R_F_；

其动作示意如图 6-61 所示。

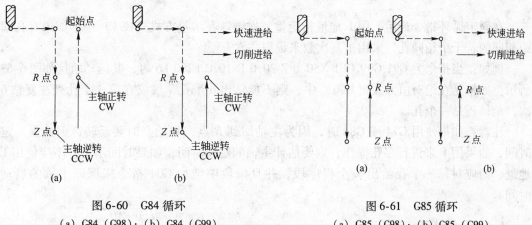

图 6-60　G84 循环
(a) G84（G98）；(b) G84（G99）

图 6-61　G85 循环
(a) G85（G98）；(b) G85（G99）

说明：与 G81 类似，但返回行程中，从 $Z \rightarrow R$ 段为切削进给。

（9）镗削 G86。

格式：G86X_Y_Z_R_F_；

其动作示意如图 6-62 所示。

说明：与 G81 类似，但进给到孔底后，主轴停止，返回到 R 点（G99）或初始点（G98）后主轴再重新启动。

（10）镗削 G88。

格式：G88 X_Y_Z_R_P_F_；

说明：此循环在加工孔底后暂停，主轴停止，并转为进给保持状态，然后在手动方式下将刀具移出孔外，再转向自动方式。用 CYCLESTART 启动自动循环，刀具将快速进给

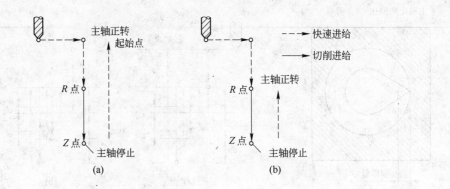

图 6-62　G86 循环

(a) G86（G98）；(b) G86（G99）

到 *R* 点（G99）或初始点（G98）。

（11）镗削 G89。

格式：G89 X_Y_Z_R_P_F_；

说明：与 G85 类似，从 *Z*→*R* 为切削进给，但在孔底时有暂停动作。

6.4.4.4　固定循环中重复次数的使用方法

在固定循环指令最后，用 L 地址指定重复次数。在增量方式（G91）中，如果有孔间距相同的若干个相同孔，采用重复次数来编程非常方便。

例如：当指令为 G91 G99 G81 X50.0 Z-20.0 R-10.0 F200 L6 时，其运动轨迹如图 6-63 所示。如果是在绝对值方式（G90）中，则不能钻出 6 个孔，仅仅在第一个孔处往复钻 6 次，结果还是一个孔。

注意：如果使用 G74 或 G84 时，因为主轴回到 *R* 点或初始点时要反转，因此需一定时间，如果用 L 来进行多孔操作，则要估计主轴的启动时间。如果时间不足，不应使用 L 地址，而应对每一个孔给出一个程序段，并且每段中增加 G04 指令来保证主轴的启动时间。

6.4.4.5　编程举例

试采用固定循环方式加工如图 6-64 所示零件

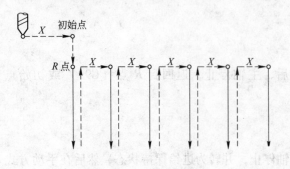

图 6-63　重复次数的使用

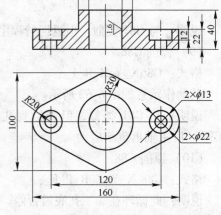

图 6-64　固定循环加工零件图

的各孔。工件材料为 HT300，使用刀具 T01 为镗孔刀，T02 为 ϕ13mm 钻头，T03 为锪钻。孔 ϕ40H7 上端中心为工件原点。

程序如下：

程序	说明
O1001；	//程序名
N010 T01；	//调 1 号刀具
N020 M06；	//换刀 1 号刀具
N030 G90 G00 G54 X0 Y0 T02；	//建立工件坐标系
N040 G43 H01 Z20.0 M03 S500 F30；	//到孔加工初始平面
N050 G98 G85 X0 Y0 R3.0 Z-45.0；	//镗孔 ϕ40H7
N060 G91 G80 G28 G49 Z0 M06；	//取消循环，返回参考点换 2 号刀
N070 G90 G00 X-60.0 Y0 T03；	//调 3 号刀，到加工点上方
N080 G43 H02 Z10.0 M03 S600；	//到初始平面
N090 G98 G73 X-60.0 Y0 R-15.0 Z-48.0 Q4.0 F40；	//加工左边 ϕ13mm 孔
N100 X60.0；	//加工右边 ϕ13mm 孔
N110 G91 G80 G28 G49 Z0 M06；	//取消循环，返回参考点换 3 号刀
N120 G90 G00 X-60.0 Y0；	//调 3 号刀，到加工点上方
N130 G43 H03 Z10.0 M03 S350；	//到初始平面
N140 G98 G82 X-60.0 Y0 R-15.0 Z-30.0 P1000 F25；	//加工左边 ϕ22mm 孔
N150 X60.0；	//加工右边 ϕ22mm 孔
N160 G91 G80 G28 G49 Z0 M05；	//取消循环，返回参考点
N170 G28 X0 Y0；	//X、Y 轴回参考点
N180 M30；	//程序结束

6.4.5 子程序

6.4.5.1 子程序的应用

在以下几种情况，通常会用到子程序。

（1）零件上有若干处具有相同的轮廓形状。在这种情况下，只编写一个轮廓形状的子程序，然后用一个主程序来调用该子程序。

（2）加工中反复出现具有相同轨迹的走刀路线。被加工的零件从外形上看并无相同的轮廓，但需要刀具在某一区域分层或分行反复走刀，走刀轨迹总是出现某一特定的形状，采用子程序就比较方便，此时通常要以增量方式编程。

（3）程序中的内容具有相对的独立性。加工中心编写的程序往往包含许多独立的工序，有时工序之间的调整也是允许的。为了优化加工顺序，把每一个独立的工序编成一个子程序，主程序中只有换刀和调用子程序等指令，这是加工中心编程的一个特点。

（4）满足某种特殊的需要。

6.4.5.2 子程序格式

O××××;//子程序号

N010_____;//子程序内容

N020 _____ ;

· · · · · ·

N200 _____ ;

N210 M99;//子程序结束

说明：（1）在子程序的开头，继"O"之后规定子程序号。子程序号由 4 位数字组成，4 位中前面的 0 可以省略。

（2）M99 为子程序结束指令，M99 不一定要单独使用一个程序段，如下所示也是允许的：G00 X_Y_M99;

6.4.5.3　子程序的调用

格式：M98 P×××◇◇◇◇ ;

说明：（1）M98 是调用子程序指令，×××为子程序调用次数，系统允许调用的次数为 999 次，高位为 0 时可以省略；◇◇◇◇为子程序的号。例如，"M98 P51000;"表示调用子程序 O1000 共 5 次。

（2）当主程序调用子程序时，它被认为是一重子程序。本系统允许子程序调用可以嵌套 4 重。

（3）如果在主程序中执行 M99，则控制返回到主程序的开头，然后从主程序的开头重复执行。

6.4.5.4　子程序编程举例

如图 6-65 所示，用 φ8mm 键槽铣刀加工，使用刀具半径补偿，每次 Z 轴下刀 2.5mm，试用子程序编程。

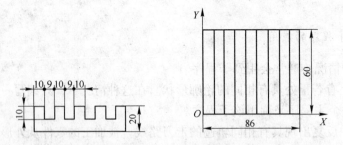

图 6-65　子程序编程

程序如下：

O1000;//主程序

N010 G92 X0 Y0 Z20.0;//建立工件坐标系

N020 M03 S800;//主轴转速

N030 G90 G00 X-4.5 Y-10.0 M08;

N040 Z0;

N050 M98 P41100;

N060 G90 G00 Z20.0 M05;

N070 X0 Y0 M09;

N080 M30;

O1100;//子程序
N010 G91 G00 Z-2. 5;
N020 M98 P41200;
N030 G00 X-76. 0 M99;

O1200;//子程序
N010 G91 G00 X19. 0;
N020 G41 D01 X4. 5;
N030 G01 Y75. 0 F100;
N040 X-9. 0;
N050 Y-75. 0;
N060 G40 G00 X4. 5 M99;

6.4.6　图形变换功能

（1）比例缩放指令 G50、G51。

格式：G51 X_Y_Z_P_;

或　　　G51 X_Y_Z_I_J_K_;（缩放开始）

　　　　……

　　　　G50;（缩放取消）

说明：1）X、Y、Z 为缩放中心坐标；P 为缩放比例。

2）I、J、K 分别为 X、Y、Z 轴对应的缩放比例，当给定的比例系数为 -1 时，可获得镜像加工功能。

3）用 X、Y 和 Z 指定的尺寸可以放大和缩小相同或不同的比例。

4）G50 为比例缩放取消指令，它与 G51 成对出现。

（2）镜像指令 G51. 1、G50. 1。

格式：G51. 1 X_(Y_);（镜像开始）

　　　　……

　　　　G50. 1 X_(Y_);（镜像取消）

说明：1）对平行 Y 轴的轴线作镜像，如"G51. 1 X10;"，系统以 $X=10$ 的轴线作镜像运动。"G51. 1 X0;"表示对 Y 轴镜像。

2）对平行 X 轴的轴线作镜像，如"G51. 1 Y10;"，系统以 $Y=10$ 的轴线作镜像运动。"G51. 1 Y0;"表示对 X 轴镜像。

3）镜像可以叠加，如

G51. 1 X0;

G51. 1 Y0;

最终效果是，对 Y 轴和 X 轴镜像，相当于绕原点旋转，也可写成"G51. 1 X0 Y0;"

4）取消镜像"G51. 1 X_;"对应用"G50. 1 X_"，"G50. 1 X_"中的 X 值可以与"G51. 1 X_;"中的 X 相同，也可以不同。

（3）坐标系旋转指令 G68、G69。

格式：G68 X_Y_R_；（坐标系开始旋转）

　　　……

　　　G69；（坐标系旋转取消）

说明：1）G68 指令以给定 X、Y 为旋转中心，将坐标系旋转 R 角，如果 X、Y 值省略，则以工件坐标系原点为旋转中心。

例如，"G68 R60；"表示以工件坐标系原点为旋转中心，将坐标系逆时针旋转 60°；"G68 X15 Y15 R60；"表示以坐标（15，15）为旋转中心将坐标系逆时针旋转 60°。

2）G69 为坐标系旋转取消指令，它与 G68 成对出现。

6.4.7　综合实例

6.4.7.1　综合实例 1

已知零件外形轮廓如图 6-66 所示，精铣其轮廓。加工要求：工艺路线采用右补偿，刀具半径为 5mm，起刀点在坐标原点上方 50mm 处，加工轮廓厚度为 8mm，走刀量自定，编制完整加工程序（包括 M、S、T 功能）。

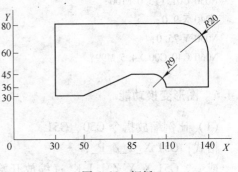

图 6-66　钢板

根据加工要求，应采用 G42 指令进行刀具半径右补偿，并在编程时注意 Z 方向的进给深度，并在程序中合适位置写入 M、S、T 功能字。以下为这一零件的加工程序。

```
O0102；//程序名
G92 X0 Y0 Z50.0；//建立工件坐标系
G90 G00 S800 M03 T01 F80.0；
X15.0 Y30.0；//刀具移动到加工准备点
Z2.0；//刀具下降到加工准备高度
G42 X30.0 Y30.0 D01；//建立刀补
G01 Z-8.0 M08；//刀具进给加工到要求深度,并打开切削液
X50.0；
X85.0 Y45.0；
X101.0
G02 X110.0 Y36.0 R9.0
G01 X140.0
Y60.0；
G03 X120.0 Y80.0 R20.0；
G01 X30.0；
Y28.0；//切出轮廓,去除毛刺
G00 Z50.0 M09；//抬刀,关闭切削液
G40 X0 Y0；//取消刀补
M30；
```

6.4.7.2 综合实例 2

加工如图 6-67 所示零件。毛坯为 80mm×80mm×30mm 的铝合金。要求：上下表面和周边不加工，其余部位采用粗、精加工。

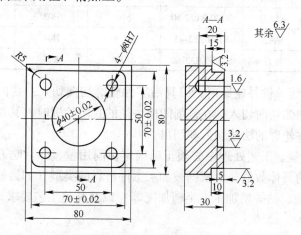

图 6-67 方板

（1）零件图纸工艺分析。由图 6-67 可知，该零件主要加工表面有外框、内圆槽及沉孔等，关键加工在于内槽加工，加工这些表面时要特别注意刀具进给，避免过切。因该零件既有外形又有内腔，所以加工时应先粗后精，充分考虑到内腔加工后尺寸的变形，以保证尺寸。

（2）制定工艺。

1）选择加工方法。平面：粗铣—精铣；孔：中心孔—底孔—铰孔（机铰）。

2）拟定加工路线。加工工序如表 6-11 所示。

表 6-11 数控加工工序卡

工步号	工步内容	刀具号	刀具规格/mm	主轴转速/r·min^{-1}	进给速度/mm·min^{-1}
1	打中心孔	T01	φ3 中心钻	849	85
2	外方框粗加工	T02	φ16 立铣刀	597	119
3	内圆槽粗加工	T02	φ16 立铣刀	597	119
4	外方框精加工	T03	φ10 立铣刀	955	76
5	内圆槽精加工	T03	φ10 立铣刀	955	76
6	钻 孔	T04	φ7.8 钻头	612	85
7	铰 孔	T05	φ8H7 铰刀	199	24

3）选择加工设备。选择在数控铣床上加工。

4）确定装夹方案和选择夹具。该工件不大，可采用通用夹具虎钳作为夹紧装置。用虎钳夹紧该工件时要注意以下几点：

①工件安装时要放在钳中的中间部；

②安装虎钳时要对它的固定钳口进行找正；

③工件被加工部分要高出钳口，避免刀具与钳口发生干涉。

5）刀具选择。刀具的选择如表 6-12 所示。

表 6-12　数控加工刀具卡

工步号	刀具号	刀具名称	刀柄型号	刀具直径/mm	长度补偿 H	半径补偿 D/mm	备 注
1	T01	中心钻	ST40-Z12-45	φ3	H01 = 实测值		
2，3	T02	立铣刀	BT30-XP12-50	φ16	H02	D02 = 8.2	D07 = 13
4，5	T03	立铣刀	BT30-XP12-50	φ10	H03	D03 = 5	
6	T04	钻头	BT40-Z12-45	φ7.8	H04		
7	T05	铰刀	ST40-ER32-60	φ8H7	H05		

6）确定进给路线。铣外轮廓时，刀具沿零件轮廓切向切入，切向切入可以是直线切向切入，也可以是圆弧切向切入；在铣削凹槽一类的封闭轮廓时，其切入和切出不允许有外延，铣刀要沿零件轮廓的法线切入和切出。

7）选择切削用量。工艺处理中必须正确确定切削用量，即背吃刀量、主轴转速及进给速度。切削用量的具体数值，应根据被加工工件材料的类型（如铸铁、钢材、铝材等）、加工工序（如车、铣、钻等精加工、半精加工等）以及其他工艺要求，并结合实际经验来确定。

（3）数控编程。

1）数控加工程序。

O1111;//主程序名
T01;//调用1号刀具(φ3mm中心钻)
G90 G54 G00 X0 Y0 S849 M03;//设定工件坐标系，旋转主轴
G43 Z50 H01;//打中心孔,建立1号刀具长度补偿
G81 X0 Y0 R5.0 Z-3.0 F85;//钻孔循环,设定参数
X25.0 Y25.0;
X-25.0;
Y-25.0;
X25.0;
G80;//取消钻孔循环
T02;//调用2号刀具(φ16mm端铣刀)
M03 S600;
G43 H02 Z50.0;//建立2号刀具长度补偿
G00 Y-65.0 M08;
Z2;
G01 Z-9.8 F40;
D02 M98 P10 F120;//调用程序号为10的子程序进行外方框粗加工,并对2号刀具的半径补偿号进行
设定
G0 Z10.0;
X0 Y0;
Z2.0;
G01 Z-4.8;
D07 M98 P30 F120;//调用程序号为30的子程序进行内圆粗精加工
G0 Z50.0 M09;

T03;//调用 φ10mm 端铣刀

M03 S955;

G43 Z100.0 H03;

G00 Y-65.0 M08;

Z2.0;

G01 Z-10.0 F64 M08;

D03 M98 P10 F76;//调用程序号为 10 的子程序进行外方框精加工

G00 Z50.0;

X0 Y0;

Z2.0;

G01 Z-5.0 F64;

D03 M98 P30 F76;//调用程序号为 30 的子程序进行内圆槽精加工

G00 Z100.0 M09;

T04;//φ7.8mm 钻头

G43 Z50.0 H04;

M03 S612;

M08;

G83 X25.0 Y25.0 R5.0 Z-22.0 Q3.0 F61;//钻孔

X-25.0;

Y-25.0;

X25.0;

G80 M09;

T05;//φ8H7 铰刀

M03 S199;

G43 Z100.0 H05;

M08;

G81 X25.0 Y25.0 R5 Z-15.0 F24;

X-25.0;

Y-25.0;

X25.0;

G80 M09;

G00 Z100.0;

M05;//主轴停止

M02;//程序结束

2）子程序 1。

O10;//外方框加工子程序

G41G01 X30.0 F100;

G03 X0 Y-35.0 R30;

G01 X-30.0;

G02 X-35.0 Y-30.0 R5.0;

G01 Y30.0;

G02 X-30.0 Y35.0 R5.0;

G01 X30.0；
G02 X35.0 Y30.0 R5.0；
G01Y-30.0；
G02 X30.0 Y-35.0 R5.0；
G01 X0；
G03 X-30.0 Y-65.0 R30.0；
G40 G01 X0；
M99；

3）子程序 2。

O30；//内圆槽加工子程序
G41 G01 X-5.0Y15.0F100；
G03 X-20.0 Y0 R15.0；
G03 X-20.0 Y0 I20.0 J0；
G03 X-5.0 Y-15.0 R15.0；
G40 G01 X0 Y0；
M99 ；

6.4.7.3　综合实例 3

加工如图 6-68 所示的平面凸轮轮廓，毛坯材料为中碳钢，毛坯尺寸如图 6-69 所示。零件图中 23mm 深的半圆槽和外轮廓不加工，只讨论凸轮内滚子槽轮廓的加工程序。

（1）工艺分析。

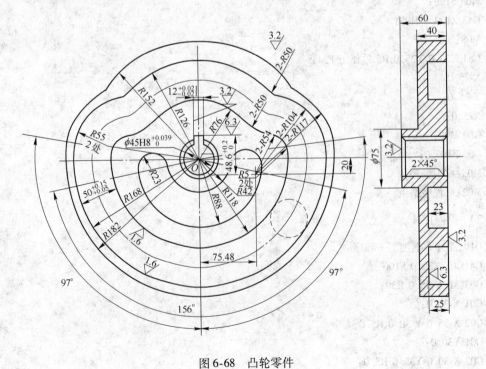

图 6-68　凸轮零件

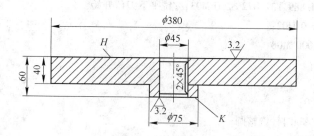

图 6-69　凸轮毛坯

1）装夹：以 ϕ45mm 的孔和 K 面定位，专用夹具装夹。

2）刀具：用三把 ϕ25mm 的四刃硬质合金锥柄端铣刀，分别用于粗加工（T03）、半精加工（T04）和精加工（T05）。为保证顺利下刀到要求的槽深，要先用钻头钻出底孔，然后再用键槽铣刀将孔底铣平，因此还要一把 ϕ25mm 的麻花钻（T01）和一把 ϕ25mm 的键槽铣刀（T02）。

3）工步：为达到图纸要求的表面粗糙度，分粗铣、半精铣、精铣三个工步完成加工。半精铣和精铣单边余量分别为 1～1.5mm 和 0.1～0.2mm。在安排上，根据毛坯材料和机床性能，粗加工分两层加工完成，以避免 Z 向吃刀过深。半精加工和精加工不分层，一刀完成。刀具加工路线选择顺铣，可避免在粗加工时发生扎刀划伤加工面，而且在精铣时还可以提高表面光洁程度。

4）切削参数：根据毛坯材料、刀具材料和机床特性，选择如表 6-13 所列的切削参数。

表 6-13　切削参数

加 工 要 求	主轴转速/r · min^{-1}	进给速度/mm · min^{-1}
粗加工	400～450	20～30
半精加工	400～500	30～40
精加工	600	15

选择 ϕ45mm 孔的中心为编程原点，考虑到该零件关于 Y 对称，因此只计算 +X 一侧的基点坐标即可。计算时使用计算机绘图软件求出，如图 6-70 所示。

（2）加工程序。

O0070；//主程序

N10 G91 G28 Z0 T01 M06；//钻底孔工步开始

N20 G90 G00 X134.889 Y32.072 S250 M03；

N30 G43 G00 Z100.0 H01；

N40 G01 Z2.0 F1000 M08；

N50 G73 Z-25.0 R2.0 Q2.0 F25；

N60 G80 G00 Z250.0 M09；

N70 G91 G28 Z0 T02 M06；

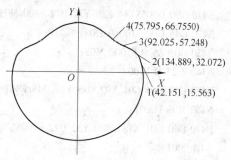

图 6-70　基点坐标

N80 G90 G00 X134.889 Y32.072 S250 M03;//铣平下刀位开始

N90 G43 G00 Z100.0 H02;

N100 G01 Z2.0 F1000 M08;

N110 Z-20.0 F100;

N120 Z-25.0 F20;

N130 G91 G01 X5.0;

N140 G02 I-5.0;//顺时针铣整圆

N150 G01 X-5.0 F100;

N160 G90 G00 Z250.0 M09;

N170 G91 G28 Z0 T03 M06;

N180 G90 G00 X134.889 Y32.072 S400 M03;//粗铣第一层

N190 G43 Z100.0 H03;

N200 Z5.0 F1000 M08;

N210 G01 Z-12.5 F100;

N220 G42 D03 G01 X92.025 Y57.248 F30;//半径补偿11.5mm

N230 M98 P0001;//调用子程序0001进行加工

N240 G40 G01 X134.889 Y32.072 F100;

N250 M01;

N260 G42 D03 G01 X142.151 Y15.563 F30;

N270 M98 P0002;//调用子程序0002进行加工

N280 G40 G01 Z5.0 F1000;

N290 M01;

N300 G01 X134.889 Y32.072;//粗铣第二层开始

N310 Z-25.0 F50;

N320 G42 D03 G01 X92.025 Y57.248 F30;

N330 M98 P0001;

N340 G40 G01 X134.889 Y32.072 F100;

N350 M01;

N360 G42 D03 G01 X142.151 Y15.563 F30;//半精铣开始

N370 M98 P0002;

N380 G40 G01 Z5.0 F1000;

N390 M01;

N400 G91 G28 Z0 T04 M06;

N410 G90 G00 X134.889 Y32.072 S400 M03;

N420 G43 G00 Z100.0 H04;

N430 G01 Z5.0 F1000 M08;

N440 Z-25.0 F100;

N450 G42 D04 G01 X92.025 Y57.248 F30;//半径补偿12.35mm

N460 M98 P0001;

N470 G40 G01 X134.889 Y32.072 F100;

N480 M01;

N490 G42 D04 G01 X142.151 Y15.563 F30;

N500 M98 P0002;

N510 G40 G01 Z5.0 F1000；

N520 G00 Z200.0 M09；

N530 G91 G28 Z0 T05 M06；//返回机械原点,换 5 号刀具

N540 G90 G00 X134.889 Y32.072 S400 M03；

N550 G43 G00 Z100.0 H05；

N560 G01 Z5.0 F1000 M08；

N570 Z-25.0 F100；

N580 G42 D05 G01 X92.025 Y57.248 F30；//半径补偿 12.35mm

N590 M98 P0001；

N600 G40 G01 X134.889 Y32.072 F100；

N610 M01；

N620 G42 D05 G01 X142.151 Y15.563 F30；

N630 M98 P0002；

N640 G40 G01 Z5.0 F1000；

N650 G00 Z200.0 M09；

N660 M30；

O0001；   //外侧轮廓逆时针子程序

N10 G02 X75.795 Y66.755 R30；

N20 G03 X-75.795 Y66.755 R101；

N30 G02 X-92.025 Y57.248 R30；

N40 G03 X-134.889 Y32.072 R79；

N50 G03 X-142.151 Y15.563 R30；

N60 G03 X142.151 Y15.563 R-143；

N70 G03 X134.889 Y32.072 R30；

N80 G03 X92.025 Y57.248 R79；

N90 M99；

O0002；   //内侧轮廓顺时针子程序

N10 G03 X-142.151 Y15.563 R-143；

N20 G03 X-134.889 Y32.072 R30；

N30 G02 X-92.025 Y57.248 R79；

N40 G03 X-75.795 Y66.755 R30；

N50 G02 X75.795 Y66.755 R101；

N60 G03 X92.025 Y57.248 R30；

N70 G03 X134.889 Y32.072 R79；

N80 G03 X142.151 Y15.563 R30；

N90 M99；

6.5 自动编程简介

6.5.1 自动编程的基本概念

自动编程实际上是指计算机辅助编程（Computer Aided Programming，CAP）。目前，

自动编程根据编程信息的输入与计算机对信息的处理方式的不同，分为语言式和图形交互式两种自动编程方式。

在语言式自动编程方式中，编程人员编程时是依据所用数控语言的编程手册以及零件图样，以语言的形式表达出加工的全部内容，然后再把这些内容全部输入到计算机中进行处理，制作出可以直接用于数控机床的数控加工程序。

在图形交互式自动编程方式中，编程人员首先对零件图样进行工艺分析，确定构图方案，然后利用自动编程软件本身的计算机辅助设计（CAD）功能，在显示器上以人机对话的方式构建出几何图形，最后利用软件的计算机辅助制造（CAM）功能制作出数控加工程序。这种自动编程方式又称为图形交互式自动编程，该系统是一种 CAD 功能与 CAM 功能高度结合的编程系统。

6.5.2　自动编程的工作过程

6.5.2.1　语言式自动编程系统的工作过程

语言式自动编程系统的工作过程如图 6-71 所示。

自动编程系统必须具备 3 个条件：即数控语言编写的零件源程序、通用计算机及其辅助设备和编译程序（系统软件）。数控语言是一种类似车间用语的工艺语言，它是由一些基本符号、字母以及数字组成并有一定词法和语法的语句。它可以用来描述零件图的几何形状、尺寸、几何元素间的相互关系（相交、相切、平行等）以及加工时的运动顺序、工艺参数等。

按照零件图样用数控语言编写的计算机输入程序称为零件源程序，它与手工编程时用数控指令代码写出的数控加工程序不同，零件源程序不能直接控制机床，它只是计算机进行编程时的依据。

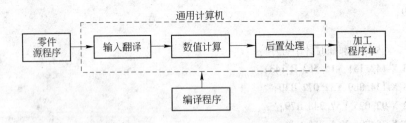

图 6-71　语言式自动编程系统的工作过程

通用计算机及其辅助设备是自动编程所需要的硬件。

编译程序又称为自动编程系统，其作用是使计算机具有处理零件源程序和自动输出加工程序的能力，它是自动编程所必需的软件。数控语言编写的零件源程序，计算机是不能直接识别和处理的。因此必须根据具体的数控语言、计算机语言（高级语言或汇编语言）以及具体机床的指令，事先给计算机编好一套能处理零件源程序的编译程序（又称为数控编程软件），将这种数控编程软件存入计算机中，计算机才能对输入的零件源程序进行翻译、计算，并执行根据具体数控机床的控制系统所编写的后置处理程序。

计算机处理零件源程序一般经过下列 3 个阶段。

（1）翻译阶段。翻译阶段是按源程序的顺序，依次一个符号一个符号地阅读并进行语言处理。在分析语句的类型时，当遇到几何定义语句时，则转入几何定义处理程序。另外，在此阶段还需进行十进制到二进制的转换和语法检查等工作。

（2）数值计算阶段。该阶段的工作类似于手工编程时的基点和节点坐标数据的计算，其主要任务是处理连续运动语句，通过计算求出刀具位置数据，并以刀具位置文件的形式加以保存。

（3）后置处理阶段。后置处理阶段是按照计算阶段的信息，通过后置处理生成符合具体数控机床要求的零件数控加工程序。该加工程序可以通过打印机输出加工程序单，也可以通过穿孔机或者磁带机制成相应的数控带或磁带作为数控机床的输入信息，还可以通过计算机的通信接口，将后置处理的信息直接输入数控机床控制机的存储器，予以调用。目前，经计算机处理的加工程序，还可以通过 CRT 屏幕或绘图机自动绘图，自动绘出刀具相对于工件的运动轨迹图形，用以检查程序的正确性，以便编程人员分析错误并加以修改。

6.5.2.2 图形交互式自动编程系统的工作过程

图形交互式自动编程系统是建立在 CAD 功能和 CAM 功能基础上的，其工作过程如下。

（1）几何造型。几何造型就是利用图形交互式自动编程软件的 CAD 功能，即构建图形、编辑修改、曲线曲面造型和实体造型等功能，将零件被加工部位的几何图形准确地绘制在计算机屏幕上，同时在计算机内自动生成零件图形的数据文件，作为下一步刀具轨迹计算的依据。自动编程过程中，软件将根据加工要求提取这些数据，进行分析判断和必要的数学处理，以形成加工的刀具位置数据。

（2）刀具路径的生成。图形交互式自动编程系统的刀具路径的生成是面向屏幕上的图形交互进行的。首先，从几何图形文件库中获取已绘制的零件几何造型，根据所加工零件的型面特征和加工要求，正确选用刀具路径主菜单下的有关加工方式菜单，再根据屏幕提示，输入刀具路径文件名，用光标选择相应的图形目标，输入所需的各种参数。软件将自动从图形文件中提取编程所需的信息，进行分析判断，计算节点数据，并将其转换为刀具位置数据，存入指定的刀位文件中，同时可进行刀具路径模拟和加工过程动态模拟，在屏幕上显示出刀具轨迹图形。

（3）后置处理。后置处理的目的是形成数控加工文件。由于各种数控机床使用的控制系统不同，其编程指令代码及格式也有所不同，为此应从后置处理程序文件中选取与所要加工机床的数控系统相适应的后置处理程序，再进行后置处理，这样才能生成符合数控加工格式要求的数控加工程序。

6.5.3 自动编程系统简介

手工编程对于编制形状不太复杂的或计算量不大的零件的加工程序，通常可以胜任，而且简便易行。但是，对于一些形状复杂的零件（如冲模、凸轮、非圆齿轮等）或由空间曲面构成的零件，手工编程的周期长，精度差，易出错，计算烦琐，有时甚至无法编程。因此需借助计算机编制数控加工程序。自动编程功能由计算机硬件与软件共同实现。

根据编程信息的输入与计算机对信息的处理不同，自动编程可分为以自动编程语言为基础的自动编程和以计算机绘图为基础的自动编程。

　　从自动编程的发展历史进程来看，很早就发展了以自动编程语言为基础的自动编程方法。该方法直观性差，编程过程比较复杂，使用不够方便。后来，由于计算机技术发展十分迅速，计算机的图形处理功能有了很大的加强，因此一种可以直接将零件的几何图形信息自动转化为数控加工程序的全新的计算机自动编程技术——图形交互式自动编程方式便应运而生。目前基于图形交互式自动编程方式的自动编程软件，已经可以十分方便地实现三维（3D）曲面的几何造型，有用于大、中型计算机和工作站的，也有用于微型计算机的软件产品，如 Pro/E、UGII、Gimatron、MasterCAM 等。

6.5.4　国内外典型 CAD/CAM 软件介绍

　　（1）美国 CNCsoftware 公司的 MasterCAM 软件。MasterCAM 软件是在微机档次上开发的，在使用线框造型方面较有代表性，而且，它又是侧重于数控加工方面的软件，这样的软件在数控加工领域内占重要地位。MasterCAM 的主要功能有：二维（2D）和三维（3D）图形设计、编辑，三维复杂曲面设计，自动尺寸标注、修改，各种外设驱动，5 种字体的字符输入，可直接调用 AutoCAD、CADkey、SurfCAM 等，设有多种零件库、图形库、刀具库，2~5 轴数控铣削加工，车削数控加工，线切割数控加工，钣金、冲压数控加工，加工时间预估和切削路径显示，过切检测及消除，可直接连接 300 多种数控机床。

　　（2）美国通用汽车公司 EDS 的 UG。UNIGRAPHICS（简称 UG）起源于麦道飞机公司，以 CAD/CAM 一体化而著称，可以支持不同硬件平台。UG 于 1991 年 11 月并入美国通用汽车公司 EDS，使得 UG 用户可以享受美国工业的心脏和灵魂——航空航天及汽车工业的专业经验。该软件以世界一流的集成化设计、工程及制造系统广泛地应用于通用机械、模具、汽车及航空领域。

　　UG 的主要特点与功能如下：

　　1）UG 具有很强的 3D 画图功能，且由模型向工程图的转换十分方便。

　　2）曲面造型采用非均匀有理 B 样条作为数学基础，可用多种方法生成复杂曲面、曲面修剪和拼合、各种倒角过渡以及三角域曲面设计等。其造型能力代表着该技术的发展水平。

　　3）UG 的曲面实体造型源于被称为世界模型之祖的英国剑桥大学 ShapeDataLtd。该产品（PARASOLID）已被多家软件公司采用。该项技术使得线架模型、曲面模型、实体模型融为一体。

　　4）UG 率先提供了完全特征化的参数及变量几何设计（UGCONCEPT）。

　　5）PDA 公司以 PARASOLID 为其内核，使得 UG 与 PATRAN 的连接天衣无缝，与 ICAD、OPTIMATION、VALISYS、MOLDFLOW 等著名软件的内部接口方便可靠。

　　6）由于统一的数据库，UG 实现了 CAD、CAE、CAM 各部分之间无数据交换的自由切换，3~5 坐标联动的复杂曲面加工和镗铣，方便的加工路线模拟；生成了 SIEMENS、FANUC 机床控制系统代码的通用后置处理，使真正意义上的自动加工成为现实。

　　7）UG 提供可以独立远行的、面向目标的集成管理数据库系统。

　　8）UG 是一个界面设计良好的二次开发工具。通过高级语言接口，UG 的图形功能与高级语言的计算功能很好地结合起来。

　　（3）美国 PTC 公司的 Pro/Engineer 软件。Pro/Engineer 是唯一的一整套机械设计自动化软件产品，它以参数化和基于特征建模的技术，提供给工程师一个革命性的方法，实现机械设计自动化。Pro/Engineer 是由一个产品系列组成的。它是专门应用于机械产品从设计到制造全过程的产品系列。Pro/Engineer 产品系列的参数化和基于特征的建模给工程师提供了空前简便和灵活的操作环境。另外，Pro/Engineer 唯一的数据结构提供了所有工程项目之间的集成，使整个产品从设计到制造紧密地联系在一起。这样，能使工程人员并行地开发和制造产品，可以很容易地评价多个设计的选择，从而使产品能有最好的设计、最快的生产和最低的造价。

Pro/Engineer 的主要特性如下：

1）3D 实体模型。3D 实体模型除了可以将用户的设计思想以最真实的模型在计算机上表现出来之外，借助于系统参数，用户还可以随时计算出产品的体积、面积、重心、质量、惯性大小等，以了解产品的真实性，并弥补传统面结构、线结构的不足。用户在产品设计过程中，可以随时掌握以上重点，设计物理参数，并减少许多计算时间。

2）单一数据库。Pro/Engineer 可随时由 3D 实体模型产生 2D 工程图，而且自动标注工程图尺寸。不论是在 3D 还是在 2D 图形上做尺寸修正，其相关的 2D 图形或 3D 实体模型均自动修改，同时装配、制造等相关设计也会自动修改，这样可确保数据的正确性，并避免反复修改的耗时性。采用的单一数据库提供了双向关联性功能，这也符合现代产业中所谓的同步工程思想。

3）特征作为设计的单位。Pro/Engineer 可使设计人员以最自然的思考方式从事设计工作，如孔、开槽、倒圆角等均被视为零件设计的基本特征，用户除需充分掌握设计思想外，还可在设计过程中导入实际的制造思想。也正因为以特征作为设计的单元，所以可以随时对特征做合理的、不违反几何形状的顺序调整、插入、删除、重新定义等修正动作。

4）参数式设计。配合单一数据库，所有设计过程中所使用的尺寸都存储在数据库中，修改 CAD 模型及工程图不再是一件难事。设计者只需修改 3D 零件尺寸，则 2D 工程图、3D 装配、模具等就会依照尺寸的修改做几何形状的变化，以达到设计修改工作的一致性，避免发生手工改图的疏漏情形，且减少许多手工改图时间和精力的消耗。也因为有参数式的设计，用户才可以运用强大的数学运算方式，建立各尺寸参数间的关系式，使得模型可自动计算出应有的外形，避免尺寸一一修改的烦琐，并减少错误的发生。

（4）中国北航海尔 CAXA 制造工程师软件。CAXA 制造工程师是一个曲面实体相结合的 CAD/CAM 一体化的国产 CAM 软件，是基于三维的零件设计、制造和分析的软件包。其特点与功能如下：

1）特征实体造型。CAXA 制造工程师主要有位伸、旋转、导动、放样、倒角、圆角、打孔、筋板、分模等特征造型方式，可以将二维的草图轮廓快速生成三维实体模型。

2）NURBS 自由曲面造型。CAXA 制造工程师提供多种 NURBS 曲面造型手段，如可通过列表数据、数学模型、字体、数据文件及各种测量数据生成样条曲线，通过扫描、放样、旋转、导动、等距、边界网格等多种形式生成复杂曲面；并提供了测量数据造型、加工代码反读等功能。

3）知识加工。通过运用知识加工，数控编程的初学者可以在一天内学会编程；经验丰富的编程者则可以将加工的工艺经验进行记录、保存和重用，大幅提高编程效率和编程的自动化程度。

4）生成加工工艺清单。CAXA 制造工程师可自动按加工的先后顺序生成加工工艺清单。在清单上有必要的零件信息、刀具信息、代码信息、加工时间信息，方便编程者和机床操作者之间的交流，减少加工中错误的产生。

5）加工工艺控制。CAXA 制造工程师提供了丰富的工艺控制参数，可以方便地控制加工过程，使编程人员的经验得到充分的体现。丰富的刀具轨迹编辑功能可以控制切削方向以及轨迹形状的任意细节，大大提高了加工效率，获得高品质的加工效果。

6）加工轨迹仿真。CAXA 制造工程师提供了轨迹仿真手段以检验数控代码的正确性，可以通过实体真实感仿真模拟加工过程，展示加工零件的任意截面，确保加工正确无误。

7）通用后置处理。CAXA 制造工程师提供的后置处理器，无需生成中间文件就可直接输出 G 代码指令。不仅系统可以提供常见的数控系统后置格式，用户还可以自定义专用数控系统的后置处理格式。

思考与训练

【思考与练习】

6-1　数控车削类机床上工件坐标系的原点是怎样确定的？

6-2　数控镗铣类机床上工件零点是怎样确定的？

6-3　为什么要进行刀具轨迹的补偿？刀具补偿的实现要分哪三大步骤？

6-4　刀具长度补偿有什么作用？何谓正补偿？何谓负补偿？

6-5　简述数控编程的内容和步骤。

6-6　数控编程有几种方法？它们各自的定义分别是什么？

6-7　简述机床坐标系及运动方向的规定。

6-8　数控机床坐标系的原点与参考点是如何确定的？

6-9　什么是右手笛卡儿直角坐标系？Z 轴、X 轴在机床上分布的原则是什么？

6-10　机床坐标系和工件坐标系有什么不同，如何建立？

6-11　什么是数控加工工艺？其主要内容是什么？

6-12　数控机床最适合加工哪几种类型的零件？

6-13　对数控加工零件作工艺性分析包括哪些内容？

6-14　数控加工工序的划分有几种方式，各适用于什么场合？

6-15　什么是数控加工的走刀路线？确定走刀路线时通常要考虑什么问题？

6-16　环切法和行切法各有何特点，分别适用于什么场合？

6-17　选用数控刀具的注意事项有哪些？

6-18　数控加工切削用量的选择原则是什么？它们与哪些因素有关，应如何进行确定？

6-19　数控加工工艺文件有哪些，各包括哪些内容？

6-20　试说明基点和节点的含义，利用 AutoCAD 如何确定基点坐标？

【技能训练】

6-1　如图 6-72 所示零件的毛坯为 φ30mm 棒料，材料为 45 号钢。T0101 为外圆车刀，材料为硬质合金，T0202 为刀宽 3mm 的切断刀，试编写其加工程序。

6-2　编制一个精车外圆、圆弧面并切断的程序，零件尺寸如图 6-73 所示，精加工余量为 0.5mm。T0101
　　为 35°菱形涂层硬质合金刀片，T0202 为刀宽 3mm 的涂层硬质合金切断刀。

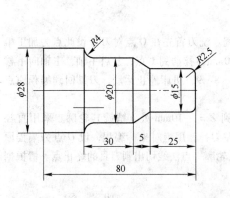

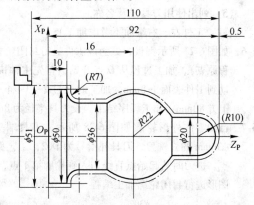

图 6-72　短轴加工件　　　　　　　　　　　　　　　　图 6-73　精车外圆件

6-3　如图 6-74 所示，零件的毛坯为 $\phi50$mm 棒料，材料为 45 号钢。T0101 为 90°圆车刀，材料为硬质合
　　金，T0202 为刀宽 3mm 的切断刀，试编写其加工程序。

6-4　如图 6-75 所示零件毛坯为 $\phi35$mm 棒料，长度足够。试编制该零件的车削加工程序。

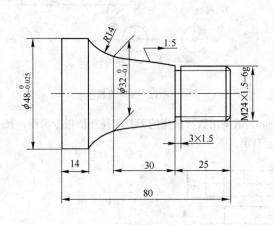

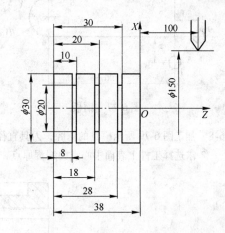

图 6-74　小轴加工件　　　　　　　　　　　　　　　　图 6-75　小轴加工件

6-5　如图 6-76 所示零件，已进行粗加工，外圆各面留有 1mm 精加工余量。试编制程序。要求：
　　(1) 以工件右端面中心点为工件原点，起刀点相对于工件原点坐标为（100，100），画出起刀点以

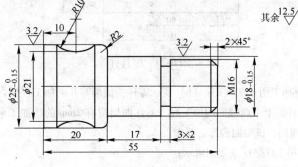

图 6-76　小轴加工件

及工件坐标系；

（2）M16 螺纹底径为 13.835mm，螺距为 2mm，分三次切削完成；

（3）列出使用刀具号及名称。

（注：工件左、右端面不考虑加工）

6-6　如图 6-77 所示钢板，试为该工件进行封闭轮廓加工编程。铣刀首先在 O 点对刀（设此点为加工编程原点），加工过程从 O 点开始，首先主轴快速上升 80mm，移动到 1 点，开启主轴，主轴向下移动到工件表面下 8mm，加工时经过 2—3—4—5—6—7—8—9，机床停止运动，刀具回到编程原点上方 80mm，加工程序结束。设刀具半径为 8mm。

6-7　已知零件外形轮廓如图 6-78 所示，刀具端头已下降到 Z = -10mm 处，精铣其轮廓。采用直径 $\phi30$mm 的立铣刀，刀具补偿号为 D02，工艺路线采用左刀补，用绝对坐标编程，设 O 点为编程原点。进刀时从起始点直线切入到轮廓第 1 点，退刀时从轮廓一点法线切出到刀具的终止点。请根据图形进行封闭轮廓加工编程。

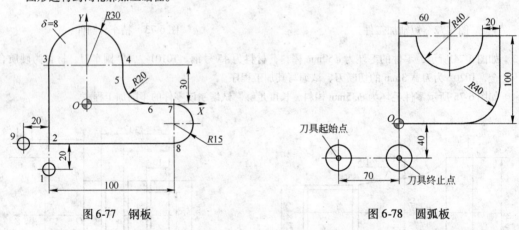

图 6-77　钢板　　　　　　　　　　图 6-78　圆弧板

6-8　加工图 6-79 所示模具的内腔，刀具直径为 $\phi10$mm，试采用数控铣床的刀具半径补偿指令编程。要求选择工件上表面中心点为编程原点，切削用量自定。

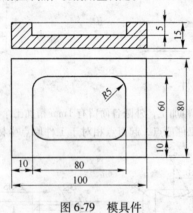

图 6-79　模具件

6-9　在立式加工中心上加工图 6-80（a）、（b）所示零件，试编写孔的加工程序。

6-10　如图 6-81 所示零件，上下两端面均加工好，毛坯四周留有 2mm 的精加工余量。使用 $\phi10$mm 的立铣刀，精铣零件四周。试编制程序。要求：

（1）刀具起刀点和工件坐标系如图所示；

（2）铣削顺序为顺时针方向。

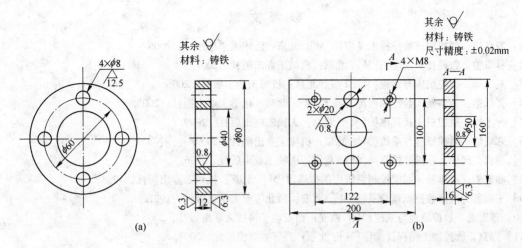

图 6-80 孔加工

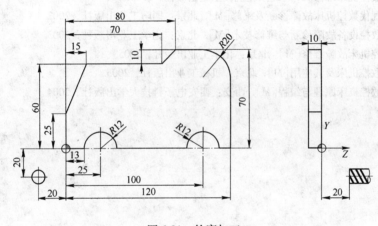

图 6-81 轮廓加工

参 考 文 献

[1] 罗良玲，刘旭波. 数控技术及应用[M]. 北京：清华大学出版社，2006.

[2] 林奇骏. 数控技术及应用[M]. 北京：机械工业出版社，2001.

[3] 刘书华. 数控机床与编程[M]. 2版. 北京：机械工业出版社，2006.

[4] 张思弟，贺曙新. 数控编程加工技术[M]. 北京：化学工业出版社，2005.

[5] 孙小捞. 数控机床及其维护[M]. 北京：人民邮电出版社，2009.

[6] 郑晓峰. 数控原理与系统[M]. 北京：机械工业出版社，2009.

[7] 冯勇. 现代计算机数控系统[M]. 北京：机械工业出版社，1996.

[8] 曲家骐，王季秩. 伺服控制系统中的传感器[M]. 北京：机械工业出版社，1998.

[9] 王润孝. 机床数控原理与系统[M]. 西安：西北工业大学出版社，1997.

[10] 苏宏志. 数控原理与系统[M]. 西安：西安电子科技大学出版社，2006.

[11] 顾京. 数控加工编程及操作[M]. 北京：高等教育出版社，2003.

[12] 王侃夫. 数控机床故障诊断及维护[M]. 北京：机械工业出版社，2001.

[13] 余仲裕. 数控机床维修[M]. 北京：机械工业出版社，2001.

[14] 任建平. 现代数控机床故障诊断及维修[M]. 北京：国防工业出版社，2002.

[15] 武友德. 数控设备故障诊断与维修技术[M]. 北京：化学工业出版社，2003.

[16] 徐衡. 数控机床故障维修[M]. 北京：化学工业出版社，2005.

[17] 李善术. 数控机床及其应用[M]. 北京：机械工业出版社，2005.

[18] 陈福安. 数控机床原理与编程[M]. 西安：西安电子科技大学出版社，2004.

冶金工业出版社部分图书推荐

书　　名	作　者	定价(元)
数控机床操作与维修基础(本科教材)	宋晓梅	29.00
自动控制系统(第2版)(本科教材)	刘建昌	15.00
材料科学基础教程（本科教材）	王亚男	33.00
轧钢厂设计原理（本科教材）	阳　辉	46.00
流体力学及输配管网学习指导（本科教材）	马庆元	22.00
可编程序控制器及常用控制电器(第2版)(高等学校)	何友华	30.00
自动控制原理(第4版)(高等学校)	王建辉	32.00
自动控制原理习题详解（高等学校）	王建辉	18.00
金属材料工程实习实训教程（高等学校）	范培耕	33.00
金属压力加工原理及工艺实验教程（高等学校）	魏立群	26.00
机械设计基础（高等学校）	王健民	40.00
计算机控制系统（高等学校）	张国范	29.00
冶金设备及自动化（高等学校）	王立萍	29.00
电机及拖动基础学习指导（高等学校）	杨玉杰	15.00
冶金设备及自动化（高等学校）	王立萍	29.00
机械电子工程实验教程（高等学校）	宋伟刚	29.00
通用机械设备(第2版)(高职高专)	张庭祥	26.00
金属热处理生产技术（高职高专）	张文莉	35.00
工程材料及热处理（高职高专）	孙　刚	29.00
机械制造工艺与实施（高职高专）	胡运林	39.00
机械工程控制基础（高职高专）	刘玉山	23.00
机械设备维修基础（高职高专）	闫嘉琪	28.00
矿冶液压设备使用与维护（高职高专）	苑忠国	27.00
工程力学（高职高专）	战忠秋	28.00
采掘机械（高职高专）	苑忠国	38.00
轧钢车间机械设备（中职教材）	潘慧勤	32.00
现代控制理论（英文版）	井元伟	16.00
复杂系统的模糊变结构控制及其应用	米　阳	20.00
带式输送机实用技术	金丰民	59.00
冶金通用机械与冶炼设备	王庆春	45.00
机械基础知识	马保振	26.00
电气设备故障检测与维护	王国贞	28.00
真空镀膜设备	张以忱	26.00